Bludau
Halbleiter-Optoelektronik

D1735137

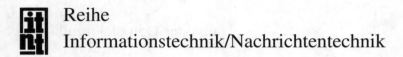

Reihe
Informationstechnik/Nachrichtentechnik

**herausgegeben von Prof. Dipl.-Ing. Eberhard Herter und
Prof. Dr.-Ing. Wolfgang Lörcher**

Information bzw. Nachricht ist die neben Materie und Energie wichtigste Ressource, die
der Menschheit zur Verfügung steht. Die Nachrichtentechnik erlebt in allen ihren Zweigen
ein stürmisches Wachstum. Ernstzunehmende Prognosen sprechen davon, daß bald nach
der Jahrtausendwende die wirtschaftliche Bedeutung der Informationstechnik die
des Autos übertreffen wird.

Die physikalische Darstellung einer Nachricht nennt man Signal. Nachrichten wie Signale
kann man übertragen, vermitteln und verarbeiten. Durch Hinzunahme mathematischer Methoden u.a. hat sich hieraus die Informatik entwickelt.

Fortschritte bei der Entwicklung neuer Technologien und Verfahren und zukunftweisende
Aufgabenstellungen in der Informationstechnik stellen die Aus- und Weiterbildung der In-
genieure in der Praxis sowie der Studierenden technischer Fachrichtungen und der Informatik vor vielfältige neue Aufgaben. Hier leistet die vorliegende Buchreihe "Informations-
technik/Nachrichtentechnik" einen wesentlichen aktuellen und praxisbezogenen Beitrag.
Die Behandlung moderner Verfahren und Anwendungen sowie die zeitgemäße Darstellung der Grundlagen ist das Anliegen dieser Reihe.

Bereits erschienen:

Barz, Kommunikation und Computernetze, 2., Auflage
Bludau, Halbleiter-Optoelektronik
Cooke, Halbleiter-Bauelemente
Eppinger/Herter, Sprachverarbeitung
Henshall/Shaw, OSI praxisnah erklärt
Herter/Graf, Optische Nachrichtentechnik
Johnson, Digitale Signalverarbeitung
Muftic, Sicherheitsmechanismen für Rechnernetze
Roddy, Satellitenkommunikation
Rose, Verwaltung von TCP/IP-Netzen
Stevens, Programmieren von UNIX-Netzen
Sweeny, Codierung zur Fehlererkennung und Fehlerkorrektur
Wilcox, Entwicklerleitfaden Elektronik
Wojcicki, Sichere Netze

**Von den Herausgebern der Reihe it/nt ist 1994 das praxisorientierte Lehrbuch
"Nachrichtentechnik" in der 7. Auflage erschienen.**

Prof. Dipl.-Ing, *Eberhard Herter* und Prof. Dr.-Ing. *Wolfgang Lörcher* lehren an der
FHT Esslingen in den Fachbereichen Nachrichtentechnik und Technische Informatik.
Prof. Herter ist Leiter des Steinbeis-Transferzentrums Kommunikationstechnik Esslingen.

Wolfgang Bludau

Halbleiter-
Optoelektronik

Die physikalischen Grundlagen der
LED's, Diodenlaser und pn-Photodioden

mit 114 Bildern

Carl Hanser Verlag München Wien

Der Autor Professor Dr. Wolfgang Bludau lehrt an der Fachhochschule Lübeck die Fächer Optoelektronik und Lichtquellenleitertechnik

Die Deutsche Bibliothek – CIP-Einheitsaufnahme

Bludau, Wolfgang:
Halbleiter-Optoelektronik : die physikalischen Grundlagen der LED's, Diodenlaser und pn-Photodioden / Wolfgang Bludau. –
München ; Wien : Hanser, 1995
   (Reihe Informationstechnik, Nachrichtentechnik)
   ISBN 3-446-17712-4

Umschlaggestaltung: S. Kraus

© 1995 Carl Hanser Verlag München Wien
Druck und Bindung: Schoder Druck GmbH & Co. KG, 86368 Gersthofen
Printed in Germany

Zu diesem Buch

Dieses Buch soll in die Physik optoelektronischer Halbleiterbauelemente einführen. Zu diesen Bauelementen zählen neben den Diodenlasern und den LED's auch die optischen parametrischen Oszillatoren und Verstärker, neben den Photodioden auch die Photoleiter, die Phototransistoren, die CCD-Arrays. Und letztlich dürfen die halbleiteroptischen Modulatoren nicht übersehen werden, die in der optischen Nachrichtenübertragung und Sensorik immer größere Bedeutung erlangen.

Es erschien mir nun wenig sinnvoll, diese Vielfalt an Bauelementen – und die angeführte Auswahl ist immer noch unvollständig – in einem einzigen Band besprechen zu wollen. Auf dem zur Verfügung stehenden beschränkten Platz hätte dies nur zu einer Aneinanderreihung von Aussagen geführt, eine tiefergehende Darstellung wäre nicht möglich gewesen. Hinzu kamen einige Überlegungen zu den Vorkenntnissen des anzusprechenden Leserkreises. Das Themengebiet verlangt ein solides Grundwissen in Optik, in Elektrotechnik bzw. Elektronik und in Halbleiterphysik. Nach meiner Erfahrung sind aber insbesonder die halbleiterphysikalischen Grundlagen häufig nicht so präsent, wie es für ein verständnisvolles Arbeiten nötig wäre.

Aus diesen Gedanken heraus habe ich mich entschlossen, die Thematik des Buches zu beschränken auf die in der heutigen technischen Anwendung besonders wichtigen Bauelemente LED, Diodenlaser, pn- Photodiode. Dadurch wurde Platz gewonnen, der verwendet werden konnte sowohl für eine umfassendere Besprechung der verbliebenen Komponenten als auch für eine breitere Darstellung derjenigen halbleiterphysikalischen Grundlagen, auf denen der optoelektronische Hauptteil des Buches aufbaut.

Im gesamten Buch werden allzu aufwendige mathematische Ableitungen vermieden. Häufig wird nach einem theoretischen Ansatz gleich das Endergebnis formelmäßig angegeben. Es wird aber stets versucht, die Physik hinter dem Ansatz wie hinter der Endformel zu sehen und das Rechenergebnis physikalisch zu begründen oder zumindest plausibel zu machen.

Dieses Buch wendet sich so an Studierende in mittleren Semestern an Fachhochschulen und Universitäten, es sollte aber auch zum Selbststudium geeignet sein und bereits im Beruf stehenden Ingenieuren als Nachschlagewerk dienen können. Es erfüllt seinen Zweck, wenn es Interesse an der Optoelektronik weckt und zum Verständnis der physikalischen Vorgänge in den besprochenen Bauelementen beiträgt.

Reinfeld, im September 1994   Wolfgang Bludau

Inhaltsverzeichnis

1. Wellen- und Quantennatur des Lichtes   **5**
     1.1 Modellvorstellungen   5
     1.2 Lichtpulse, Wellenpakete und Photonenpakete   7
     1.3 Energietransport und Intensität   10

2. Energiezustände in Halbleitern   **12**
     2.1 Wellenfunktionen und Quantenzahlen   12
     2.2 Energiebandstrukturen   14
     2.3 Direkte und indirekte Halbleiter   18
     2.4 Die Bandstrukturen der Halbleiter Si, Ge, GaAs und InP   18
     2.5 Effektive Massen und parabolische Bandverläufe   19
     2.6 Thermische Geschwindigkeit und "Kristallimpuls" eines Elektrons   20

3. Elektronische Eigenschaften undotierter und dotierter Halbleiter   **22**
     3.1 Energieband-Ortsdiagramm und Löcherkonzept   22
     3.2 Spektrale Zustandsdichten in den Bändern   24
     3.3 Besetzungswahrscheinlichkeiten und Quasiferminiveaus   26
     3.4 Verknüpfung der Konzentration der freien Ladungsträger in einem Band mit der energetischen Lage der zugeordneten Quasiferminiveaus   28
     3.5 Thermodynamisches Gleichgewicht und Ferminiveau   31
     3.6 Dotierte Halbleiter   34

4. pn-Übergänge und Halbleiterdioden   **40**
     4.1 pn-Übergang im thermodynamischen Gleichgewicht   40
     4.2 pn-Übergänge in Vorwärtspolung: physikalische Beschreibung   45
     4.3 pn-Übergänge in Vorwärtspolung: elektrische Eigenschaften   52
     4.4 pn-Übergänge in Rückwärtspolung   55
     4.5 Übergänge in Hetero-Strukturen   57

5. Störung des Gleichgewichtes: Elektronenübergänge   **63**
     5.1 Bilanzgleichungen   63
     5.2 Energieerhaltung und k-Erhaltung bei elektronischen Übergängen   66
     5.3 Bezeichnung der Übergänge   68
     5.4 Generation und Rekombination im Nichtgleichgewicht   70
         5.4.1 Rekombination ausschließlich über Band-Band-Übergänge   71
         5.4.2 Rekombination ausschließlich über Band-Term-Übergänge   74
         5.4.3 Rekombination bei parallelgeschalteten Rekombinationskanälen   76

6. Mit Strahlung gekoppelte Generation und Rekombination: Absorption und Emission von Licht in Halbleitern   **78**
     6.1 Beer'sches Gesetz und Dämpfungskoeffizient α 78
     6.2 Fundamentalabsorption   79

6.3 Weitere mit Strahlungsabsorption verbundene Übergänge; Einfluß der
Dotierung   83
6.4 Emission optischer Strahlung   85
     6.4.1 Strahlende Band-Band-Übergänge   86
     6.4.2 Strahlende Übergänge unter Störstellenbeteiligung   88
     6.4.3 Strahlende Rekombination von an isoelektronische Störstellen
        gebundenen Exzitonen   88
6.5 Spontane und stimulierte Emission   91

7. Lichtemittierende Dioden: LED und IRED   **92**
7.1 Spontane Lichtemission aus pn-Übergängen: die LED   92
7.2 Materialauswahl   94
7.3 Bauformen   103
7.4 Die verschiedenen Wirkungsgrade   105
7.5 Optisches Spektrum und Abstrahlcharakteristik   108
7.6 Elektrooptische Kennlinie, Modulationsverhalten   110
7.7 Strom-Spannungs-Kennlinie   114

8. Grundlagen der Lichtverstärkung in Halbleitern   **115**
8.1 Stimulierte Emission   115
8.2 Die Inversionsbedingung (1.Laserbedingung)   117
8.3 Halbleiterlaser als Verstärker für optische Strahlung   124
8.4 Abhängigkeit des Gewinnkoeffizienten von der Trägerdichte;
Transparenzdichte   125
8.5 Berücksichtigung der intrinsischen Verluste; Schwellenbedingungen für
den Laser im Verstärkerbetrieb   128
8.6 Stromanregung und Schwellenstromdichte   129
8.7 Eine mögliche technische Realisierung der Stromanregung   133

9. Halbleiterlaser als Oszillator für optische Strahlung   **136**
9.1 Rückkoppelung und Selbsterregung   136
9.2 Schwellenbedingung für den Laser im Oszillatorbetrieb; 2.Laserbedingung   137
9.3 Die Einmoden-Bilanzgleichungen   144
9.4 Stationäre Lösungen der Einmoden-Bilanzgleichungen   147
9.5 Mehrmoden-Bilanzgleichungen   149

10. Technischer Aufbau von Diodenlasern   **151**
10.1 Homostruktur-Diodenlaser, Schichtenfolge p^+n^+ 151
10.2 Heterostruktur-Diodenlaser   152
     10.2.1 Einfach-Heterostruktur-Diodenlaser; Schichtenfolge Ppn^+ 153
     10.2.2 Doppel-Heterostruktur-Diodenlaser; Schichtenfolge PpN   154
10.3 Lichtführung in der aktiven Zone und transversale Eingrenzung   155
10.4 Laterale Eingrenzung: Gewinnführung und Indexführung. Streifenlaser   163
10.5 Materialauswahl für Heterostruktur-Streifenlaser   165

11. Kenngrößen und Eigenschaften von Diodenlasern 166
11.1 Elektro-optische Kennlinie, differentieller Wirkungsgrad 166
11.2 Optisches Spektrum und Kohärenz 168
11.3 Abstrahlcharakteristik und Polarisation 170
11.4 Temperaturverhalten 172
11.5 Modulationsverhalten 174
11.6 Strom-Spannungs-Kennlinie 179

12. Weiterführende Laserkonzepte 180
12.1 DBR-Laser und DFB-Laser 180
12.2 MQW-Laser und GRINSCH-Laser 182
12.3 Oberflächenemittierende Laser (VCSEL) 188

13. Nachweis optischer Strahlung mit dem Sperrschicht-Photoeffekt: pn-Photodiode 190
13.1 pn-Übergänge mit zusätzlicher Paargeneration in der RLZ 190
13.2 Der Sperrschicht-Photoeffekt: Photostrom und Photospannung 195
13.3 pn-Photodioden 197
13.4 Der externe Wirkungsgrad (Quantenausbeute) 199
13.5 Gütekriterien für Photodioden 206

14. Solarzelle und pin-Photodiode 209
14.1 Solarzelle (Photoelement) 209
14.2 pin-Photodiode 210
14.3 Demodulationsbandbreite (3-dB-Grenzfrequenz) von pin-Dioden 212
14.4 pin-Photodioden mit Heteroübergängen 217
14.5 Bauformen 219

15. Lawinen-Photodiode (Avalanche-Photodiode, APD) 221
15.1 Stoßionisation und Lawineneffekt 221
15.2 Wirkungsweise von Lawinen-Photodioden; Ersatzschaltbild 226
15.3 Berechnung der Stromverstärkung M; elektrischer Durchbruch 227
15.4 Grundkonzept zur Auslegung von Lawinenphotodioden 230
15.5 Zeitverhalten 233
15.6 Verbesserter APD-Aufbau: pin-Struktur, reach-through-Struktur 240
15.7 Heterostruktur-APD's mit SAM-Aufbau 243
15.8 Einige weitere Eigenschaften realer APD's 246
15.9 Bauformen 248

16. Rauschen in Photodioden und optischen Empfängern 249
16.1 Elektrische Leistung des Rauschns; Rauschersatzschaltung 249
16.2 Elementare Rauschprozesse 253
16.3 Innere Rauschursachen in nichtverstärkenden Photodioden 256
16.4 Zusatzrauschen durch die Lawinenmultiplikation in APD's 257

16.5 Vollständige Rauschersatzschaltung eines optischen Empfängers   260
16.6 Signal/Rausch-Verhältnis in optischen Empfängern   261
16.7 Rauschäquivalente optische Leistung und Nachweisvermögen   267

Anhang   **270**

Literaturverzeichnis   **274**

Sachverzeichnis   **275**

1. Wellen- und Quantennatur des Lichtes

1.1 Modellvorstellungen

Die physikalischen Eigenschaften von Licht, genauer: von optischer Strahlung werden durch unterschiedliche und der jeweiligen Beobachtung angepaßte Modellvorstellungen erfaßt. Die einfachsten Experimente befassen sich mit den geometrischen Gesetzmäßigkeiten bei der Brechung und der Reflexion von Licht. Eine ausreichende Beschreibung gelingt hier bereits mit der Annahme, daß sich das Licht geradlinig in "Strahlen" ausbreitet. Verfeinerte Beobachtungen zeigen Interferenz- und Beugungserscheinungen bei der Überlagerung zweier Lichtstrahlen. Interferenz und Beugung sind typisch für die Ausbreitung von Wellen; ihr Auftreten legt nahe, daß sich auch das Licht in Form einer Welle fortpflanzt. Die aus diesen Beobachtungen abgeleitete Vorstellung beschreibt die optische Strahlung als eine elektromagnetische Welle und charakterisiert sie durch die wellentypischen Größen

- Frequenz f
- Fortpflanzungsgeschwindigkeit v ("Phasengeschwindigkeit")
- Wellenlänge λ^* bzw. Kreiswellenzahl $k^* = 2\pi/\lambda^*$

Dabei bestimmt die Physik der Strahlungserzeugung die <u>Frequenz</u> der Strahlung, und das Medium, in dem sich die Welle ausbreitet, legt die <u>Phasengeschwindigkeit</u> fest. Die <u>Wellenlänge</u> der Strahlung dagegen ist keine unabhängige Größe, es gilt:

$$v = \lambda^* f \qquad\qquad [1.1a]$$

wird von dem Medium festgelegt, in dem sich die Strahlung ausbreitet

wird durch die Vorgänge bei der Strahlungsentstehung festgelegt

stellt sich so ein, daß obige Beziehung erfüllt ist

Das Licht hat somit - wie jede andere Welle auch - in unterschiedlicher Materie zwar dieselbe Frequenz, aber unterschiedliche Wellenlänge. Erfolgt insbesondere die Ausbreitung in Vakkum, so geht [1.1a] über in

$$c = \lambda f = 2\pi \cdot f/k \qquad\qquad [1.1b]$$

c ist die *Vakuumlichtgeschwindigkeit* und λ die Wellenlänge **in Vakuum**.

An dieser Stelle soll zwischenbemerkt werden:

- Obwohl die primär erzeugte Größe die Strahlungsfrequenz ist, ist es üblich, die optische Strahlung zu charakterisieren durch ihre Vakuumwellenlänge λ. Diese Konvention gilt auch für dieses Buch.
- Als "optische Strahlung" bezeichnet man vereinbarungsgemäß den Wellenlängenbereich von 0,1 μm bis 1000 μm Wellenlänge, als "Licht" ausschließlich den Teil der sichtbaren Strahlung mit Wellenlängen zwischen 0,38 μm und 0,78 μm, jeweils in Vakuum gemessen. Um sprachliche Schwerfälligkeit zu vermeiden, wird in diesem Buch alle optische Strahlung als "Licht" bezeichnet.

In der Optik wird der Einfluß der Materie erfaßt durch eine *Brechzahl* n^*, § definiert als Quotient aus der Vakuumlichtgeschwindigkeit c und der materialspezifischen Phasengeschwindigkeit v

$$n^* := c/v \qquad\qquad\qquad [1.2]$$

Löst man [1.2] nach v auf und setzt das Ergebnis in [1.1] ein, so erhält man

$$\lambda^* = \lambda/n^* \qquad\qquad\qquad [1.3a]$$
$$k^* = k \cdot n^* \qquad\qquad\qquad [1.3b]$$

Untersuchungen haben weiterhin ergeben, daß die Brechzahl keine Konstante ist, sondern von der Frequenz und damit implizit von der Wellenlänge der Strahlung abhängt (sog. *Dispersionseigenschaft* der Materie):

$$n^* = n^*(f) \quad \text{bzw.} \quad n^* = n^*(\lambda) \qquad\qquad [1.4]$$

Das Wellenmodell ist zwar gut geeignet, die Ausbreitung des Lichtes zu beschreiben, aber es versagt, sobald man die Entstehung und Auslöschung von Licht oder eine Wechselwirkung mit Materie zu verstehen versucht. Jetzt muß man die Lichtausbreitung betrachten als einen Strom von fiktiven Teilchen, den sog. *Photonen*: man spricht von einem "Teilchenmodell" des Lichtes. Das Licht wird in diesem Modell charakterisiert durch die Eigenschaften der Photonen:

---

§ Wir bezeichnen die Brechzahl mit n^* und nicht wie sonst üblich mit n, um den Formelbuchstaben n für die später einzuführende Elektronenkonzentration zu reservieren

- Jedes Einzelphoton trägt eine diskrete Energiemenge W_{ph} (Photonenenergie)
- Jedes Einzelphoton besitzt einen definierten Impuls p_{ph} (Photonenimpuls)
- Photonenenergie und Photonenimpuls sind nicht unabhängig voneinander. Zwischen ihnen besteht die Beziehung

$$v_{ph} = W_{ph}/p_{ph} \qquad [1.5]$$

v_{ph} ist die Fortpflanzungsgeschwindigkeit des Photons und wird durch die Materie festgelegt, durch die das Photon läuft. Die physikalischen Vorgänge bei der Erzeugung des Photons bestimmen dessen Energie W_{ph}, und der Impuls p_{ph} richtet sich wieder so ein, daß [1.5] erfüllt wird.

Da es möglich sein muß, ein- und dasselbe Lichtfeld je nach Untersuchungsfragestellung sowohl im Wellenmodell als auch im Teilchenmodell zu beschreiben, muß es Beziehungen zwischen den Photoneneigenschaften und den Wellenkenngrößen geben. Es läßt sich zeigen:

Ist ein Photon mit Photonenenergie W_{ph} und Photonenimpuls p_{ph} Mitglied einer Photonenströmung, die im Wellenbild durch eine elektromagnetische Welle mit der Frequenz f und der Wellenlänge λ^* beschrieben wird, so gilt:

$$W_{ph} = hf \qquad [1.6]$$
$$p_{ph} = h/\lambda^* = \hbar k^* \qquad [1.7]$$

Darin ist h das Planck'sche Wirkungsquantum, und $\hbar := h/2\pi$. Einsetzen von [1.6] und [1.7] in [1.5] liefert $v_{ph} = \lambda^* f$. Ein Vergleich mit [1.1a] ergibt

$$v_{ph} = v \qquad [1.8]$$

d.h. Photon und Lichtwelle haben dieselbe Geschwindigkeit. Wir bezeichnen deshalb im weiteren auch die Photonengeschwindigkeit mit v.

1.2 Lichtpulse, Wellenpakete und Photonenpakete

Für die Zuordnungen $W_{ph} = hf$ und $p_{ph} = \hbar k^*$ wurde ausdrücklich verlangt, daß das Photon Mitglied einer Gesamtheit sein soll, die einer Welle mit eindeutig definierter Frequenz f und Wellenzahl k^* entspricht. Eine derartige Welle ist räumlich (und zeitlich) nicht begrenzt, sie erfüllt den gesamten Raum. Folglich müssen die durch sie beschriebenen Photonen auch im ganzen Raum zu finden sein: sie sind nicht lokalisierbar. Wir können formulieren:

Für ein Photon, das im Wellenbild der Gleichung [1.7] genügt, kann kein Aufenthaltsort angegeben werden.

Eine Wellenstruktur, die örtlich auf einen begrenzten Bereich der Ausdehnung δx beschränkt ist, wird als *Wellenpaket (Wellengruppe, "Puls")* bezeichnet. Die Begrenzung im Ortsraum läßt sich erreichen durch Überlagerung von Wellen mit (Vakuum-)Wellenlängen bzw. (Vakuum-)Wellenzahlen aus einem Bereich der Breite $\delta\lambda$ bzw. δk, zentriert um die Wellenlänge λ_0 bzw. die Wellenzahl k_0. Je kleiner die Ortsausdehnung δx des Pulses, desto größer sind die Bereichsbreiten $\delta\lambda$ bzw. δk. Insgesamt sollen aber $\delta\lambda$ bzw. δk jeweils klein sein gegen die Zentralwerte λ_0 bzw. k_0. Bild 1-1 zeigt zwei Pulse verschiedener räumlicher Ausdehnung δx und die Wellenlängenbereiche, die zur Bildung der Pulse herangezogen werden.

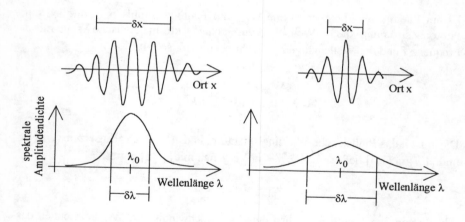

Abb.1-1: Wellenpulse durch Überlagerung von Wellen aus einem begrenzten Spektralbereich

Einem Licht**puls** im Ortsraum kann damit keine eindeutige Wellenlänge λ bzw. Wellenzahl k mehr zugeordnet werden, sondern nur ein "Spektrum", zentriert um die Mittenwellenlänge λ_0 bzw. Mittenwellenzahl k_0. Entsprechend läßt sich ein Puls im Zeitraum nur bilden durch Überlagerung von Wellen mit Frequenzen aus einem Frequenzspektrum der Breite δf.

Im Photonenbild wird der Lichtpuls ersetzt durch ein Paket von Photonen, die jetzt ebenfalls in Raum bzw. Zeit lokalisierbar sein müssen. Die Eingrenzung hat zur Folge, daß das Photonenpaket nicht ausschließlich Photonen mit identischem Impuls p_{ph} bzw. Energie W_{ph} enthält, sondern aus Photonen aus einem endlich großen Impulsbereich δp_{ph} bzw. Energiebereich δW_{ph} gebildet wird:

Wird ein Lichtpuls als Wellenpaket mit Wellen aus den Spektralbereichen δk und δf aufgebaut, so enthält das dazu korrespondierende Photonenpaket Photonen aus dem Impulsbereich $\delta p_{ph} = \hbar \cdot \delta k$ bzw. Energiebereich $\delta W_{ph} = h \cdot \delta f$.

Aus der Theorie der Wellenausbreitung ist bekannt, daß sich ein Wellenpaket nicht mit der Phasengeschwindigkeit $v = \lambda^* f = \lambda c / n^* = c / n^*$ fortpflanzt, sondern mit der *Gruppengeschwindigkeit* v_{gr}, gegeben durch

$$v_{gr} := 2\pi \cdot \left. \frac{\partial f}{\partial k} \right|_{k=k_0} \qquad\qquad [1.9]$$

Darin ist $k_0 = 2\pi / \lambda_0$ die zentrale Wellenzahl (Vakuumwert) im Spektrum der das Paket bildenden Wellengruppe. Für die Lichtausbreitung in Materie wird aus [1.9] die folgende an $v = c / n^*$ erinnernde Beziehung abgeleitet:

$$v_{gr} = \frac{c}{n_{gr}^*} \qquad\qquad [1.10]$$

mit
$$n_{gr}^* = n^*(f_0) + f_0 \cdot \left. \frac{\partial n^*}{\partial f} \right|_{f=f_0} = n^*(\lambda_0) - \lambda_0 \cdot \left. \frac{\partial n^*}{\partial \lambda} \right|_{\lambda=\lambda_0} \qquad\qquad [1.11]$$

n_{gr}^* heißt *Gruppenbrechungsindex* der Welle; λ_0 ist die Vakuumwellenlänge des spektralen Zentrums, f_0 die zentrale Frequenz.

Da Wellenpaket und Photonenpaket dieselbe Geschwindigkeit haben müssen, folgt:

Photonenpakete pflanzen sich mit einer Geschwindigkeit fort, die der Gruppengeschwindigkeit v_{gr} der korrespondierenden Wellengruppe entspricht.

1.3 Energietransport und Intensität

Eine Welle transportiert Energie von einem Ort zu einem anderen Ort. Jedes von der Welle erfüllte Volumenelement des Übertragungsmediums enthält folglich einen bestimmten Betrag an Energie. Die Energie je Volumenelement wird *Energiedichte* der Welle genannt. Speziell für elektromagnetische Wellen, und damit auch für Lichtwellen, gilt

> Die Energiedichte ist proportional zum Betragsquadrat des elektrischen wie des magnetischen Feldstärkevektors

Durchdringt ein Wellenzug eine Fläche ΔA, dann transferiert die Welle Energie durch ΔA hindurch. Die *Intensität* S der Welle gibt an, wie groß der Energiebetrag ΔW_{opt} ist, der in einer Zeitspanne Δt die Fläche ΔA durchsetzt (der Einfachheit halber wird hier angenommen, daß die Welle senkrecht durch ΔA hindurchtritt):

$$S := \frac{\Delta W_{opt}}{\Delta t\, \Delta A} = \frac{\Delta W_{opt}/\Delta t}{\Delta A} = \frac{\Delta P_{opt}}{\Delta A} \qquad [1.12]$$

Die Intensität einer Welle ist ein Maß für den Transfer der optischen Leistung $\Delta P_{opt} = \Delta W_{opt}/\Delta t$ durch ΔA hindurch. Sie läßt sich auch darstellen als das Produkt aus der Energiedichte der Welle und ihrer Fortpflanzungsgeschwindigkeit.

Im Teilchenmodell wird die Welle durch einen Fluß von Photonen ersetzt. Wir nehmen an, daß N_{ph} Photonen, jedes mit der Energie $W_{ph} = hf$, in der Zeit Δt die Fläche ΔA senkrecht durchsetzen. Die gesamte transferierte Energie ist $\Delta W = N_{ph} \cdot hf$, und wir erhalten gemäß [1.12] die Intensität S des Photonenstroms zu

$$S = hf\, \frac{N_{ph}}{\Delta t\, \Delta A} \qquad [1.13a]$$

Einer Photonenströmung, bei der alle Photonen dieselbe Energie, Ausbreitungsrichtung und Geschwindigkeit haben, entspricht im Wellenbild eine unendlich ausgedehnte ebene Welle, die sich mit Phasengeschwindigkeit v bewegt. Die Intensität einer derartigen Welle bzw. Photonenströmung kann zurückgeführt werden auf die Dichte ρ_{ph} der Photonen. Bei Ausbreitung in z-Richtung und einer Geschwindigkeit v legen die Photonen in einer Zeitspanne Δt die Wegstrecke $\Delta z = v \cdot \Delta t$ zurück.

Wenn N_{ph} Photonen in der Zeit Δt die Fläche ΔA senkrecht durchsetzen, dann befanden sich diese Photonen zuvor im Volumenelement $\Delta V = \Delta A \cdot \Delta z = v \cdot \Delta t \cdot \Delta A$, wie es in Abb.1-2 skizziert ist. Daraus folgt: $\Delta A \cdot \Delta t = \Delta V / v$, und [1.13a] kann umgeformt werden in

$$S = hf \frac{N_{ph}}{\Delta A\,\Delta t} = hf \frac{N_{ph}}{\Delta V / v} = hf \frac{N_{ph}}{\Delta V} v \qquad\qquad [1.13b]$$

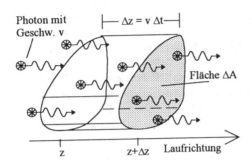

Abb.1-2:
Zur Verknüpfung von Photonendichte und Intensität der zugeordneten Welle

$N_{ph}/\Delta V =: \rho_{ph}$ ist die Photonenkonzentration[§], und mit [1.13b] erhalten wir

Bewegt sich ein Photonenensemble der Dichte ρ_{ph} von Photonen der Energie hf mit der Geschwindigkeit v, dann ist die Intensität des korrespondierenden Lichtfeldes

$$S = hf\,\rho_{ph}\,v \qquad\qquad [1.14]$$

Die entsprechende Aussage gilt auch für Lichtpulse, also Wellen- bzw. Photonenpakete, wenn man die Phasengeschwindigkeit v durch die Gruppengeschwindigkeit v_{gr} des Paketes ersetzt.

[§] Mit "Konzentration" oder "Dichte" bezeichnen wir die Anzahl von Teilchen je Volumeneinheit: $\quad$ Teilchenkonzentration $\equiv$ Teilchendichte $:= \dfrac{\text{Teilchenzahl}}{\text{Volumeneinheit}}$

2. Energiezustände in Halbleitern

2.1 Wellenfunktionen und Quantenzahlen

In der Quantenmechanik wird ein Quantenteilchen oder ein System von Quantenteilchen beschrieben durch eine *allgemeine Wellenfunktion* Ψ. Die allgemeine
Wellenfunktion Ψ ist eine von Ort und Zeit abhängige komplexe skalare Funktion.
Mathematisch hat sie die Struktur einer Funktionen, die die Ausbreitung einer realen Welle im realen Orts-Zeitraum beschreibt; daher ihr Name <u>Wellen</u>funktion. Die
allgemeine Wellenfunktion enthält alle verfügbaren Informationen über den *Zustand* des Teilchens bzw. Teilchensystems. Als *Zustand* bezeichnet man dabei die
Gesamtheit aller physikalischen Eigenschaften wie Ort, Energie, Impuls etc. des
Teilchens bzw. Systems. Der momentane wie zukünftige Zustand des Systems läßt
sich mit besonderen Berechnungsmethoden aus Ψ bestimmen. Allerdings sind nur
Wahrscheinlichkeitsaussagen möglich, d.h. man kann nur angeben, mit welcher
Wahrscheinlichkeit ein Teilchen z.B. einen vorgegebenen Drehimpulswert hat, wo-
bei das Teilchen selbst durch eine allgemeine Wellenfunktion Ψ erfaßt wird.

Die *allgemeine* Wellenfunktion Ψ ist ihrerseits darstellbar als eine Überlagerung
von *speziellen* Wellenfunktionen ψ aus einem ganzen Vorrat von Wellenfunktionen. Die speziellen Wellenfunktionen beschreiben einen speziellen, einen *möglichen* Zustand, in dem sich das quantenmechanische System befinden kann, aber
nicht befinden muß. Man findet die speziellen Wellenfunktionen durch Lösen der
an die jeweilige spezielle physikalische Aufgabenstellung angepaßten zeitabhängigen *Schrödingergleichung*. Die Menge der Lösungen dieser Gleichung bildet den
Vorrat *spezieller* Lösungsfunktionen. Die speziellen Wellenfunktionen erlauben
insbesondere die Berechnung der Energiewerte, die für das Quantenteilchen *möglich* sind; anstelle des Ausdruckes *"möglich"* benutzt man in der Quantenmechanik
den Ausdruck *"erlaubt"*. Für die anderen physikalischen Eigenschaften lassen sich
aus den speziellen Wellenfunktionen in der Regel nur sog. *Erwartungswerte* herleiten. Anschaulich gesprochen ist der Erwartungswert einer meßbaren physikalischen Eigenschaft der Mittelwert aus einer Vielzahl von wiederholten Messungen
dieser Eigenschaft, wobei das System sich in einem durch Überlagerung der speziellen Wellenfunktionen ψ gebildeten allgemeinen Zustand Ψ befindet.

Mathematisch unterscheiden sich die speziellen Wellenfunktionen voneinander
durch einen oder mehrere Parameter. Diese Parameter werden üblicherweise als
Index an die speziellen Wellenfunktionen angeschrieben; z.B. bezeichnet ψ_n eine
spezielle Wellenfunktion aus einem Funktionssystem, deren Mitglieder sich in dem

Zahlenwert für n unterscheiden. Die Parameter werden auch *Quantenzahlen* genannt.

Sehr häufig ist man an einer Kenntnis des genauen funktionalen <u>Verlaufes</u> der speziellen Wellenfunktionen ψ selbst gar nicht interessiert; man interessiert sich lediglich für die daraus ableitbaren Erwartungswerte der beobachtbaren physikalischen Größen und insbesondere für die erlaubten Energiewerte. Da die *erlaubten* Energiewerte mit den speziellen Funktionen ψ korreliert sind, die ihrerseits von Parametern namens Quantenzahlen abhängen, sind die erlaubten Energiewerte auch von diesen Quantenzahlen abhängig. Zum Beispiel sind die erlaubten Energiewerte W_n, die das Elektron eines Wasserstoffatoms einnehmen kann, quantenmechanisch berechenbar zu

$$W_n = -\frac{const}{n^2}$$

Darin ist n eine Quantenzahl, also der Parameterindex der zugehörigen speziellen Wellenfunktion ψ_n. Die Rechnung ergibt, daß n eine natürliche Zahl sein muß.

In obigem Beispiel sind die Quantenzahlen diskrete Zahlen. Quantenzahlen können aber auch lückenlos verteilte Zahlen sein. So lassen sich die erlaubten Energiewerte W_k eines ungebundenen Elektrons der Masse m_0 aus der Schrödingergleichung berechnen zu

$$W_k = \frac{\hbar^2}{2\,m_0}k^2$$

Hier ist k eine - allerdings dimensionsbehaftete - Quantenzahl (Dimension: cm^{-1}), die lückenlos alle reellen Zahlenwerte einnehmen kann. Bei derartigen Quantenzahlen ist es nicht mehr üblich, die Zahl als Index an die jeweilige Beobachtungsgröße anzuhängen, sondern man stellt sie als Funktion der Quantenzahl dar:

$$W_k \quad \xrightarrow{\text{wird ersetzt durch}} \quad W(k) = \frac{\hbar^2}{2\,m_0}k^2$$

Die erlaubten Energiewerte, die ein ungebundenes Elektron einnehmen kann, lassen sich jetzt in Form einer stetigen W(k)-Kurve graphisch darstellen.

Quantenzahlen müssen nicht unbedingt Skalare sein; in dreidimensionalen Problemstellungen können sie Vektorcharakter annehmen, also Richtungsinformationen beinhalten. Die Richtungsinformation in vektoriellen Quantenzahlen gibt dabei an, in welche Richtung sich die zugehörige mögliche Wellenfunktion ψ fiktiv ausbreitet.

Es ist letztlich ein Teilergebnis der Lösung der Schrödingergleichung, ob die zugelassenen Quantenzahlen diskret oder lückenlos verteilt sind, ob sie einer beschränkten oder einer unbeschränkten Grundmenge angehören, ob sie Vektorcharakter haben oder nicht. Die Besonderheiten der zugelassenen Quantenzahlen kommen aber immer auch zum Ausdruck in den Eigenschaften der Quantenteilchen, die durch die speziellen Wellenfunktionen beschrieben werden. Graphische Darstellungen der möglichen ($\equiv$ erlaubten) physikalischen Eigenschaften zeigen deshalb diese Eigenschaften immer als Funktion der zugelassenen Quantenzahlen. Im Rahmen dieses Buches sind hierbei von besonderer Bedeutung die graphischen Darstellungen der Energiewerte, die für die Elektronen in einem Halbleiterkristall zugelassen sind.

2.2 Energiebandstrukturen

Berechnet man quantentheoretisch die erlaubten Energiewerte, die ein Elektron in einem Halbleiterkristall einnehmen kann, so zeigt sich:

- Ein Kristallelektron in einem erlaubten Energiezustand wird quantenmechanisch beschrieben durch eine spezielle Wellenfunktion ψ_k mit einer vektoriellen Quantenzahl $\mathbf{k}$. Die Rechnung ergibt, daß ψ_k grundsätzlich die Struktur

$$\psi_k(\mathbf{x}, t) \sim u_k(\mathbf{x}) \cdot \exp\left[j \cdot \left(\frac{W(\mathbf{k})}{\hbar} t - \mathbf{k}\mathbf{x} \right) \right]$$ hat. j ist die imaginäre Einheit,

$j := \sqrt{-1}$. ψ_k stellt formal eine ebene Welle mit einer Kreisfrequenz ω und einer Wellenzahl $k = |\mathbf{k}|$ dar, die sich in Richtung des *Wellenvektors* $\mathbf{k}$ ausbreitet. Ihre Kreisfrequenz ω ist

$$\omega = \frac{W(\mathbf{k})}{\hbar} \qquad\qquad [2.1]$$

Mit anderen Worten: Die Quantenzahl $\mathbf{k}$ kann aufgefaßt werden als der Wellenvektor einer quantenmechanischen ebenen Welle ψ_k, die sich in die durch den Vektor $\mathbf{k}$ vorgegebene Richtung ausbreitet.

- Für jede Richtung von **k** sind die Beträge $k = |\mathbf{k}|$ des Quantenzahlenvektors diskrete Zahlen, also Zahlen, die nicht jeden beliebigen reellen Zahlenwert annehmen können. Allerdings liegen die zugelassenen Werte für k so dicht benachbart, daß man von einem Quasikontinuum sprechen kann.

- Für jede Richtung von **k** läßt sich der Wertevorrat für den Betrag k des Wellenvektors jeweils auf einen endlich großen Bereich beschränken; k-Werte außerhalb dieses Bereiches liefern keine neue Information. Der Maximalwert k_{max} für den Betrag von **k** richtet sich nach der Gitterkonstanten a der kristallographischen Elementarzelle und nach der Kristallrichtung, in die **k** zeigt.

- Da die Quantenzahlen **k** diskrete Vektoren sind, nehmen auch die daraus ableitbaren zugelassenen Energiewerte W diskrete Werte ein. **Wieviele** zugelassene Energiewerte es in einem speziellen Energiebereich gibt, wird in Kap.3.2 besprochen werden. Andererseits liegen die Energiewerte W so extrem dicht beieinander, daß man sie graphisch darstellen kann als stetige Funktion der Quantenzahl k: W = W(k).

- Die Quantenzahlen **k** und **–k** liefern denselben Energiewert W (sog. *Kramers'sches Theorem*):

$$W(\mathbf{k}) = W(-\mathbf{k}) \qquad\qquad [2.2]$$

Abbildung 2-1 zeigt den W(k)-Verlauf eines hypothetischen Halbleiters für irgendeine Richtung von **k**, hier als ["1"]-Richtung bezeichnet. Aufgetragen ist die

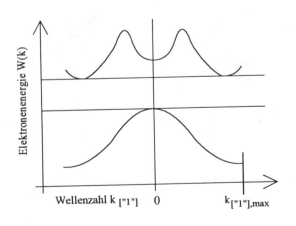

Abb. 2-1:
Prinzipdarstellung eines Bandstrukturdiagramms: Elektronenenergie W als Funktion der k-Quantenzahl in Raumrichtung ["1"]

Elektronenenergie als Funktion der Wellenzahl $k_{["1"]}$, d.h. des Betrages des Wellenvektors **k**. Die zugehörige Richtung von **k** ist in Form des Index ["1"] an der Wellenzahl vermerkt. Man bezeichnet derartige Auftragungen als *Bandstrukturdiagramme*; wir werden sie im folgenden W(k)-Diagramme nennen.

Wegen [2.2] ist die in Abb.2-1 gezeigte W(k)-Kurve symmetrisch zur W-Achse. Man kann deshalb auf die graphische Darstellung von W(k) für negative Werte von $k_{["1"]}$ verzichten und sich auf die Auftragung für positive Werte beschränken; im Bedarfsfall erhält man die vollständige Kurve durch Spiegeln an einer Ordinatenachse durch k = 0. Diese Besonderheit wird ausgenutzt, um in einem einzigen Diagramm die Energieabhängigkeit W(**k**) für zwei Richtungen von k gleichzeitig darzustellen: von k = 0 ausgehend werden sowohl nach links als auch nach rechts k-Werte aufgetragen, die aber zu zwei verschiedenen Richtungen von **k** gehören (und nicht positive und negative Werte zu derselben Richtung von k sind). In aufwendigeren Darstellungen wird der W(**k**)-Verlauf noch für eine dritte Richtung von **k** angegeben. Abbildung 2-2 greift die Bandstruktur des hypothetischen Halbleiters nach Abb.2-1 auf und ergänzt sie in einer 2. Richtung ["2"].

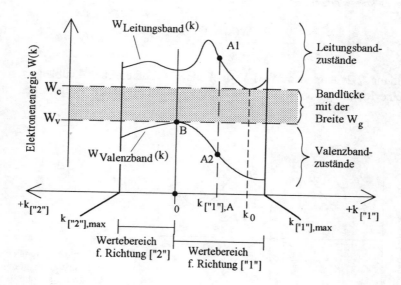

Abb.2-2: Bandstruktur in zwei verschiedenen Richtungen für k, zusammengefaßt in einem einzigen Diagramm

Man liest aus den Abbildungen 2-1 und 2-2 unmittelbar ab:

- Zu jedem **k**-Wert gibt es **mehrere** zugelassene Energiewerte, in Abb.2-2 z.B. zu $k_{["1"],A}$ aus dem Richtungsbereich ["1"] die Energiewerte A1 und A2.

- Es gibt einen Energiebereich, in dem einem vorgegebenen Energiewert **kein** Wert für k zugeordnet werden kann. Man nennt diesen Energiebereich der Breite W_g die *verbotene Zone* oder die *Bandlücke* des Halbleiters. Die verbotene Zone trennt das W(k)-Diagramm in zwei Teile, die *Energiebänder*. Das Band oberhalb der verbotenen Zone heißt *Leitungsband*, das Band unterhalb der verbotenen Zone *Valenzband*. Das absolute Minimum aller Leitungsbandenergien kennzeichnet die *Leitungsbandunterkante* bei der energetischen Lage W_c, siehe Abb.2-2. Das absolute Maximum aller Valenzbandenergien bildet die *Valenzbandoberkante* mit der energetischen Lage W_v. Damit ist

$$W_g = W_c - W_v \qquad\qquad [2.3]$$

In Anhang A sind - neben anderen Kenndaten - die Bandlückenenergien W_g (Werte bei Zimmertemperatur) einiger für die Optoelektronik wichtiger Halbleiter aufgelistet.

Weiterhin sei noch erwähnt:

1. Ein Kristallelektron in einem Zustand, der durch einen präzisen Wert für k festgelegt ist, kann sich mit gleicher Wahrscheinlichkeit an jeder beliebigen Stelle des Kristalls aufhalten, genau wie die beschreibende Wellenfunktion ψ_k auch über den ganzen Kristall ausgedehnt ist. Anschaulich formuliert: Ein Kristallelektron mit einem scharf definierten k-Wert ist gleichzeitig überall im Kristall zu finden, es kann nicht an einem genauen Ort lokalisiert werden.

2. Geht das Elektron aus irgendeinem Grund z.B. vom Zustand A1 in den Zustand B über oder umgekehrt, so ändert es **nicht** seinen geometrischen **Ort** im Kristall. Es wird jetzt aber durch eine andere Wellenfunktion mit anderem Parameterwert **k** beschrieben.

3. Für die Richtungsangaben in realen W(k)-Diagrammen werden kristallographische Richtungsbezeichnungen wie [111]-Richtung oder [100]-Richtung verwendet. Dabei ist zu berücksichtigen: zusätzlich zu der notierten Richtung gibt es mehrere weitere Richtungen, in denen die elektronischen Eigenschaften dieselben sind. So sind z.B. die Richtungen [100], [010] und [001] sowie die je

weiligen Gegenrichtungen $[\bar{1}00]$, $[0\bar{1}0]$ und $[00\bar{1}]$ kristallographisch völlig gleichwertig. Alle diese Richtungen sind in einem W(k)-Diagramm automatisch mit erfaßt, wenn der W(k)-Verlauf in der [100]-Richtung dargestellt ist.

Konsequenz: Zwar entspricht jeder kristallographischen Richtungsbezeichnung im W(k)-Diagramm eine wohldefinierte Richtung im realen Ortsraum; daraus folgt aber **nicht**, daß sich ein Elektron ausschließlich in dieser einen Richtung bewegt oder bewegen kann; die Gleichwertigkeit mehrerer kristallographischer Richtungen sorgt dafür, daß das Elektron letztlich in alle Raumrichtungen laufen kann.

2.3 Direkte und indirekte Halbleiter

In allen realen Halbleiterbandstrukturen liegt - wie auch bei der Modellsubstanz von Abb.2-1 und Abb.2-2 - der absolute Maximalwert W_v der Valenzband-Energiezustände bei dem k-Wert $\mathbf{k} = \mathbf{0}$: $W_v = W_{Valenzband}(\mathbf{k} = \mathbf{0})$. Das absolute Minimum W_c der Leitungsbandzustände dagegen kann, muß aber nicht notwendigerweise bei $\mathbf{k} = \mathbf{0}$ liegen. In der Modellsubstanz von Abb.2-2 z.B. liegt W_c bei $\mathbf{k} = \mathbf{k_0}$ in "1"-Richtung: $W_c = W_{Leitungsband}(\mathbf{k} = \mathbf{k_0})$. Man bezeichnet eine Bandlücke als *indirekte Bandlücke*, wenn W_c und W_v bei unterschiedlichen k-Werten liegen, und als *direkte Bandlücke*, wenn W_c und W_v bei denselben k-Werten eingenommen werden. Die Modellsubstanz hat demnach eine indirekte Bandlücke. Entsprechend ihres Bandlückentyps charakterisiert man die Halbleiter als *direkte* oder *indirekte* Halbleiter.

2.4 Die Bandstrukturen der Halbleiter Si, Ge, GaAs und InP

In Anhang C sind die (vereinfachten) Bandstrukturen der Halbleiter Silizium (Si), Germanium (Ge), Galliumarsenid (GaAs) und Indiumphosphid (InP) jeweils in zwei kristallographischen Richtungen abgebildet. Man erkennt unmittelbar, daß Si und Ge indirekte, GaAs und InP direkte Halbleiter sind. Bei allen Halbleitern gibt es sowohl im Valenzband wie im Leitungsband eine Unterstruktur: zu jedem k-Wert gehören **innerhalb** des jeweiligen Bandes **mehrere** mögliche Energiewerte, das jeweilige Band spaltet auf in mehrere Subbänder. Für eine genaue Diskussion der opto-elektronischen Vorgänge in den Materialien sind Lage und energetischer Verlauf sämtlicher Unterbänder zu berücksichtigen. Die grundsätzlichen Eigenschaften lassen sich aber oft auch ohne deren genaue Kenntnis herleiten, so daß im folgenden die Substruktur von Valenz- und Leitungsband unbeachtet bleiben soll.

2.5 Effektive Massen und parabolische Bandverläufe

Kristallelektronen bewegen sich unter dem Einfluß äußerer Kräfte anders als freie Elektronen, da zu den äußeren Kräften immer noch die inneren Kristallkräfte hinzugefügt werden müssen. Man kann diese Kristallkräfte aber unberücksichtigt lassen, wenn man stattdessen den Elektronen eine von ihrer realen Masse abweichende sog. *effektive Masse* m_{eff} zuordnet. Eine effektive Masse kann auch Null oder sogar negativ werden. Die Berechnung von m_{eff} führt auf die Beziehung

$$m_{eff} := \hbar^2 \left(\frac{\partial^2 W}{\partial k^2} \right)^{-1} \qquad [2.4]$$

d.h. die Krümmung einer W(k)-Kurve liefert eine Aussage über die effektive Masse eines Elektrons mit dem Wellenzahlenwert k.

An den Vorgängen, die in diesem Buch besprochen werden, nehmen nur Elektronen in der unmittelbaren Umgebung absoluten Leitungsbandminimums und Elektronenfehlstellen in der unmittelbaren Umgebung des absoluten Valenzbandmaximums teil. Die Bandstruktur ist deshalb nur in derjenigen k-Richtung von Interesse, in der diese Extrema liegen; es genügt vollkommen eine Bandstrukturauftragung nach Art des Diagramms Abb.2-1 in dieser einen speziellen k-Richtung. Um quantitative mathematische Berechnungen zu erleichtern oder überhaupt erst zu ermöglichen, wird der Verlauf $W_{Leitungsband}(k)$ des Leitungsbandes in der Umgebung seines absoluten Bandextremums bei $k = k_0$ durch eine Parabel approximiert. Entsprechend wird der Valenzbandverlauf in der Umgebung von $k = 0$ durch eine Parabel ersetzt. Die genäherten Bandstrukturen werden *parabolische Bänder* genannt. Sie lassen sich unter Einbeziehung der oben eingeführten effektiven Massen schreiben in der Form

Leitungsband: $\qquad W_{Leitungsband}(k) = W_c + \dfrac{\hbar^2}{2\,m_{eff,LB}}(k - k_0)^2 \qquad [2.5a]$

Valenzband: $\qquad W_{Valenzband}(k) = W_v + \dfrac{\hbar^2}{2\,m_{eff,VB}}k^2 \qquad [2.5b]$

Darin sind $m_{eff,LB}$ und $m_{eff,VB}$ die nach [2.4] berechneten effektiven Massen der Elektronen in Leitungsband (LB) und Valenzband (VB). Achtung: für das Valenzband ist $\partial^2 W_{Valenzband}/\partial k^2 < 0$, damit ist $m_{eff,VB}$ negativ!

2.6 Thermische Geschwindigkeit und "Kristallimpuls" eines Elektrons

In Kapitel 2.1 wurde erläutert, daß die erlaubten Zustände eines Quantenteilchens quantenmechanisch ableitbar sind aus speziellen Wellenfunktionen ψ_k. Darin ist **k** eine vektorielle Quantenzahl, die grundsätzlich aufgefaßt werden kann als der Wellenvektor der Welle ψ_k.

Ein durch ψ_k beschriebenes Kristallelektron (mit fest vorgegebenem **k**) ist innerhalb des Kristalls nicht lokalisierbar, es kann sich zu jedem Zeitpunkt mit gleicher Wahrscheinlichkeit an jeder beliebigen Stelle aufhalten. Mit quantenmechanischen Methoden läßt sich aber seine Geschwindigkeit (genauer: der Erwartungswert seiner Geschwindigkeit) nach Betrag und Richtung berechnen. Wir beschränken uns der Einfachheit halber auf eine eindimensionale Beschreibung. Dann läßt sich zeigen: der Erwartungswert der Geschwindigkeit eines Kristallelektrons ist

$$v = \frac{1}{\hbar} \cdot \frac{\partial W(k)}{\partial k} = v(k) \qquad\qquad [2.6]$$

Insbesondere folgt daraus:

Elektronen in den Kurvenextrema der W(k)-Kurven bewegen sich **nicht**.
(denn dort ist $\partial W/\partial k = 0$)

Zur Beachtung:
Ein Kristallelektron mit Quantenzahl k hat die durch [2.6] gegebene Geschwindigkeit, **ohne** daß eine äußere Kraft einwirkt. Man bezeichnet diese Geschwindigkeit als die *thermische Geschwindigkeit* des Elektrons. Eine Folge der thermischen Geschwindigkeit ist eine ungerichtete Wimmelbewegung der Elektronen im Kristall auch ohne äußere Krafteinwirkung. Da es zu jedem W(k) ein gleichgroßes W(-k) gibt, findet man zu jedem Elektron mit der Geschwindigkeit v auch ein Elektron mit der Geschwindigkeit -v, das also in Gegenrichtung läuft. In der Summe kompensieren sich alle Elektronenbewegungen, es findet kein Netto-Ladungstransport statt.

Die Gesamtenergie W eines ungebundenen Teilchen der Masse m, das sich mit der nichtrelativistischen Geschwindigkeit $v_{Teilchen}$ bewegt, wird in der Newton'schen Mechanik angegeben in der Form

$$W = W_{pot} + W_{kin} = W_{pot} + \frac{1}{2} m v^2_{Teilchen}$$

$$= W_{pot} + \frac{p^2}{2m} = W(p) \qquad [2.7]$$

Darin ist $p = m \cdot v_{Teilchen}$ der Teilchenimpuls. Die Geschwindigkeit $v_{Teilchen}$ eines derartigen Teilchens erhält man aus $W(p)$ durch Differenzieren zu

$$v_{Teilchen} = \frac{\partial W}{\partial p} \quad \left(= \frac{p}{m} \right) \qquad [2.8]$$

Ein Vergleich von [2.6] und [2.8] legt nahe, zu setzen

$$\frac{\partial W}{\partial p} = \frac{1}{\hbar} \frac{\partial W}{\partial k} = \frac{\partial W}{\partial (\hbar k)} \qquad [2.9]$$

so daß folgt:

$$p = \hbar k \qquad [2.10]$$

Nach diesem Ergebnis liefert das Produkt aus der Planck'schen Konstanten $\hbar$ und der Quantenzahl k den mechanischen Impuls p des Kristallelektrons. Deshalb wird das Produkt $\hbar k$ häufig als "Kristallimpuls des Elektrons" bezeichnet. Diese Sprechweise ist jedoch gefährlich; sie suggeriert, daß ein Elektron zur Quantenzahl k sich nach [2.8] im Kristall mit der Geschwindigkeit $p/m = \hbar k/m$ bewegt. **Das ist aber nicht der Fall**, die Elektronengeschwindigkeit ist durch [2.6] festgelegt. Ein Elektron im Leitungsbandminimum von z.B. Silizium hat nun einmal die Geschwindigkeit $v = 0$, obwohl sein k-Wert $k \neq 0$ ist (siehe die Bandstruktur von Silizium in Anhang C) und damit auch $p = \hbar k \neq 0$ ist. Die Ursache für die Diskrepanz liegt darin begründet, daß [2.7] nur für **ungebundene** Teilchen gelten, während ein Kristallelektron **kein** ungebundenes Teilchen ist.

Ebenso wird bei der Diskussion des Übergangs eines Kristallelektrons von einem Energiezustand in einen anderen Zustand oft formuliert, daß der "Impuls" des Systems erhalten bleiben muß. Korrekter ist es, von einer *k-Erhaltung* zu sprechen, wobei die Sprechweise von der k-Erhaltung ihrerseits nur eine angepaßte Umformulierung einer quantenmechanischen Auswahlregel ist.

3. Elektronische Eigenschaften undotierter und dotierter Halbleiter

3.1 Energieband-Ortsdiagramm und Löcherkonzept

Für die Erklärung vieler physikalischer Vorgänge in Halbleitern benötigt man zwar Kenntnisse über die Energiewerte der Elektronen, nicht aber über die zugehörigen Quantenzahlen. Man kann deshalb die in Kap.2 vorgestellten W(k)-Diagramme umkonzipieren. Zunächst werden alle zugelassenen Energiezustände eines Bandes jeweils zu einem Energiebereich zusammengefaßt. Da die k-Werte nicht mehr benötigt werden, kann die Elektronenenergie graphisch als Funktion irgendeiner anderen geeigneten Größe dargestellt werden. Als besonders illustrativ erweist sich die Angabe der Elektronenenergie als Funktion des Ortes x im Kristall. Eine auf diese Weise aus dem W(k)-Diagramm abgeleitete Auftragung W(x) wird als das *Bändermodell* des Halbleiters bezeichnet; sinnvoller ist der Name *Energieband-Ortsdiagramm*. Abb.3-1 zeigt die Entwicklung des Bändermodells aus der Bandstruktur der Abb.2-2. Das Hauptminimum der Leitungsbandenergie ergibt die Unterkante W_c des Leitungsbandbereiches, das Hauptmaximum der Valenzbandenergie die Oberkante W_v des Valenzbandbereiches.

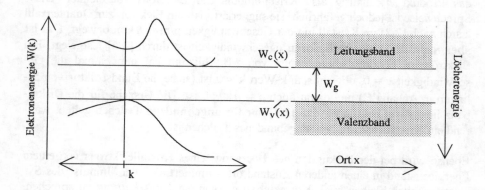

Abb.3-1: Entwicklung des Energieband-Ortsdiagramms ("Bändermodell") aus der Bandstruktur

Bei der Temperatur T = 0K werden ohne äußere Störung alle Energiezustände des Valenzbandes auch tatsächlich von Elektronen eingenommen; man sagt: alle von

Elektronen besetzbaren Plätze im Valenzband sind auch von Elektronen besetzt. Dagegen gibt es bei T = 0K keine Elektronen, die Energiewerte im Leitungsbandbereich einnehmen: kein besetzbarer Energieplatz des Leitungsbandes ist mit Elektronen besetzt. Die Verhältnisse ändern sich, sobald der Halbleiter auf eine Temperatur T > 0K gebracht wird. Dann nehmen einige Valenzbandelektronen soviel thermische Energie auf, daß sie das Valenzband verlassen und energetisch höhergelegene Zustände einnehmen. Im undotierten Halbleiter stehen als höhergelegene Zustände nur die Leitungsbandzustände zur Verfügung; im dotierten Halbleiter sind auch die durch die Dotierung entstehenden Energiepositionen innerhalb der Bandlücke (siehe hierzu Abschn.3.6) von Valenzbandelektronen besetzbar. Die nachfolgenden Ausführungen sind unabhängig davon, ob der Halbleiter dotiert oder undotiert ist.

Jedes das Valenzband verlassende Elektron läßt dort eine Fehlstelle, ein *Loch* zurück. Einem solchen Loch können physikalische Eigenschaften zugesprochen werden. Jedes Loch stellt eine fehlende negative Ladung im Valenzband dar. Formal kann das Fehlen einer negativen Ladung auch beschrieben werden als das Vorhandensein einer dem Betrage nach gleichgroßen, aber positiven Ladung am Ort der Fehlstelle. Weiterhin ist die 2.Ableitung $\partial^2 W_{Valenzband}/\partial k^2$ negativ. Nach [2.4] ist dann auch die effektive Masse $m_{eff,VB}$ eines Valenzbandelektrons negativ. Fehlt das Valenzbandelektron, so fehlt an der entsprechenden Stelle eine negative Masse. Gleichwertig hierzu ist die Aussage, daß die Elektronenfehlstelle, das Loch, eine dem Betrage nach gleichgroße <u>positive</u> effektive Masse besitzt. Wir erhalten:

Eine Elektronenfehlstelle im Valenzband, ein Loch, verhält sich wie ein fiktives Teilchen mit positiver Ladung[§] q und positiver Masse $-m_{eff,VB}$. Elektronen und Löcher gemeinsam bilden die *beweglichen Ladungsträger* im Halbleiter.

Wir kürzen die Schreibweise ab zu

m_n: effektive Masse eines Elektrons im Leitungsband: $m_n \equiv m_{eff,LB}$

m_p: effektive Masse eines Loches im Valenzband: $m_p \equiv - m_{eff,VB}$

In der Tabelle in Anhang A sind die effektiven Massen der wichtigsten Halbleiter angegeben. Man entnimmt der Aufstellung, daß in allen aufgelisteten Halbleitern die effektive Elektronenmasse m_n kleiner ist als die Löchermasse m_p. Eine Folge

---

[§] In diesem Buch bezeichnet q den Betrag der Elementarladung: q = 1,6·10⁻¹⁹ C. Ein Elektron trägt die Ladung −q.

davon ist, daß sich Valenzbandlöcher unter dem Einfluß äußerer Kräfte wie z.B. von außen angelegter elektrischer Felder mit geringerer Geschwindigkeit bewegen als Leitungsbandelektronen, wobei diese Bewegung von der in Kap.2.6 erwähnten thermischen Bewegung überlagert ist.

Wir haben oben festgestellt, daß bei T > 0K die Elektonen auch energetisch höhergelegene Plätze einnehmen und sogar in ein anderes Band überwechseln können. Dabei stellen sich zwei grundsätzliche Fragen:

- Wieviele Energieplätze sind im Energiebereich zwischen W und W+ΔW eines Bandes überhaupt vorhanden und können damit von Ladungsträgern eingenommen werden?
- Mit welcher Wahrscheinlichkeit wird ein vorhandener Energieplatz der Energie W bei der Temperatur T von einem Ladungsträger besetzt?

Die Antworten auf diese Fragen geben die *spektralen Zustandsdichten* in den Bändern und die *Besetzungswahrscheinlichkeiten* der vorhandenen Zustände.

3.2 Spektrale Zustandsdichten in den Bändern

Wie schon in Abschn.2.2 erwähnt, sind die für Kristallelektronen zugelassenen Quantenzahlen **k** abzählbare diskrete Zahlen, die allerdings sehr dicht zueinander benachbart liegen. Dann sind auch die daraus ableitbaren zugelassenen Energiewerte diskrete Werte, die ebenfalls dicht benachbart sind. Wir fragen nach der Anzahl der zugelassenen Energiewerte (Energieplätze) je Volumeneinheit in einem vorgegebenen Energieintervall zwischen W und W+ΔW. Dazu definieren wir eine *spektrale Zustandsdichte* D(W) mit der Dimension $1/(cm^3 \cdot eV)$. Der Zusatz "spektral" soll dabei darauf hinweisen, daß D die Dichte der besetzbaren Plätze *pro Energieintervall* ΔW angibt. Multiplikation von D(W) mit einer Energieintervallbreite ΔW liefert die Anzahl je Volumeneinheit der prinzipiell besetzbaren, aber nicht notwendigerweise auch tatsächlich besetzten Energieplätze mit Energien zwischen W und W+ΔW.

Die Energieplätze im Leitungsband werden von Elektronen eingenommen. Bei einem Energieplatz im Valenzband ist von Interesse, ob dieser Platz von einem Elektron verlassen, d.h. von einem Loch eingenommen wurde. Es ist deshalb angebracht, getrennte spektrale Zustandsdichten D_c für Elektronen im Leitungsband bzw. D_v für Löcher im Valenzband anzugeben. Dann ist

$D_c(W) \cdot \Delta W$ die Konzentration der vorhandenen, aber nicht notwendigerweise auch tatsächlich von Elektronen besetzten Energieplätze im Leitungsband im Energiebereich zwischen W und $W + \Delta W$ mit $W \geq W_c$ (denn W ist ein Energiewert im Leitungsbandbereich).

$D_v(W) \cdot \Delta W$ die Konzentration der vorhandenen, aber nicht notwendigerweise auch tatsächlich von Löchern besetzten Energieplätze im Valenzband im Energiebereich zwischen W und $W - \Delta W$ mit $W \leq W_v$ (denn W ist ein Energiewert im Valenzbandbereich).

In der Näherung parabolischer Bandverläufe (siehe Abschn.2.4) erhält man

$$D_c(W) = N_c \, \frac{2}{k_B T \cdot \sqrt{\pi}} \sqrt{\frac{W - W_c}{k_B T}} \qquad [3.1a]$$

$$D_v(W) = N_v \, \frac{2}{k_B T \cdot \sqrt{\pi}} \sqrt{\frac{W_v - W}{k_B T}} \qquad [3.1b]$$

Die in [3.1a] und [3.1b] eingehenden Vorfaktoren N_c und N_v heißen *effektive Zustandsdichten* von Leitungs- bzw. Valenzband. In der Tabelle in Anhang A sind Zahlenwerte für N_c und N_v für die optoelektronisch wichtigsten Halbleiter angegeben. N_c und N_v sind Abkürzungen für

$$N_c := 2 \left(\frac{2 \pi m_{d,n} k_B T}{h^2} \right)^{3/2} \qquad N_v := 2 \left(\frac{2 \pi m_{d,p} k_B T}{h^2} \right)^{3/2} \qquad [3.2]$$

k_B ist die *Boltzmann-Konstante*, T die absolute Temperatur. $m_{d,n}$ und $m_{d,p}$ sind die sog. *Zustandsdichtemassen(density-of-states-masses)*. Es erscheint notwendig, darauf hinzuweisen, daß $m_{d,n}$ und $m_{d,p}$ **nicht** identisch sind mit den häufig in Datentabellen (auch in diesem Buch in Anhang A) angegebenen effektiven Massen m_n und m_p. In die Zustandsdichtemassen gehen zusätzliche Feinheiten der Bandstruktur wie z.Bsp. unterschiedliche Bandkrümmung in unterschiedlichen Raumrichtungen, der Einfluß von Unterbändern und in indirekten Halbleitern auch die Anzahl äquivalenter Minima im Leitungsband mit ein.

Im linkenTeilbild der Abb.3-2 ist die durch [3.1] beschriebene Abhängigkeit der spektralen Zustandsdichten D_c und D_v von der Energie W graphisch dargestellt.

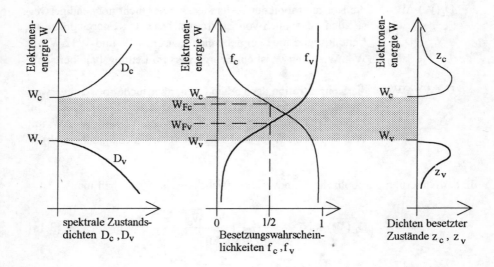

Abb.3-2: Spektrale Zustandsdichten, Besetzungswahrscheinlicheiten und Dichten der tatsächlich
besetzten Zustände, jeweils als Funktion der Elektronenenergie

3.3 Besetzungswahrscheinlichkeiten und Quasiferminiveaus

Elektronen und Löcher sind Teilchen bzw. Quasiteilchen mit Spin ½ ; sie unterlie-
gen deshalb einer *Fermi-Dirac-Statistik*. Für die weitere Diskussion nehmen wir
an, daß eine vorgegebene Anzahl von Elektronen auf die zur Verfügung stehenden
Energieplätze des Leitungsbandes zu verteilen ist. Es wird nicht danach gefragt,
wo die Elektronen herstammen. Auch wird angenommen, daß die Elektronen innerhalb des Leitungsbandes verbleiben und nicht in das Valenzband oder ein anderes Band überwechseln. Weiterhin wird unterstellt, daß die Elektronen untereinander so rasch wechselwirken, daß sich **sofort** (d.h. innerhalb von wenigen ps) ein
Gleichgewichtszustand innerhalb des Kollektivs der Leitungsbandelektronen ein-
stellt. Entsprechendes soll für die Valenzbandlöcher gelten. Wir bezeichnen als
bänderinterne Besetzungswahrscheinlichkeiten f_c und f_v

f_c die Wahrscheinlichkeit dafür, daß ein Energiezustand im
                Leitungsband von einem **Elektron** besetzt ist

f_v die Wahrscheinlichkeit dafür, daß ein Energiezustand im **Valenzband** von einem **Loch** besetzt ist (also **nicht** von einem Elektron besetzt ist)

Unter den obigen Voraussetzungen können f_c und f_v mit Hilfe eines für das jeweilige Band charakteristischen Parameters W_{Fc} bzw. W_{Fv} berechnet werden zu

$$f_c(W, W_{Fc}) = \frac{1}{1 + \exp\left(\dfrac{W - W_{Fc}}{k_B T}\right)} \qquad [3.3a]$$

$$f_v(W, W_{Fv}) = \frac{1}{1 + \exp\left(\dfrac{W_{Fv} - W}{k_B T}\right)} \qquad [3.3b]$$

Die Kenngrößen W_{Fc} bzw. W_{Fv} werden als *Quasi-Fermi-Energien (Quasi-Fermi-Niveaus)* bezeichnet. Wir werden im folgenden den Begriff "Quasiferminiveau" häufig mit "QFN" abkürzen. Die QFN's können sich zeitlich und innerhalb des Halbleiters auch von Ort zu Ort ändern. Ihre energetischen Lagen sind zunächst nicht bekannt. Sie werden aus anderweitigen Überlegungen im Nachhinein so gewählt, daß die mit ihrer Hilfe aus den Gleichungen [3.3] berechneten Besetzungswahrscheinlichkeiten die tatsächlichen Besetzungsverhältnisse repräsentieren. Im allgemeinen Fall ist

$$W_{Fc} \neq W_{Fv} \qquad [3.4]$$

d.h. die Verteilung der Löcher auf die Valenzbandplätze und der Elektronen auf die Leitungsbandplätze wird i. allg. durch unterschiedliche Parameter geregelt.

Aus den Gleichungen [3.3] geht hervor, daß für die Besetzungswahrscheinlichkeit des Energieplatzes W der energetische Abstand $W-W_{Fc}$ bzw. $W_{Fv}-W$ maßgebend ist. Als Sonderfall kann man entnehmen: damit ein Leitungsbandzustand bei der Energie W mit mehr als 50% Wahrscheinlichkeit mit einem Elektron besetzt ist, damit also $f_c(W, W_{Fc}) > 0,5$ ist, muß in [3.3a] der Nenner < 2 gemacht werden. Dazu muß der Wert der Exponentialfunktion < 1 werden. Das ist der Fall, wenn das Argument der Exponentialfunktion negativ wird, also $W-W_{Fc} < 0$ ist. Da W ein Leitungsbandzustand sein soll, muß zudem $W < W_c$ gefordert werden, so daß letztlich $W_c < W < W_{Fc}$ sein muß. Dies bedeutet: dann und nur dann, wenn W_{Fc} innerhalb des Leitungsbandes liegt, sind alle die Energieplätze zwischen Leitungsbandunterkante und W_{Fc} mit mehr als 50% Wahrscheinlichkeit von Elektronen besetzt. Entsprechend muß W_{Fv} innerhalb des Valenzbandes liegen, damit die Valenzbandzustände zwischen W_v und W_{Fv} mit mehr als 50% Wahrscheinlichkeit von Löchern besetzt sind. In Abb.3-2 ist der Verlauf von f_c und f_v bei willkürlich gewählten Werten für W_{Fc} bzw. W_{Fv} graphisch aufgetragen.

Zur Beachtung:
Häufig wird auch eine Besetzungswahrscheinlichkeit f_v^* angegeben durch

$$f_v^*(W, W_{Fv}) = \left\{ 1 + \exp\left(\frac{W - W_{Fv}}{k_B T} \right) \right\}^{-1} \equiv 1 - f_v(W, W_{Fv}) \quad \text{mit } f_v \text{ nach [3.3b]}.$$

f_v^* gibt die Wahrscheinlichkeit an, daß ein **Valenzband**platz bei der Energie W von einem **Elektron** besetzt ist.

3.4 Verknüpfung der Konzentration der freien Ladungsträger in einem Band mit der energetischen Lage des zugeordneten QFN′s

Das Produkt aus der Zustandsdichte $D_c(W)$ und der Besetzungswahrscheinlichkeit $f_c(W, W_{Fc})$ ergibt die spektrale Dichte der von Elektronen <u>tatsächlich</u> besetzten Plätze im Leitungsband. Entsprechendes gilt für die spektrale Dichte der von Löchern tatsächlich besetzten Plätze im Valenzband. Wir definieren

$$z_c(W, W_{Fc}) := D_c(W) \cdot f_c(W, W_{Fc}) \qquad [3.5a]$$

$$z_v(W, W_{Fv}) := D_v(W) \cdot f_v(W, W_{Fv}) \qquad [3.5b]$$

Anschaulich geben z_c bzw. z_v die spektralen Energieverteilungen der in Leitungs- bzw. Valenzband <u>tatsächlich</u> vorhandenen Elektronen bzw. Löcher an. Im rechten Teilbild der Abb.3-2 sind die Verläufe von z_c und z_v für willkürlich vorgegebene Lagen von W_{Fc} bzw. W_{Fv} angegeben.

Nach Multiplikation von z_c bzw. z_v mit einer Energieintervallbreite ΔW erhält man die Konzentration der im Leitungsband *tatsächlich* vorhandenen Elektronen, *die Energien zwischen W und W+ΔW haben*. Die Gesamtkonzentration n **aller** freien Elektronen im Leitungsband berechnet sich durch Aufsummierung über alle zuge- lassenen Energiewerte zu

$$n = \sum_{W \geq W_c} z_c(W, W_{Fc}) \, \Delta W \longrightarrow \int_{W_c}^{\infty} z_c(W, W_{Fc}) \, dW \qquad [3.6a]$$

Entsprechend ist p die Gesamtkonzentration **aller** Valenzbandlöcher:

$$p = \sum_{W \le W_v} z_v(W, W_{Fv}) \Delta W \longrightarrow \int_{-\infty}^{W_v} z_v(W, W_{Fv}) \, dW \qquad [3.6b]$$

Die hier auftretenden Integrale lassen sich zurückführen auf die *Fermi-Integralfunktion* $F_{1/2}(\xi)$, definiert durch

$$F_{1/2}(\xi) := \int_0^\infty \frac{u^{1/2}}{1 + \exp(u - \xi)} \, du \qquad [3.7]$$

Mit ihrer Hilfe werden die Gleichungen [3.6] in die Form

$$n = N_c \frac{2}{\sqrt{\pi}} F_{1/2}(\xi_c) \qquad \text{mit} \qquad \xi_c := \frac{W_{Fc} - W_c}{k_B T} \qquad [3.8a]$$

$$p = N_v \frac{2}{\sqrt{\pi}} F_{1/2}(\xi_v) \qquad \text{mit} \qquad \xi_v := \frac{W_v - W_{Fv}}{k_B T} \qquad [3.8b]$$

gebracht. ξ_c und ξ_v geben den energetischen Abstand des zuständigen QFN von der jeweiligen Bandkante an, gemessen in Einheiten $k_B T$. Bei $\xi_{c,v} \le 0$ liegt W_{Fc} *unterhalb* der Leitungsbandkante bzw. W_{Fv} *oberhalb* der Valenzbandkante:

$$\xi_c \le 0 \quad \Leftrightarrow \quad W_{Fc} \le W_c \qquad \text{bzw.} \qquad \xi_v \le 0 \quad \Leftrightarrow \quad W_{Fv} \ge W_v \qquad [3.9]$$

Üblicherweise wird $F_{1/2}(\xi)$ angenähert durch (sog. *Boltzmann-Näherung*)

$$F_{1/2}(\xi) \approx \frac{\sqrt{\pi}}{2} \exp(\xi) \qquad [3.10]$$

Exakte Funktion und Näherung unterscheiden sich für $\xi \le -2$ um weniger als 5%, für $\xi \le 0$ um weniger als 30%. Wir definieren:

Ein Halbleiter heißt (lokal) entartet, wenn $\xi_c > 0$ oder $\xi_v > 0$ ist, also eines der Quasiferminiveaus in das zugeordnete Band eintaucht.

Strenggenommen liegt Entartung dann vor, wenn die Boltzmann-Näherung [3.10] nicht mehr anwendbar ist. "Nicht mehr anwendbar" ist eine Frage der Definition. Wir haben als Grenze zwischen Entartung und Nichtentartung den Wert $\xi = 0$ festgelegt. Es soll aber nicht verschwiegen werden, daß anderweitig als Übergangspunkt auch andere Werte für ξ gewählt werden. Einprägsam ist ebenfalls eine inverse Definition, wonach Entartung einsetzt, wenn $n = N_c$ oder $p = N_v$ wird; diese Definition führt auf einen Entartungseinsatz bei $\xi \approx 0{,}35$ mit einem Fehler von etwa 50%, siehe Abb.3-3.

In Abb.3-3 sind die Zusammenhänge zwischen den Ladungsträgerkonzentrationen und den energetischen Abständen graphisch dargestellt. Eingetragen sind auch die Näherungslösungen bei Nichtentartung nach [3.11]. Man sieht unmittelbar den Gültigkeitsbereich der Boltzmann-Näherung.

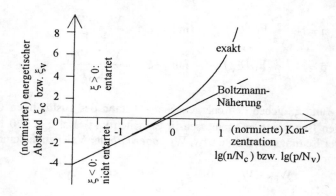

Abb.3-3: Abstand $(W_{Fc} - W_c)$ bzw. $(W_v - W_{Fv})$ der Quasi-Fermi-Niveaus von den Bandkanten über den auf die Zustandsdichten N_c bzw. N_v normierten Trägerkonzentrationen n bzw. p. Exakte Lösung und Boltzmann-Näherung

Für einen nicht-entarteten Halbleiter, also wenn [3.10] erfüllt ist, geht [3.8] über in

$$n \approx N_c \cdot \exp(\xi_c) = N_c \cdot \exp\left(\frac{W_{Fc} - W_c}{k_B T}\right) \qquad [3.11a]$$

$$p \approx N_v \cdot \exp(\xi_v) = N_v \cdot \exp\left(\frac{W_v - W_{Fv}}{k_B T}\right) \qquad [3.11b]$$

Wir erkennen:

> Die Konzentrationen n und p der freien Ladungsträger sind durch die energetischen Abstände $W_{Fc}-W_c$ bzw. W_v-W_{Fv} festgelegt bzw. legen umgekehrt diese Abstände fest. Lokale Unterschiede in den Trägerdichten sind damit verknüpft mit lokal unterschiedlichen Abständen $W_{Fc}-W_c$ bzw. W_v-W_{Fv}.

Wir berechnen noch das Ladungsträgerprodukt np für den Fall der Nichtentartung. Multiplikation der beiden Gleichungen [3.11] miteinander zeigt, daß das Produkt np von einer Materialkenngröße n_i und vom Abstand $W_{Fc} - W_{Fv}$ der QFN's untereinander festgelegt wird:

$$n\,p = N_c\,N_v \exp\left(-\frac{W_c - W_v}{k_B T}\right)\exp\left(\frac{W_{Fc} - W_{Fv}}{k_B T}\right) = n_i^2 \exp\left(\frac{W_{Fc} - W_{Fv}}{k_B T}\right) \qquad [3.12]$$

Die hierin eingeführte Größe n_i mit

$$n_i^2 := N_c\,N_v \exp\left(-\frac{W_c - W_v}{k_B T}\right) = N_c\,N_v \exp\left(-\frac{W_g}{k_B T}\right) \qquad [3.13]$$

heißt *Eigenleitungskonzentration* oder *intrinsische Konzentration* der Ladungsträger. Die Eigenleitungskonzentration ist eine (temperaturabhängige) Materialkonstante; Werte für n_i sind in der Tabelle in Anhang A aufgelistet.

3.5 Thermodynamisches Gleichgewicht und Ferminiveau

Ein Halbleiter befindet sich im thermodynamischen Gleichgewicht, wenn er mit seiner Umgebung **ausschließlich** über die Temperatur kommuniziert und keinen sonstigen äußeren Einflüssen wie z.B. elektrischen Spannungen oder Bestrahlung mit Licht ausgesetzt ist.

Im thermodynamischen Gleichgewicht sind thermisch initiierte Übergänge zwischen Valenz- und Leitungsband möglich. Dadurch wechselwirken nicht nur die Leitungsbandelektronen untereinander und die Valenzbandlöcher untereinander, sondern auch die Valenzbandlöcher mit den Leitungsbandelektronen. Die Besetzung der Bandplätze wird dann nicht mehr durch bandeigene Parameter W_{Fc} und W_{Fv} geregelt, sondern durch einen für beide Bänder gemeinsamen Parameter W_F.

Der gemeinsame Parameter, der die Verteilung der Elektronen im Leitungsband **und gleichzeitig** die der Löcher im Valenzband beschreibt, heißt *Fermi-Energie (Fermi-Niveau)*. Wir formulieren diesen Sachverhalt durch

- Im thermodynamischen Gleichgewicht sind die Quasifermienergien W_{Fc} und W_{Fv} identisch und gleich der Fermienergie W_F:

$$W_{Fc} \equiv W_{Fv} \equiv W_F \qquad\qquad [3.14]$$

- Im thermodynamischen Gleichgewicht ist die Fermienergie im ganzen Halbleiter ortsunabhängig: ist x eine Ortskoordinate, so ist $\partial W_F/\partial x \equiv 0$

Zur weiteren Schreibweise vereinbaren wir:

Alle Halbleiterkenndaten, die sich auf den thermodynamischen Gleichgewichtszustand beziehen, werden durch einen Index "0" kenntlich gemacht.

Mit dieser Übereinkunft bezeichnen n_0 und p_0 die Ladungsträgerkonzentrationen im thermodynamischen Gleichgewicht. Für sie erhält man aus [3.11] im Falle der Nichtentartung:

$$n_0 = N_c \cdot \exp\left(\frac{W_F - W_c}{k_B T} \right) \qquad\qquad [3.15a]$$

$$p_0 = N_v \cdot \exp\left(\frac{W_v - W_F}{k_B T} \right) \qquad\qquad [3.15b]$$

und für ihr Produkt $n_0 p_0$ ergibt sich an **allen** Stellen im Halbleiter

$$n_0 p_0 = n_i^2 \qquad\qquad [3.16]$$

Im thermodynamischen Gleichgewicht ist das Produkt $n_0 p_0$ durch die Eigenschaften des Halbleitermaterials und durch die Temperatur festgelegt. Insbesondere ist $n_0 p_0$ dadurch ortsunabhängig. Weiterhin sollte man sich bewußt sein:

Die Beziehungen [3.11] bis [3.16] gelten **sowohl im undotierten wie im dotierten** Halbleiter an all den Stellen innerhalb des Kristalls, an denen keine Entartung vorliegt.

Zwar läßt sich im thermodynamischen Gleichgewicht das <u>Produkt</u> der Ladungsträger unmittelbar angeben; für eine Berechnung der Einzelkonzentrationen n_0 und p_0 aus [3.15] benötigt man den bislang nicht näher bekannten Wert von W_F oder, anders formuliert, die Gleichgewichtslage des Ferminiveaus. Bei der Bestimmung der Gleichgewichtslage muß unterschieden werden zwischen undotierten und dotierten Halbleitern.

Im undotierten Halbleiter entstehen Leitungsbandelektronen und Valenzbandlöcher ausschließlich dadurch, daß Elektronen vom Valenz- ins Leitungsband übertreten. Im undotierten Halbleiter müssen deshalb im thermischen Gleichgewicht die Konzentrationen der Valenzbandlöcher und Leitungsbandelektronen exakt gleich sein: $n_0 = p_0$. Aus dieser Grundüberlegung heraus läßt sich wegen [3.16] ohne Rechnung sofort schließen, daß im <u>undotierten</u> Halbleiter im thermodynamischen Gleichgewicht

$$n_0 = p_0 = n_i \qquad\qquad [3.17]$$

ist. Das ist der Grund dafür, daß n_i oben als <u>Eigenleitungs</u>konzentration bezeichnet wurde und undotierte Halbleiter auch *intrinsische Halbleiter* genannt werden.

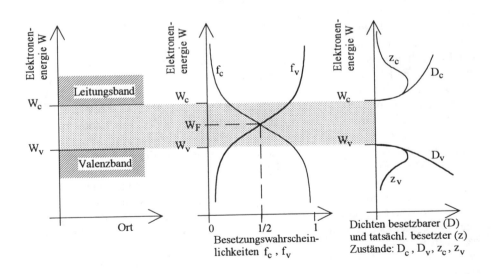

Abb.3-4: Bändermodell, Besetzungswahrscheinlichkeiten, Dichten besetzbarer und tatsächlich besetzter Bandzustände im undotierten Halbleiter

Die spezielle Lage W_F des Ferminiveaus im undotierten Halbleiter erhält man dann durch Einsetzen von [3.17] in [3.15] und Auflösen nach W_F mit dem Ergebnis:

> Im undotierten Halbleiter liegt das Ferminiveau nahezu unabhängig von der Temperatur etwa in der Mitte der Bandlücke. Die Abweichungen von der Lage exakt in der Bandmitte sind auf die unterschiedlichen Zustandsdichte-massen $m_{d,n}$ und $m_{d,p}$ der Löcher zurückzuführen.

Abb.3-4 zeigt noch einmal zusammenfassend Bändermodell, Besetzungswahr-scheinlichkeiten und Dichten der besetzbaren und der tatsächlich besetzten Plätze in einem undotierten Halbleiter im thermodynamischen Gleichgewicht. Die Flächen unter der z_c bzw. z_v-Kurve sind ein Maß für die Trägerkonzentrationen n_0 und p_0.

3.6 Dotierte Halbleiter

Die Eigenschaften eines Halbleiters werden empfindlich beeinflußt, wenn der ideale Gitteraufbau unabsichtlich oder absichtlich gestört wird. Unbeabsichtigte Störun-gen sind beispielsweise alle Kristallstrukturfehler, die bei der technischen Herstel-lung des realen Halbleiters entstehen; sie führen zu den in Abschn. 5.4.2 zu bespre-chenden *tiefen Störstellen*. Bei absichtlicher Störung werden Fremdatome in den Halbleiter eingebracht, man sagt: der Halbleiter wird *dotiert*. Die Fremdatome modifizieren die Halbleitereigenschaften hauptsächlich dadurch, daß sie eines ihrer eigenen Elektronen ins Leitungsband abgeben oder ein Elektron aus dem Valenz-band aufnehmen. Im ersten Fall bezeichnet man die Fremdatome als *Donatoren*, im zweiten Fall als *Akzeptoren*. Energetisch gesehen werden durch das Dotieren mit Donatoren Energieplätze innerhalb der verbotenen Zone bei einer Energie W_D dicht unterhalb der Leitungsbandkante geschaffen, beim Dotieren mit Akzeptoren Energieplätze bei einer Energie W_A dicht oberhalb der Valenzbandkante. Bei der Temperatur T = 0K sind alle Donatorplätze von Donator-eigenen Elektronen be-setzt bzw. alle Akzeptorplätze von Elektronen unbesetzt. Bei T > 0K geben die Donatoren ihre Elektronen ins Leitungsband ab, Akzeptoren dagegen nehmen ein Valenzbandelektron auf und generieren dadurch im Valenzband ein Loch. Donato-rendotierung führt also zu zusätzlichen Leitungsbandelektronen über die durch die thermische Anregung bereits vorhandenen Elektronen hinaus. Deshalb bezeichnet man mit Donatoren dotierte Halbleiter als *n-dotiert*. Weiterhin kennzeichnet man bei einer n-Dotierung die vielen Leitungsbandelektronen als *Majoritätsladungsträ-ger*, die wenigen, durch thermische Anregung auch im n-dotierten Material vor-handenen Löcher als *Minoritätsladungsträger*. Entsprechend modifizierte Aussa-gen gelten für den Fall der Dotierung mit Akzeptoren (*p-Dotierung*).

Donatoren wie Akzeptoren können graphisch sowohl im W(k)-Diagramm nach Abschn2.2 wie auch im oben eingeführten Bändermodell berücksichtigt werden. Wir untersuchen zunächst die Eintragung in einem W(k)-Diagramm.

In Abschn.2.2 wurde ausdrücklich darauf hingewiesen, daß ein Elektron in einem der Energiebänder bei scharf vorgegebener Quantenzahl k örtlich nicht lokalisierbar ist. In Störstellen gebundene Elektronen sind demgegenüber stark lokalisiert, sie müssen sich am Ort der Störstelle befinden. Dies hat aufgrund der Unschärferelation wiederum zur Folge, daß derartigen Elektronen kein präzise definierter Quantenzahlwert k zugesprochen werden kann: ihnen muß ein ganzer k-Bereich zugeordnet werden. Anders formuliert:

Elektronen, die an eine Störstelle gebunden sind, sind in einem W(k)-Diagramm als ein k-Bereich bei fester Energie einzutragen. Je stärker die Lokalisierung des Elektrons, desto ausgedehnter ist der k-Bereich.

Abb.3-5 zeigt das W(k)-Diagramm eines direkten Halbleiters, erweitert um eine Eintragung für in Donatorstörstellen gebundene Elektronen (k-Bereich bei der Energie W_D) und für in Akzeptorstörstellen gebundene Elektronen (k-Bereich bei der Energie W_A). Die Energieabstände W_c-W_D bzw. W_A-W_v zu den jeweiligen Bandkanten sind die *Ionisierungsenergien* der Störstellen. Anschaulich gibt W_c-W_D den Energiebetrag an, der aufzubringen ist, um ein Elektron aus dem Donator ins Leitungsband anzuheben: dort ist es im Kristall nicht mehr lokalisierbar! Entsprechend muß die Energie W_A-W_v aufgebracht werden, um ein Elektron aus dem Valenzband in den Akzeptor anzuheben: dadurch wird im Valenzband ein Loch erzeugt, das dann ebenfalls nicht mehr lokalisierbar ist.

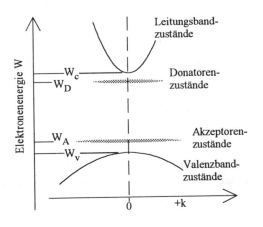

Abb.3-5:
Für Elektronen erlaubte Energiezustände in einem dotierten Halbleiter mit direkter Bandlücke, dargestellt als Funktion der Quantenzahl k

Für die Eintragung der Dotierungen in einem Bändermodell ist zu berücksichtigen, daß im Bändermodell die Abzisse eine Ortskoordinate ist. Störstellen werden hier als Energiezustände der Energie W_D bzw. W_A an einem festen Ort eingezeichnet.

Die obigen Aussagen sind gültig, solange die Konzentration der Dotieratome nicht allzu hoch ist. Mit zunehmendem Dotiergrad wechselwirken die Störstellen miteinander, es kommt zur Ausbildung von Donator- oder Akzeptor-Störbändern, genau wie die Wechselwirkung der Wirtskristallatome zur Ausbildung der Hauptbänder geführt hat. Ein Störband kann bei hinreichend hohem Dotiergrad schließlich so breit werden, daß es mit dem nächstgelegenen Hauptband verschmilzt, wie es in Abb.3-6 für anwachsende Donatorenkonzentration angedeutet wird. Ist ein Störband erst einmal mit einem Hauptband verschmolzen, so resultiert daraus eine schmalere Bandlücke, siehe das rechte Teilbild der Abb.3-6. Bei weiter steigendem Dotiergrad verschiebt sich die neue Bandkante immer weiter (im rechten Teilbild der Abb.3-6 von W_c über W_c' zu W_c'') und reduziert dadurch die Weite der Bandlücke immer mehr. Gleichzeitig nimmt auch die Lokalisierung der in den Dotieratomen gebundenen Elektronen ab, im W(k)-Diagramm verkleinert sich der den gebundenen Elektronen zugesprochene k-Bereich.
(Vorsicht, Verwechslungsgefahr: in Abb.3-6 ist als Abszisse die Zustandsdichte und nicht die k-Quantenzahl aufgetragen!)

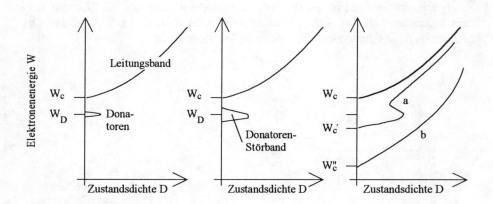

Abb.3-6: Auswirkung hoher Dotierung:
       Links: diskrete Donatorzustände bei geringer Konzentration.   Mitte: Aufweitung zu einem Störband bei höheren Konzentrationen.   Rechts: Verschmelzen der Donatorenzustände mit dem Leitungsband bei sehr hohen Dotierkonzentrationen. Dadurch scheinbare Verschiebung der Leitungsbandunterkante von W_c über W_c' zu W_c''

Um die nachfolgenden Ergebnisse übersichtlich formulieren zu können, ergänzen wir unsere Schreibweise und vereinbaren für alles Folgende die Nomenklatur

Immer dann, wenn unterschieden werden muß zwischen einem n-dotierten und einem p-dotierten Halbleiter, wird der Dotierungstyp der zu beschreibenden Größe als Index zugefügt. Der Index "0" zur Kennzeichnung des thermodynamischen Gleichgewichtes bleibt erhalten. Beispiel:

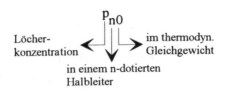

Wir betrachten jetzt einen n-dotierten Halbleiter im thermodynamischen Gleichgewicht. Wegen der geringen Ionisierungsenergie $W_c - W_D$ genügen bereits geringe Temperaturen $T > 0K$, um Elektronen aus den Donatoren in das Leitungsband abgegeben. Im Leitungsband erhöht sich so die Konzentration der freien Elektronen auf den Wert $n_{n0} > n_i$. Bei nicht allzu hoher Donatorendichte ($N_D < N_c$) sind bei Zimmertemperatur alle Störstellen ionisiert, so daß im thermodynamischen Gleichgewicht $n_{n0} \approx N_D$ ist. Gleichzeitig belegen die aus den Donatoren stammenden Elektronen die Energieplätze an und unmittelbar oberhalb der Leitungsbandkante. Diese Plätze können von aus dem Valenzband stammenden Elektronen nicht mehr eingenommen werden, deshalb gelingt es weniger Valenzbandelektronen, ins Leitungsband überzuwechseln. Mit anderen Worten heißt das: es bilden sich weniger Löcher im Valenzband. Der Donatoreneinbau erhöht somit nicht nur die Elektronenkonzentration, sondern verringert simultan die Löcherkonzentration. Die sich einstellende Löcherkonzentration p_{n0} kann aus [3.16] berechnet werden. Damit erhalten wir: durch eine Dotierung mit Donatoren (n-Dotierung) in einer Konzentration N_D (wobei $n_i \ll N_D < N_c$):

- steigt die Elektronenkonzentration imLeitungsband drastisch an
  auf einen Wert $n_{n0} \approx N_D \gg n_i$ 　　　　　　　　　　[3.18a]

- fällt die Löcherkonzentration im Valenzband erheblich ab
  auf einen Wert $p_{n0} \approx n_i^2/N_D \ll n_i \ll n_{n0}$ 　　　　　[3.18b]

- ist aber weiterhin $n_{n0}p_{n0} = n_i^2$ 　　　　　　　　　　　[3.18c]

Analoges gilt beim Einbau von Akzeptoren mit einer Dichte $N_A < N_v$: es erhöht sich die Löcherkonzentration auf $p_{p0} \approx N_A$, aber gleichzeitig nimmt die Elektronendichte auf $n_{p0} \approx n_i^2/N_A$ ab.

Nach [3.15] sind im thermodynamischen Gleichgewicht die Konzentrationen der freien Ladungsträger in den Bändern korreliert mit dem Abstand des Ferminiveaus zu den Bandkanten. Die durch das Dotieren des Halbleiters entstandenen neuen Ladungsträgerverhältnisse führen demzufolge dazu, daß die Fermienergie W_F von der Dotierstoffkonzentration abhängig ist. Bei vollständiger Ionisierung erhält man W_F, indem man [3.18a] in [3.15a] einsetzt und nach W_F auflöst. Eine genauere Analyse muß berücksichtigen, daß in Wirklichkeit nicht alle Störstellen ionisiert sind. Wenn bekannt ist, mit welcher Wahrscheinlichkeit ein Donator oder Akzeptor bei einer Temperatur T ionisiert ist, läßt sich auch im allgemeinen Fall die Lage von W_F als Funktion der Störstellenkonzentration berechnen. Das Ergebnis ist:

Durch das Dotieren verschiebt sich das Ferminiveau von der Leitungsbandmitte auf eine der Bandkanten zu, siehe Abb.3-7 für einen mit Donatoren in der Konzentration N_D dotierten Halbleiter. Mit wachsender Dotierstoffkonzentration gelangt W_F zunächst in die Nähe von W_D und dringt schließlich sogar in das Band selbst ein. Nach unserer Definition von Abschn.3.4 ist der Halbleiter jetzt entartet. Man spricht bei einem derartig hohen Dotiergrad auch von einem *entartet dotierten* Halbleiter. Entsprechend verschiebt sich W_F bei p-Dotierung mit wachsender Akzeptorenkonzentration N_A bis ins Valenzband hinein. Diese Aussagen bleiben auch dann gültig, wenn der Halbleiter sowohl Donatoren als auch Akzeptoren enthält (sog. *kompensierter Halbleiter*), sofern die eine Störstellensorte mit mindestens der doppelten Konzentration (z.B. $N_D > 2 \cdot N_A$) eingebaut wurde.

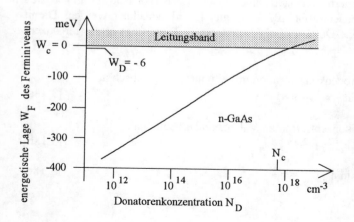

Abb.3-7:
Verschiebung der energetische Lage des Ferminiveaus bei anwachsender Donatorenkonzentration. W_D ist die Ionisationsenergie (energetische Lage) der Donatoren

Abschließend gestalten wir Abb.3-4 um, um Bändermodell, Besetzungswahr-scheinlichkeiten und Dichten der besetzbaren wie der tatsächlich besetzten Plätze in einem **dotierten** Halbleiter im thermodynamischen Gleichgewicht zu veran-schaulichen. Abb.3-8 zeigt eine solche Auftragung für den Fall eines mit Donato-ren der energetischen Lage W_D dotierten Halbleiters. Die Kurvenverläufe z_c bzw. z_v können anschaulich wie vorhin als energetische Verteilung der tatsächlich vor-handenen Ladungsträger bei Gleichgewicht interpretiert werden. Die Flächen unter den z_c bzw. z_v-Kurven, in Abb.3-8 schraffiert eingetragen, sind wieder Maße für die Konzentrationen n_{n0} und p_{n0} der Ladungsträger in Leitungs- bzw. Valenzband.

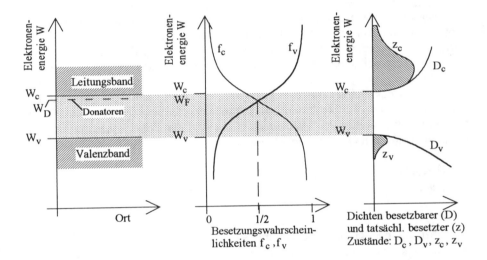

Abb.3-8: Bändermodell, Besetzungswahrscheinlichkeiten, Dichten besetzbarer und tatsächlich besetzter Bandzustände in einem n-dotierten Halbleiter

4. pn-Übergänge und Halbleiterdioden

Die Aussagen und Ergebnisse dieses Kapitels lassen sich anhand der Teilfiguren der Abb.4-1 verfolgen. Im Text wird mehrfach hierauf Bezug genommen werden.

4.1 pn-Übergang im thermodynamischen Gleichgewicht

Wenn man einen mit Donatoren in der Konzentration N_D dotierten Halbleiterbereich (n-leitenden Bereich) in innigen Kontakt bringt mit einem mit Akzeptoren der Konzentration N_A dotierten Bereich (p-leitenden Bereich), dann erhält man einen *pn-Übergang* (Abb.4-1a). Der Übergang von n-Leitung nach p-Leitung kann abrupt oder graduell erfolgen. Für alle nachfolgenden Diskussionen nehmen wir einen abrupten Übergang an; er befindet sich an der Stelle x = 0. Die p-Seite des Übergangs erstreckt sich in den Halbraum x < 0, die n-Seite in den Halbraum x > 0.

Beide Seiten des Halbleiters seien nicht-entartet dotiert; Abb.4-1b zeigt das Dotierprofil der beiden Halbleiterbereiche. In großer Entfernung von der geometischen Grenze x = 0 zwischen den Halbleitergebieten sind die Trägerkonzentrationen im thermodynamischen Gleichgewicht (vergl. [3.18]):

p-Bereich: $\quad p_{p0} \approx N_A \quad$ und $\quad n_{p0} \approx n_i^2/N_A \quad$ [4.1a]

n-Bereich: $\quad n_{n0} \approx N_D \quad$ und $\quad p_{n0} \approx n_i^2/N_D \quad$ [4.1b]

Getrieben von dem großen Konzentrationsunterschied zwischen n_{n0} und n_{p0} beginnen die Elektronen aus dem n-Bereich (hier sind sie Majoritätsladungsträger) in den p-Bereich hinüberzudiffundieren, wo sie Minoritätsladungsträger sind. Vom elektrotechnischen Standpunkt her betrachtet fließt ein *Diffusionsstrom* von Elektronen über die geometrische Grenze vom n- ins p-Gebiet. Dadurch verarmt das Randgebiet auf der n-Seite an beweglichen Elektronen. Zurück bleiben die ortsfesten, positiv geladenen Atomrümpfe der Donatoratome, und das an x = 0 angrenzende n-seitige Randgebiet lädt sich insgesamt positiv auf. Auf dieselbe Weise bildet sich auf der p-Seite ein negativ geladenes Raumgebiet aus, in dem die (negativ geladenen) Akzeptorrümpfe nicht mehr durch die auf die n-Seite abwandernden positiv geladenen Löcher neutralisiert werden. Man bezeichnet die sich bildenden ortsfesten Ladungen der ionisierten Atomrümpfe als *Raumladungen*. Die beiden sich gegenüberstehenden Raumladungen erzeugen ein elektrisches Feld, dessen Feldstärkevektor E vom n- zum p-Gebiet gerichtet ist. Je mehr Majoritätsladungsträger die Grenze passieren, desto größer wird die Feldstärke dem Betrage nach. Das kontinuierlich anwachsende Feld wirkt wie eine kontinuierlich anwachsende

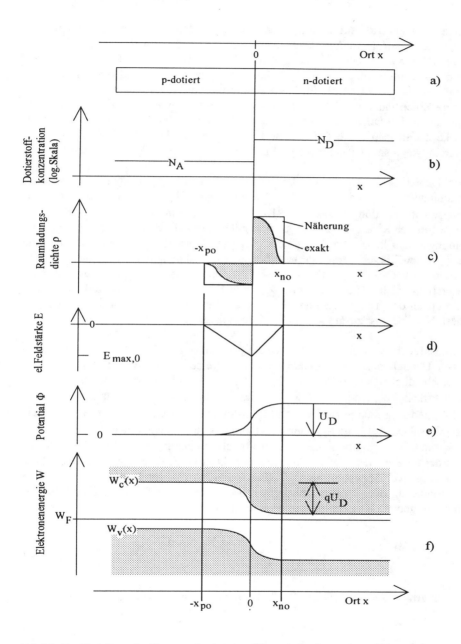

Abb.4-1: Zur Herleitung der Vorgänge in einem pn-Übergang im thermodynamischen Gleichgewicht. Genaue Erläuterungen im Text.

rücktreibende Kraft auf weitere übertrittswillige Majoritätsträger und bremst dadurch den Zustrom weiterer Ladungsträger ab. Es stellt sich schließlich ein stationärer Zustand ein, bei dem die treibende Diffusionskraft von der rücktreibenden Feldkraft gerade kompensiert wird. Gleichwertig zu obigem Modell ist die Vorstellung, daß das Feld Ursache für einen *Driftstrom* von Elektronen aus dem p-Gebiet ins n-Gebiet und von Löchern aus dem n-Gebiet ins p-Gebiet ist. Die Driftströme sind damit den Diffusionsströmen genau entgegengerichtet. Mit wachsender Feldstärke nehmen auch die Driftströme immer mehr zu. Der stationäre Zustand ist erreicht, wenn sich Diffusionsströme und Driftströme genau kompensieren.

Das Gebiet zu beiden Seiten der geometrischen Grenze, in dem jetzt stationär Raumladungen bestehen, heißt *Raumladungszone* (RLZ). Abb.4-1c zeigt die Ladungsdichteverteilung $\rho(x)$ in der RLZ. Als weitere Näherung nehmen wir an, daß überall in der RLZ die Ladung der dort noch vorhandenen restlichen <u>beweglichen</u> Ladungsträger klein ist gegen die der <u>ortsfesten</u> ionisierten Störstellenrümpfe. Die beweglichen Träger werden deshalb bei einer Berechnung der Stärke der Raumladung nicht berücksichtigt. Dadurch wird die RLZ beidseitig scharfrandig begrenzt; sie erstreckt sich von einem Punkt $-x_{p0}$ im p-Bereich bis zu einem Punkt x_{n0} im n-Bereich. In den Teilgebieten der RLZ ist die Raumladungsdichte jeweils konstant. Diese Näherung ist zusätzlich in Abb.4-1c eingetragen.

Grundsätzlich führt ein elektrisches Feld der Stärke E (Abb.4-1d) in einem räumlichen Bereich dazu, daß Ladungsträger an verschiedenen Orten des Bereiches unterschiedliche potentielle Energie W haben. In der Sprechweise der Elektrotechnik heißt das: jeder Punkt des Raumes liegt auf einem elektrostatischen Potential Φ, und zwischen je zwei verschiedenen Punkten des Raumes besteht ein Potentialunterschied $\Delta\Phi$, eine Spannung U. Es muß sich also auch zwischen der n- und der p-Seite des pn-Übergangs eine elektrische Spannung ausbilden. Sie fällt ab über der RLZ als dem Gebiet, in dem das elektrische Feld besteht. Man bezeichnet diese (positive) Spannung als *Diffusionsspannung* U_D. Ihr Betrag ist keine reine Materialkenngröße, sondern abhängig von der Stärke der Dotierungen der beiden Halbleitergebiete. Die Halbleiterphysik leitet für U_D her:

$$U_D = \frac{k_B T}{q} \ln\left(\frac{N_A N_D}{n_i^2}\right) = U_T \ln\left(\frac{N_A N_D}{n_i^2}\right) \qquad [4.2]$$

Die zur Abkürzung eingeführte Größe U_T mit der Dimension einer Spannung

$$U_T := k_B T/q \qquad [4.3]$$

heißt *Temperaturspannung*. Bei Zimmertemperatur ist $U_T \approx 25.8$ mV.

In Abb.4-1e ist der Potentialverlauf zwischen p- und n- Seite eingetragen. Das Potential im Innern des p-Anteils bis zum Randpunkt $-x_{p0}$ der RLZ wurde willkürlich $= 0$ gesetzt (von Interesse sind nur Potentialunterschiede).

Nach dem eben Gesagten haben Ladungsträger z.B. an der Leitungsbandunterkante auf den beiden Seiten des pn-Übergangs unterschiedliche potentielle Energie, wobei die RLZ der Übergangsbereich ist. In einem Bändermodell, in dem ja die Elektronenenergie als Funktion des Ortes aufgetragen ist, muß es deshalb im Bereich der RLZ zu einer Verbiegung der Energiebänder kommen. Der Verlauf der Bandverbiegung ist in Abb.4-1f skizziert; er folgt dem Verlauf des Potentials. (Es ist zu berücksichtigen, daß im Bändermodell die Energie der Elektronen, also negativer Ladungsträger "nach oben zunehmend" aufgetragen wird. Dagegen ist das Potential ein Maß für die potentielle Energie positiver Ladungsträger. Daher die Spiegelsymmetrie zwischen dem Verlauf des Potentials und dem der Bandkanten.)

Man kann auch argumentieren:
Im thermodynamischen Gleichgewicht ist einerseits die absolute energetische Lage des Ferminiveaus ortsunabhängig, andererseits wird die Lage der Fermienergie relativ zu den Bandkanten durch den Typ und den Grad der Dotierung festgelegt. Die Bänder müssen sich demnach gerade soweit verbiegen, bis die Fermienergie überall im Halbleiter denselben Absolutwert hat. Ein elektronischer Zustand bei der Energie W ist dadurch im ganzen Halbleiter gleichweit vom Ferminiveau entfernt und demzufolge überall im Halbleiter mit gleicher Wahrscheinlichkeit besetzt (vergleiche hierzu Abschn. 3.3 und 3.5). Deshalb findet keine Nettobewegung von Ladungsträgern über den pn-Übergang hinweg mehr statt, sobald das Ferminiveau ortsunabhängig geworden ist.

Für die weitere formelmäßige Beschreibung der Verhältnisse im pn-Übergang im thermischen Gleichgewicht nehmen wir an, daß in den beiden Gebieten $x \leq -x_{p0}$ und $x \geq x_{n0}$ keine Raumladungen mehr vorliegen. Hier sind die Konzentrationen der freien Ladungsträger konstant und haben die in [4.1] angegebenen Werte. Aus der Gesamtneutralität des Kristalls lassen sich x_{p0} und x_{n0} berechnen zu

$$x_{p0} = \sqrt{\frac{2\varepsilon_0\varepsilon_r}{q} \frac{1}{N_A + N_D} \frac{N_D}{N_A} U_D} \qquad [4.4a]$$

$$x_{n0} = \sqrt{\frac{2\varepsilon_0\varepsilon_r}{q} \frac{1}{N_A + N_D} \frac{N_A}{N_D} U_D} \qquad [4.4b]$$

ε_0 und ε_r sind absolute und relative Dielektrizitätskonstante. Offenkundig sind bei unterschiedlichem Dotiergrad, d.h. bei $N_D \neq N_A$, die Zonenweiten unterschiedlich groß. Aus [4.4] folgt:

$$x_{p0} : x_{n0} = N_D : N_A$$

RLZ-Anteil p-Seite $\longleftarrow$ $\longrightarrow$ Dotierung n-Seite

RLZ-Anteil n-Seite $\longleftarrow$ $\longrightarrow$ Dotierung p-Seite   [4.5]

Die RLZ erstreckt sich also hauptsächlich ins niedriger dotierte Gebiet hinein; ihre Gesamtweite $d_{RLZ,0}$ ist

$$d_{RLZ,0} = x_{n0} + x_{p0} = \sqrt{\frac{2\varepsilon_0\varepsilon_r}{q}\left(\frac{1}{N_A} + \frac{1}{N_D}\right)U_D} \qquad [4.6]$$

Als Maximalbetrag $E_{max,0}$ der Feldstärke erhält man

$$E_{max,0} = \sqrt{\frac{2q}{\varepsilon_0\varepsilon_r}\frac{N_A N_D}{N_A + N_D}U_D} \qquad [4.7]$$

Die Feldstärke E nimmt linear von ihrem Maximalwert an der Stelle x = 0 auf Null an den Stellen x_{n0} und x_{p0} ab.

Beispielsrechnung:
pn-Übergang in Silizium; p-Seite dotiert mit $N_A = 10^{15}$ cm^{-3} Akzeptoren, n-Seite dotiert mit $N_D = 5\cdot10^{16}$ cm^{-3} Donatoren. In Silizium ist $\varepsilon_r = 11,9$. Damit werden: $U_D = 0,64$ V; $x_{p0} = 0,88$ µm; $x_{n0} = 0,088$ µm; $E_{max,0} = 1,32$ V/µm = 13,2kV/cm. Abb.4-2 zeigt den zugehörigen Verlauf der Trägerkonzentrationen als Funktion des Ortes x in der Raumladungszone; man erkennt eine Verarmung der RLZ an frei beweglichen Ladungsträgern. Aus diesem Grunde wird die Raumladungszone auch *Verarmungszone* genannt.

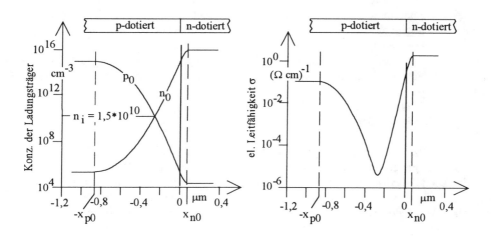

Abb.4-2: Konzentration der Ladungsträger und elektrische Leitfähigkeit in der Raumladungszone

Die Verarmung macht sich unmittelbar in der elektrischen Leitfähigkeit σ bemerkbar. Wir erhalten σ aus den Ladungsträgerkonzentrationen n und p zu

$$\sigma = q\left(\mu_n\, n + \mu_p\, p\right) \qquad\qquad [4.8]$$

Die Faktoren μ_n und μ_p sind die *Beweglichkeiten* der Ladungsträger. Sie hängen stark von dem Dotiergrad des Halbleitermaterials ab und können deshalb nicht pauschal angegeben werden. In dem Siliziummaterial in obiger Beispielrechnung ist $\mu_n \approx 800\,\text{cm}^2/(\text{Vs})$ und $\mu_p \approx 550\,\text{cm}^2/(\text{Vs})$. Die mit diesen Werten berechnete Leitfähigkeit ist ebenfalls in Abb.4-2 eingetragen. Die Verarmung an Ladungsträgern äußert sich in einer extrem verringerten elektrischen Leitfähigkeit der Verarmungszone, verglichen mit den daran angrenzenden Neutralgebieten.

4.2 pn-Übergänge in Vorwärtspolung: physikalische Beschreibung

In diesem wie in vielen nachfolgenden Abschnitten werden pn-Übergänge untersucht, an die von außen eine Spannung angelegt wird, und die von einem Strom durchflossen werden. Wir vereinbaren hiermit:

In allen folgenden Formeln und Beschreibungen beziehen sich Strom- und Spannungsangaben grundsätzlich auf Zählpfeile. Eine Spannung wird als <u>positiver</u> Zahlenwert angegeben, wenn der zugehörige Zählpfeil vom Punkt höheren Potentials zum Punkt tieferen Potentials für <u>positive</u> Ladungsträger **oder alternativ** der Zählpfeil vom Punkt tieferen zum Punkt höheren Potentials für <u>negative</u> Ladungsträger zeigt. Eine Stromstärke wird als <u>positiver</u> Zahlenwert angegeben, wenn <u>positive</u> Ladungsträger <u>in</u> die vom Zählpfeil markierte Richtung **oder alternativ** <u>negative</u> Ladungsträger <u>entgegen</u> der angegebenen Zählpfeilrichtung fließen.

Grundsätzlich können Zählpfeile willkürlich gewählt werden, allerdings müssen Formelangaben auf die einmal gewählte Zählpfeilrichtung abgestimmt werden. In der Diodentheorie ist es üblich, die Zählpfeile für Strom und Spannung so zu setzen, daß sie von der p-Seite zur n-Seite des Übergangs zeigen. Ist, bezogen auf **diese** Wahl des Spannungszählpfeiles, die Spannung positiv, so spricht man von "Vorwärtspolung" oder "Polung in Durchlaßrichtung". Ist die Spannung negativ, so spricht man von "Rückwärtspolung" oder "Polung in Sperrichtung". Entsprechend fließt ein "Durchlaßstrom" bzw. ein "Sperrstrom" durch die Diode, wenn der Strom positiv bzw. negativ bezüglich **dieser** Wahl des Stromzählpfeiles ist.

In Abschnitt 4.1 wurde gezeigt, daß sich in der Umgebung eines pn-Übergangs eine Raumladungszone bildet, die verarmt ist an frei beweglichen Ladungsträgern und somit viel geringer leitfähig ist als die angrenzenden Gebiete. Legt man an den Halbleiterkristall von außen eine Spannung $U_A > 0$ in Vorwärtspolung an, so fällt diese Spannung nahezu vollständig über der hochohmigen RLZ ab. Wir bezeichnen denjenigen Anteil von U_A, der über der RLZ abfällt, mit U. Die Spannung U kompensiert ganz oder zum Teil die Diffusionsspannung U_D, der Potentialunterschied zwischen der n- und der p-Seite wird abgebaut und beträgt nur noch $U_D - U$. Im Bändermodell wird dementsprechend die Bandverbiegung auf $q(U_D - U)$ reduziert.

Die reduzierte Spannung verringert auch das elektrische Feld im Übergangsbereich und damit die Kraft, die bislang der Diffusion z.B. der Löcher von der p-Seite auf die n-Seite des Übergangs entgegenwirkte. Dadurch werden in erheblichem Maße Löcher auf die n-Seite des Übergangs gespült, wo sie Minoritätsladungsträger sind. Die Ausdehnung des Verarmungsbereiches ins n-Gebiet hinein wird verringert; im stationären Endzustand liegt der n-seitige Randpunkt der RLZ spannungsabhängig jetzt bei (x_{n0} ist die in [4.4b] berechnete Lage ohne Vorspannung)

$$x_n (U) = x_{n0} \sqrt{1 - \frac{U}{U_D}} \qquad\qquad [4.9]$$

Die übergewechselten Löcher diffundieren weiter in das n-seitige Gebiet $x > x_n(U)$ ein und erhöhen dort die Konzentration p_n der Löcher um Δp_n über den Gleichgewichtswert $p_{n0} = n_i^2/N_D$ auf

$$p_n(x) = p_{n0} + \Delta p_n(x) = \frac{n_i^2}{N_D} + \Delta p_n(x) \qquad [4.10]$$

Im n-Gebiet sind die Löcher Minoritätsladungsträger; man spricht deshalb von einer *Minoritätsträgerinjektion* über den pn-Übergang hinweg.

Da überall im Halbleiter Ladungsneutralität herrschen muß, erhöht sich auch die Konzentration der Elektronen. Die *absoluten* Konzentrationszunahmen der Elektronen wie der Löcher sind exakt gleich: $\Delta n_n(x) = \Delta p_n(x)$; die *relativen* Änderungen sind dagegen sehr unterschiedlich: $\Delta p_n/p_{n0} \gg \Delta n_n/n_{n0}$. Die Elektronenkonzentration wird allerdings nicht durch Einspülen von Ladungsträgern über den pn-Übergang hinweg um Δn_n angehoben, sondern durch Verschiebung der auf der n-Seite reichlich vorhandenen Elektronen, der Majoritätsladungsträger.

Durch die Zunahme der Elektronen **und** der Löcher wächst lokal das Produkt $p_n n_n$ über den Wert n_i^2 an: $p_n n_n > n_i^2$. Dadurch wird ein Mechanismus in Gang gesetzt, der der Zunahme der Trägerkonzentrationen entgegenwirkt und versucht, die Trägerdichten wieder auf ihre Gleichgewichtswerte n_n und p_n zu reduzieren. In Kap.5 wird detailliert besprochen werden, daß Überschußelektronen nach Ablauf einer statistischen Zeitspanne aus dem Leitungsband in einen freien Platz im Valenzband, also in ein Valenzbandloch springen. Eventuell sind auch mehrere Einzelschritte notwendig, bis das Elektron ins Valenzband übergetreten ist. Als Ergebnis sind sowohl das Leitungsbandelektron wie das Valenzbandloch verschwunden. Dieser Mechanismus wird als *Überschußrekombination* bezeichnet. Für diesen Prozeß maßgeblich ist vor allem das Zeitverhalten der jeweiligen Minoritäten, deshalb heißt die charakteristische Zeitspanne *Minoritätsträger-Lebensdauer*. Im hier beschriebenen Fall der Löcherinjektion ins n-Material bestimmt also die *Löcherlebensdauer* τ_p das Rekombinationsverhalten. Die injizierten Überschußlöcher können innerhalb ihrer Lebenszeit τ_p nur eine bestimmte Strecke tief in das n-Material eindiffundieren. Charakteristische Kenngröße für das Eindringvermögen der Löcher ins n-Gebiet ist deren *Diffusionslänge* L_p, die ihrerseits festgelegt wird durch τ_p und die Löcherbeweglichkeit μ_p sowie durch die Temperatur:

$$L_p := \sqrt{U_T \mu_p \tau_p} \qquad [4.11]$$

Im stationären Endzustand stellt sich im Gebiet $x > x_n(U)$ ein exponentiell abnehmender Konzentrationsverlauf der Überschußträgerdichten Δp_n und Δn_n ein:

$$\Delta p_n(x) = \Delta p_n(x = x_n) \exp\left(-\frac{x - x_n}{L_p}\right) = \Delta n_n(x) \qquad \text{für } x \geq x_n \qquad [4.12]$$

$$\text{mit} \qquad \Delta p_n(x = x_n) \approx \frac{n_i^2}{N_D}\left[\frac{N_D^2}{N_D^2 - n_i^2}\exp\left(\frac{U}{U_T}\right) - 1\right] \qquad [4.13]$$

Dieses sich auf der n-Seite an die RLZ anschließende Abklinggebiet $x > x_n(U)$ ist das *n-seitige Diffusionsgebiet*. Seine Weite ist erheblich, denn wegen des enormen Überschusses an injizierten Ladungsträgern (die Überschußkonzentrationen am RLZ-Rand bei x_n steigen nach [4.13] exponentiell mit der Spannung U an) bedarf es einer weiten Strecke, bis Δp_n wieder auf Null abgesunken ist. Man kann die Gesamtausdehnung w_n des Diffusionsgebietes überschlägig abschätzen durch

$$w_n \approx L_p \cdot U/U_T \qquad [4.14]$$

aber bereits nach einer Strecke von $3 \cdot L_p$ ist die Überschußkonzentration auf 5% ihres Ausgangswertes am RLZ-Rand abgeklungen.

Eine völlig analoge Aussage gilt für das Einströmen von Elektronen von der n-Seite auf die p-Seite des Übergangs. Die Gleichungen [4.9] bis [4.14] können übernommen werden, man muß lediglich die Indices "p" und "n" vertauschen sowie N_D durch N_A ersetzen.

Es ist wichtig, sich die relativen Verhältnisse der Konzentrationsanhebung bewußt zu machen. In guter Näherung läßt sich aus den Gleichungen [4.13] herleiten:

$$\Delta n_p(-x_p) : \Delta p_n(x_n) = N_D : N_A$$

Konz Anhebung p-Seite $\longleftarrow$⌐   ⌐$\longrightarrow$ Dotierung n-Seite

    Konz.Anhebung n-Seite $\longleftarrow$⌐ $\longrightarrow$ Dotierung p-Seite   [4.15]

Nur bei symmetrischer Dotierung $N_A = N_D$ ist die Konzentrationsanhebung auf beiden Seiten der RLZ gleichgroß. Bei unsymmetrischer Dotierung dagegen, z.B. bei $N_D \gg N_A$, ist der Elektronenüberschuß am p-seitigen Rand der RLZ sehr viel größer als der Löcherüberschuß am n-seitigen Rand.

Die über die pn-Grenze eingespülten Ladungsträger verringern zusätzlich die anteiligen Weiten der RLZ in den jeweiligen Gebieten. Für die Gesamtweite der RLZ berechnet man (mit $d_{RLZ,0}$ aus [4.6]):

$$d_{RLZ}(U) = d_{RLZ,0} \sqrt{1 - U/U_D} \; < \; d_{RLZ,0} \qquad\qquad [4.16]$$

Beispiel:
pn-Übergang in GaAs. n-Seite dotiert mit $N_D = 5 \cdot 10^{16}$ cm^{-3}, p-Seite dotiert mit $N_A = 1 \cdot 10^{18}$ cm^{-3}. Für dieses Material ist $\mu_n = 4000$ cm^2/Vs, $\mu_p = 180$ cm^2/Vs, $\tau_n = 1$ ns, $\tau_p = 0,5$ ns. Damit wird $L_n = 3,2 \mu$m, $L_p = 0,5 \mu$m. Bei einer Vorwärtsspannung $U = 0,8$V erhält man $x_n = 0,12 \mu$m, $x_p = 0,006 \mu$m. Die Randschichtanhebungen sind $\Delta p(x_n) = 2,6 \cdot 10^9$ cm^{-3}, $\Delta n(x_p) = 1,3 \cdot 10^8$ cm^{-3}. Die Weiten der Diffusionsgebiete sind $w_n \approx 15 \mu$m und $w_p \approx 100 \mu$m, die Weite der RLZ dagegen nur $d_{RLZ}(U=0,8V) = 0,126 \mu$m. Der gewaltige Weitenunterschied zwischen d_{RLZ} einerseits und w_n sowie w_p andererseits ist der Grund dafür, warum Rekombinationsvorgänge in der RLZ in der Diodentheorie meist nicht berücksichtigt werden.

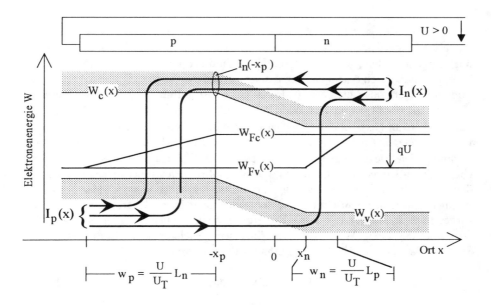

Abb.4-3: Verlauf der Quasiferminiveaus im Bereich des pn-Übergangs bei Vorwärtspolung

Insgesamt liegt jetzt kein thermodynamisches Gleichgewicht mehr vor, und die Besetzung der Bandzustände wird durch für Elektronen und Löcher unterschiedliche und ortsabhängige QFN's $W_{Fc}(x)$ und $W_{Fv}(x)$ beschrieben. Ihre Lagen relativ zu den Bandkanten können mit [3.11] aus dem Konzentrationsprofil [4.10] in Verbindung mit [4.12] berechnet und z.B. in ein Energieband-Ortsdiagramm eingetragen werden. Abb.4-3 ist eine Prinzipdarstellung eines Halbleiters bei Spannnung $U > 0$ über der Sperrschicht mit eingezeichnetem Verlauf der QFN's. Aus Gründen der Übersichtlichkeit ist die Raumladungszone übertrieben groß dargestellt.

Die Dichten der Überschußladungsträger klingen nach [4.12] mit wachsender Entfernung von der eigentlichen Übergangsstelle $x = 0$ ab. Die zugeordneten QFN's bewegen sich aufeinander zu und decken sich schließlich. Sie nehmen dann **relativ zu den Bandkanten** dieselbe Position ein wie im Gleichgewicht zuvor das Ferminiveau, allerdings auf **absolut** gesehen unterschiedlicher energetischer Höhe. Ihre Energiedifferenz an den an den Stellen $x = \pm \infty$ angenommenen Kontakten wird durch die Spannung U festgelegt:

$$\left[W_{Fc}(x \to \infty) - W_{Fc}(x \to -\infty) \right] = \left[W_{Fv}(x \to \infty) - W_{Fv}(x \to -\infty) \right] = q\,U \qquad [4.17]$$

Die oben beschriebene örtliche Ladungsträgerverteilung läßt sich zeitlich stationär nur aufrechterhalten, wenn die durch Überschußrekombination abgebauten Träger kontinuierlich durch Nachlieferung ersetzt werden. Nachlieferung einer Anzahl von Ladungsträgern je Zeiteinheit bedeutet einen Stromfluß über den pn-Übergang hinweg. Dies heißt bei unserer Wahl der x-Koordinatenrichtung: es muß ein Strom von Löchern in (+x)-Richtung fließen und die im Gebiet $x \geq x_n$ rekombinierenden Löcher ersetzen. Analog hierzu muß eine stationäre Elektronenströmung in (−x)-Richtung den Elektronenverlust im p-seitigen Diffusionsgebiet $x \leq -x_p$ ausgleichen. Abb.4-3 illustriert, daß die Stärke§ sowohl des Elektronenstroms I_n als auch der Löcherstroms I_p von Ort zu Ort variiert, weil an einer Stelle x jeder Teilstrom ja nur noch die in Fließrichtung nachfolgenden Gebiete mit Überschußträgern versorgen muß: $I_n = I_n(x)$, $I_p = I_p(x)$. Die Summe beider Teilströme muß aber an jeder Ortsstelle <u>denselben</u> Wert I ergeben (in einem geschlossenen Stromkreis ist die Stromstärke überall dieselbe). Wir erhalten die *Kontinuitätsgleichung*

$$I = I_n(x) + I_p(x) = \text{const} \qquad [4.18]$$

---

§ Alle Stromstärkeangaben beziehen sich auf Zählpfeile, die in (+x)-Richtung von der p- zur n-Seite zeigen.

Deshalb kann I auch an einer speziell ausgesuchten Stelle, z.B. der Stelle $x = -x_p$, berechnet werden: $I = I_n(-x_p) + I_p(-x_p)$. Weil die RLZ sehr schmal ist, dürfen wir alle Vorgänge vernachlässigen, die innerhalb der RLZ Träger erzeugen oder vernichten. Damit können wir $I_p(-x_p) \approx I_p(x_n)$ setzen und erhalten als Gesamtstrom

$$I \approx I_n(-x_p) + I_p(x_n) \qquad [4.19]$$

Der *Elektroneninjektionsstrom* $I_n(-x_p)$ liefert Überschußelektronen ins p-seitige Diffusionsgebiet; der *Löcherinjektionsstrom* $I_p(x_n)$ hat die analoge Aufgabenstellung der Löchernachlieferung ins Gebiet $x \geq x_n$. Ihr Quotient $I_n(-x_p)/I_p(x_n)$ heißt *Injektionsverhältnis* κ; für κ erhält man

$$\kappa := \frac{I_n(-x_p)}{I_p(x_n)} = \frac{\mu_n/(L_n N_A)}{\mu_p/(L_p N_D)} = \frac{\mu_n L_p N_D}{\mu_p L_n N_A} = \frac{N_D}{N_A} \frac{\sqrt{\mu_n \tau_p}}{\sqrt{\mu_p \tau_n}} \qquad [4.20]$$

Mit Hilfe von κ werden eine *Elektroneninjektionseffizienz* γ_n bzw. eine *Löcherinjektionseffizienz* γ_p definiert:

$$\gamma_n := \frac{I_n(-x_p)}{I} = \frac{I_n(-x_p)}{I_n(-x_p) + I_p(x_n)} = \frac{\kappa}{1+\kappa} \qquad [4.21a]$$

$$\gamma_p := \frac{I_p(x_n)}{I} = \frac{I_p(x_n)}{I_n(-x_p) + I_p(x_n)} = \frac{1}{1+\kappa} = 1 - \gamma_n \qquad [4.21b]$$

γ_n gibt an, welcher Bruchteil des Gesamtstromes I Elektronen ins p-Gebiet injiziert. Analoges gilt für γ_p. κ bzw. γ_n und γ_p sind wichtige Kenngrößen für die Auslegung der pn-Übergänge in optoelektronischen Lichtquellen.

In den in der Optoelektronik üblichen Halbleitern ist τ_n vergleichbar mit τ_p, aber $\mu_n \gg \mu_p$. Daraus folgt:

Bei gleicher Dotierhöhe $N_A = N_D$ ist in üblichen optoelektronischen Halbleitern $\kappa > 1$, und es überwiegt die Elektroneninjektion auf die p-Seite des Übergangs: $\gamma_n > \gamma_p$. Durch eine Dotierung $N_A < N_D$ wird $\kappa \gg 1$, die Elektroneninjektion wird noch weiter forciert. Will man eine hohe Löcherinjektion ins n-Gebiet erzwingen, so muß eine Dotierung $N_A \gg N_D$ eingestellt werden.

4.3 pn-Übergänge in Vorwärtspolung: elektrische Eigenschaften

Die Gesamtstärke des Nachlieferstromes hängt in erster Linie von der Größe der Spannung ab: Je höher die Vorwärtsspannung, desto größer ist nach [4.12] und [4.13] der Trägerüberschuß an der Injektionsstelle und im nachfolgenden Diffusionsgebiet. In Kap.5 wird gezeigt werden, daß mit wachsender Konzentration der Überschußträger auch die Anzahl der Rekombinationsvorgänge je Zeiteinheit zunimmt. Die erhöhte Anzahl von Rekombinationsvorgängen je Zeiteinheit erfordert erhöhte Nachlieferung, also erhöhte Stromstärke, wenn der Zustand stationär aufrecht erhalten werden soll. Die Verknüpfung zwischen der Gesamtstromstärke I und der Spannung U > 0 über der Sperrschicht wurde erstmals von dem Physiker Shockley berechnet mit dem Ergebnis (*Shockley'sche Diodengleichung*)

$$I(U) = I_s \left[\exp\left(\frac{U}{U_T} \right) - 1 \right] \qquad \text{wobei } U \leq U_D \qquad [4.22]$$

Strenggenommen ist in [4.22] U_T zu ersetzen durch $r \cdot U_T$ mit einem *Idealitätsfaktor* r. r berücksichtigt Abweichungen von dem von Shockley zugrundegelegten Idealfall. Wir ignorieren diese Abweichungen, d.h. wir setzen r = 1.

I_s ist die *Sättigungsstromstärke*. Sie hängt vom konstruktiven Aufbau der Diode und von Materialparametern ab. In den meisten Fällen kann man $I_s \sim n_i^2$ ansetzen. Nach [3.13] ist n_i^2 proportional zu $\exp(-W_g/k_BT)$, so daß

$$I_s \sim \exp\left[-W_g/(k_BT) \right] \qquad [4.23]$$

I_s wächst demnach exponentiell mit kleiner werdender Bandlücke.

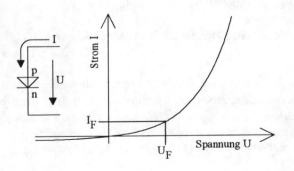

Abb.4-4:
Strom-Spannungs-
Kennlinie einer Diode
mit Definition der
Flußspannung U_F

Abb.4-4 stellt das Strom-Spannungsverhalten graphisch dar. Zu berücksichtigen ist, daß U niemals größer als U_D werden kann (dann ist die ursprüngliche Bandverbiegung komplett abgebaut).

Im praktischen Einsatz wird für jeden Diodentypus eine *Flußspannung* angegeben. Die Flußspannung U_F ist diejenige äußere Spannung, bei der ein (willkürlich) vorgegebener äußerer Strom I_F fließt, z.B. der Strom $I_F = 10mA$. Die Flußspannung nimmt mit wachsender Bandlücke zu.

Abb.4-5 zeigt das statische elektrische Ersatzschaltbild einer realen Halbleiterdiode. Das Diodensymbol steht hier für die ideale Shockleydiode mit der durch [4.22] beschriebenen Strom-Spannungs-Charakteristik.

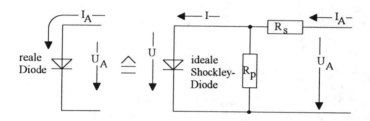

Abb.4-5: Statisches Ersatzschaltbild einer realen pn-Diode

Der Serienwiderstand R_S berücksichtigt den Wirkwiderstand der Zuleitungen, der Kontakte und der Halbleitergebiete außerhalb der Diffusionszonen. Durch den Spannungsabfall an R_S bei Stromfluß unterscheidet sich die Spannung U am pn-Übergang von der außen angelegten Spannung U_A. Weiterhin ist zu beachten, daß nicht der gesamte im Außenkreis fließende Strom auch über den pn-Übergang fließt: Randschichteffekte und Tunnelströme leiten einen gewissen Teil am pn-Übergang vorbei, so daß sich der Strom I_A im Außenkreis vom Strom I durch den pn-Übergang unterscheidet. Im Ersatzschaltbild erfaßt der Parallelwiderstand R_p diesen Stromverlust. In realen Dioden ist R_p ein so großer Widerstand, daß wir diesen Stromverlust vernachlässigen können. Wir setzen deshalb in allen weiteren Überlegungen grundsätzlich $R_p = \infty$ und erhalten dadurch

im Gleichstromfall ist $\qquad\qquad I_A \equiv I \qquad\qquad$ [4.24]

Eine Änderung der äußeren Spannung ändert gemäß [4.16] die Weite d_{RLZ} der Raumladungszone und damit die in der RLZ gespeicherte Raumladung der ortsfesten ionisierten Störstellen. Jede Ladungsänderung infolge einer Spannungsänderung ist elektrotechnisch interpretierbar als eine differentielle Kapazität. Im hier betrachteten Falle erhalten wir eine von der Spannung U abhängige *Sperrschichtkapazität* $C_j(U)$ (A ist die Querschnittsfläche des pn-Übergangs):

$$C_j(U) = \frac{\varepsilon_0\,\varepsilon_r\,A}{d_{RLZ}(U)} = \frac{\varepsilon_0\,\varepsilon_r\,A}{d_{RLZ,0}}\sqrt{\frac{U_D}{U_D-U}} \qquad [4.25]$$

Eine Änderung der Vorwärtsspannung ändert weiterhin nach [4.13] die Konzentrationsanhebungen am Rand der RLZ und damit die insgesamt in den Diffusionsgebieten zu beiden Seiten der RLZ gespeicherte Ladung an eingewanderten beweglichen Ladungsträgern. Auch diese Ladungsänderung wird wieder interpretiert als eine differentielle Kapazität, die als *Diffusionskapazität* $C_{diff}(U)$ bezeichnet wird. Die Diffusionskapazität tritt nur bei Polung der Diode in Vorwärtsrichtung auf. Auf eine formelmäßige Angabe von C_{diff} wird verzichtet.

Für Berechnungen des Frequenzverhaltens einer Diode muß das statische Ersatzschaltbild nach Abb.4-5 umgeändert werden in das dynamische Ersatzschaltbild nach Abb.4-6. Die ideale Shockleydiode ist hier ersetzt durch den dynamischen (differentiellen) Widerstand r' der Diode im Arbeitspunkt. Die Konstruktion von r' geht aus der Abbildung hervor. Die Kondensatoren mit den Kapazitäten $C_j(U)$ und $C_{diff}(U)$ erfassen die Sperrschicht- und die Diffusionskapazität. Beide Kapazitäten sind abhängig von der Spannung U über der Sperrschicht. Das Ersatzschaltbild ist deshalb sinnvoll nur anwendbar, wenn sich U nur geringfügig um den Arbeitspunktwert herum ändert (Kleinsignalaussteuerung). Es versagt bei großen Spannungsänderungen und insbesondere bei pulsförmigen Spannungsverläufen.

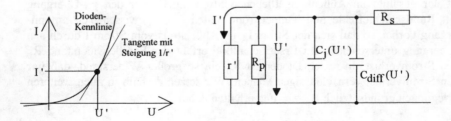

Abb.4-6: Konstruktion des differentiellen Widerstandes r' im Arbeitspunkt U'-I' der realen Diode aus deren Kennlinie und dynamisches Diodenersatzschaltbild

Gleichung [4.24] gilt ausdrücklich nur unter der Voraussetzung, daß die fließenden Ströme Gleichströme sind. Im Wechselstromfall müssen die Kapazitäten C_j und C_{diff} berücksichtigt werden. Mit wachsender Kreisfrequenz werden deren Impedanzen immer geringer, sie bilden einen immer effektiveren Nebenschluß parallel zum pn-Übergang. Dieses elektrotechnische Ergebnis ist von großer praktischer Bedeutung für alle Diodenbauelemente, deren Wirkung auf einem von außen eingeprägten Strom durch den pn-Übergang selbst beruht: mit wachsender Frequenz nimmt die Amplitude des noch durch den pn-Übergang fließenden Reststromes und damit der Wirkungsgrad des betreffenden Bauelementes ab. Zu den hiervon betroffenen Bauelementen gehören alle in diesem Buch zu besprechenden Lichtemitter.

4.4 pn-Übergänge in Rückwärtspolung

Wird an den Halbleiter eine äußere Spannung $U_A < 0$ angelegt und liegt daraufhin über der Sperrschicht selbst die Spannung $U < 0$, so erhöht sich die Bandverbiegung auf $q(U_D-U)$. Die Feldstärke in der RLZ wächst, siehe Abb.4-7, und ihr Maximalwert steigt auf

$$E_{max}(U) = E_{max,0} \sqrt{1 - U/U_D} \qquad [4.26]$$

Die Feldkraft auf die Ladungsträger nimmt zu, damit wächst auch der über die pn-Grenze fließende Driftstrom (siehe Abschn.4.1) an. Im stationären Zustand muß der erhöhte Driftstrom kompensiert werden durch einen erhöhten Diffusionsstrom von Majoritätsladungsträgern auf die jeweils andere Seite des Übergangs. Dazu muß sich der Bereich ausweiten, aus dem die Majoritätsträger entnommen werden: die RLZ wird bei Rückwärtspolung größer. Gleichzeitig verarmt die RLZ noch mehr an frei beweglichen Trägern, die Dichten der Ladungsträger an den (neuen) RLZ-Grenzen sind geringer als im thermodynamischen Gleichgewicht. An die RLZ schließen sich beidseitig wieder Diffusionsgebiete an; aus diesen Gebieten strömen im stationären Zustand Ladungsträger zu den Rändern der RLZ und versuchen, das Konzentrationsdefizit auszugleichen. Dadurch sind auch in den Diffusionsgebieten $x > x_n$ und $x < -x_p$ die Trägerkonzentrationen kleiner als im Gleichgewichtsfall, so daß überall in der RLZ und in dem Diffusionsgebieten $np < n_i^2$ ist. In Abschn.5.5 wird ausgeführt werden, daß der Halbleiter jetzt bestrebt ist, das Defizit an frei beweglichen Trägern auszugleichen. Er erzeugt zusätzliche bewegliche Träger, indem er Elektronen aus dem Valenz- ins Leitungsband anhebt.

Die neuen Lagen der RLZ-Randpunkte, die Konzentrationsabweichungen in den Randpunkten und die Weite der RLZ können weiterhin mit [4.9], [4.13] und [4.16] berechnet werden. Der Abfall der Trägerkonzentrationen in den Diffusionszonen von ihren Gleichgewichtswerten auf die Randpunktwerte wird wieder durch [4.12] beschrieben.

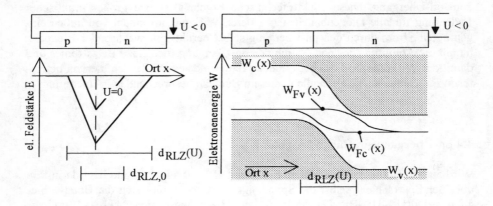

Abb.4-7: Bandverbiegung, Verlauf der QFN's und Feldstärke in einer rückwärtsgepolten Diode

Es liegt wie bei Vorwärtspolung kein thermodynamisches Gleichgewicht mehr vor, die Dichten der Träger werden durch ortsabhängige Quasiferminiveaus erfaßt. In Abb.4-7 ist der Verlauf der QFN's graphisch dargestellt. Aus ihrem energetischen Abstand zu den Bandkanten erkennt man, daß die Trägerdichten innerhalb der RLZ und in den daran anschließenden Diffusionsgebieten geringer sind als im thermodynamischen Gleichgewicht.

Auch bei Rückwärtspolung fließt ein Strom über den pn-Übergang. Der mathematische Zusammenhang ist wieder durch [4.22] gegeben. In der Kennlinienauftragung Abb.4-4 ist der Fall U < 0 bereits berücksichtigt. Physikalisch ergeben sich jedoch Unterschiede: während bei Vorwärtspolung die Zusatzrekombination in der RLZ meist unberücksichtigt bleibt (weil die RLZ sehr klein ist, siehe die Besprechung zu [4.19]), kann bei Rückwärtspolung die Zusatzgeneration zumindest in Halbleitern mit kleinem n_i (z.B. Si oder GaAs) nicht ignoriert werden. Daraus folgen unterschiedliche Werte für den Sättigungsstrom I_s je nach Polung der Diode. Es läßt sich wieder zeigen, daß auch bei Sperrpolung eine kleinere Bandlücke W_g zu einem höheren (Sperr)Sättigunsstrom I_s führt, jedoch gilt jetzt nicht mehr unbedingt die mit [4.23] beschriebene Abhängigkeit zwischen I_s und W_g.

Die Ersatzschaltbilder Abb.4-5 und Abb.4-6 erfassen auch den Fall U < 0, allerdings mit einer Einschränkung: im dynamischen Ersatzschaltbild der Abb.4-6 entfällt die Diffusionskapazität, weil bei Rückwärtspolung in den Diffusionsgebieten keine Ladung gespeichert wird. Die Sperrschichtkapazität beschreibt wie bei Vorwärtspolung die sich mit der Spannung ändernde Weite der Raumladungszone. Ihr Wert C_j kann weiterhin mit [4.24] berechnet werden. Offenkundig nimmt C_j mit (dem Betrage nach) wachsender Sperrspannung ab.

4.5 Übergänge in Hetero-Strukturen

Bei den bisher betrachteten Strukturen waren p- und n-Gebiet aus dem gleichen Grundmaterial hergestellt. Eine derartige Schichtenfolge wird *Homostruktur* genannt. In der Optoelektronik haben besondere Bedeutung die *Heterostrukturen*, bei denen Halbleiter aus unterschiedlichem Material und damit unterschiedlich großer Bandlücke aneinandergrenzen. Meist sind die beteiligten Halbleiter Mischungshalbleiter aus mehreren Komponenten; in ihnen hängt die Weite der Bandlücke und häufig auch deren Typ (direkt/indirekt) vom Mischungsverhältnis ab. Man bezeichnet die Möglichkeit, durch geeignete Mischung einen Halbleiter mit individuell eingestellter Bandlücke herzustellen, als *band gap engineering*. Die Schichten einer Heterostruktur unterscheiden sich dann in ihrem Mischungsverhältnis.

Mit dem Mischungsverhältnis variiert neben der Bandlücke auch die Kristallgitterkonstante des Mischkristalls. In der Abbildung des Anhang B sind die Gitterkonstanten und Bandlücken der für die Optoelektronik wichtigsten Halbleiter und Halbleiterlegierungen in graphischer Form einander gegenübergestellt. Heterostrukturen werden in Epitaxietechnik hergestellt; die einzelnen Schichten werden auf einem geeigneten Substratmaterial übereinander abgeschieden. Dabei muß sehr darauf geachtet werden, daß alle aufzubringenden Schichten die gleiche Gitterkonstante haben wie das Substrat. Die Gitterfehlanpassung darf in der Regel 0,1% nicht überschreiten, anderenfalls entstehen nicht mehr tolerierbare Strukturfehler im Übergangsgebiet. Als Substrat verwendbar sind Elementhalbleiter wie Si und Ge sowie binäre Halbleiterverbindungen wie GaAs, InP oder GaP. Der unteren Abbildung in Anhang B kann man entnehmen, wie der Zwang zur Gitteranpassung das Mischungsverhältnis beeinflußt und so die Vielfalt denkbarer Materialverbindungen für Mischkristalle drastisch einschränkt.

Zur Beschreibung der Übergänge in Heterosystemen vereinbaren wir:

Der Leitungstyp des Halbleiters mit dem größeren Bandabstand wird mit Großbuchstaben (N bzw. P) angegeben, der Leitungstyp des Halbleiters mit dem kleineren Bandabstand mit Kleinbuchstaben (n bzw. p).

In Heterostruktur lassen sich sowohl "diodenbildende" Übergänge pN und Pn aus Schichten mit unterschiedlichem Leitungstyp als auch "*isotype*" Übergänge pP und nN bilden. Man spricht von *Einfach-Heterostrukturen (single heterostructure, SH)*, wenn der wirksame Teil der Gesamtstruktur wie oben aus nur <u>zwei</u> Schichten aufgebaut ist. Schichtenfolgen der Art PpN oder PnN werden als *Doppel-Heterostrukturen (double heterostructure, DH)* bezeichnet. In DH-Strukturen ist das Material mit kleinerer Bandlücke sandwichartig eingeschlossen in ein unterschiedlich dotiertes Material mit großer Bandlücke, so daß sich je ein Diodenübergang und ein isotyper Übergang bilden.

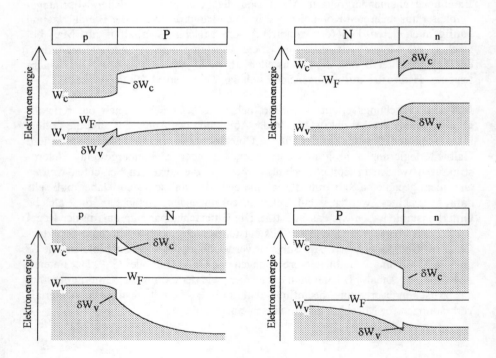

Abb.4-8: Energieband-Ortsdiagramme von Heterostrukturen im thermodynamischen Gleichgewicht. Oben isotype Übergänge, unten diodenbildende Übergänge

Die mathematischen Ausdrücke zur Beschreibung der Energiebandverläufe in Heterostrukturen als Funktion des Ortes sind aufwendig und sollen hier nicht vorgestellt werden. Sehr ausführlich werden die Berechnungen z.B. von Ebeling (siehe Literaturliste) diskutiert. In Abb.4-8 sind die Bandverläufe im thermodynamischen Gleichgewicht schematisch zusammengestellt. Wegen der unterschiedlichen Bandlücken kommt es an den Übergangsstellen zu Sprüngen im Bandverlauf, sog. *Banddiskontinuitäten*, in Abb.4-8 mit δW_c und δW_v gekennzeichnet. An die Sprungstellen schließen sich gekrümmte Bandverläufe an, die auf Raumladungszonen zurückzuführen sind. Die Summe der Bandkrümmungen liefert wieder eine Diffusionsspannung U_D. Wir erhalten U_D aus dem Abstand des Ferminiveaus von den Bandkanten in den (mit den Indices 1 und 2 bezeichneten) Halbleitergebieten:

$$qU_D = (W_c - W_F)_1 - (W_c - W_F)_2 + \delta W_c$$
$$= (W_F - W_v)_2 - (W_F - W_v)_1 - \delta W_v \qquad [4.27]$$

In Verbindung mit den Banddiskontinuitäten entstehen Spitzen und Einschnitte im Bandverlauf; sie sind in der Abbildung stark übertrieben dargestellt. Solange nicht entartet dotiert wird, ist die Größe der *Banddiskontinuitäten* dotierungsunabhängig und unabhängig davon, ob die Schichtenfolge pN oder Pn ist.

Beispiel:
Der Mischungshalbleiter $Ga_{0,7}Al_{0,3}As$ hat eine Bandlücke $W_G \approx 1,8eV$, reines GaAs dagegen die Bandlücke $W_g = 1,424eV$. In einer GaAs-$Ga_{0,7}Al_{0,3}As$-Heterostruktur bilden sich durch die unterschiedlichen Bandlücken ein Sprung $\delta W_c \approx 240meV$ im Leitungs- und $\delta W_v \approx 130meV$ im Valenzband. Bei einer p-Dotierung des GaAs mit $1 \cdot 10^{18}cm^{-3}$ Akzeptoren liegt das Ferminiveau im GaAs 70meV oberhalb des Valenzbandes, d.h. $(W_F-W_v)_1 = 70meV$. Bei einer N-Dotierung des $Ga_{0,7}Al_{0,3}As$ mit $2 \cdot 10^{17}cm^{-3}$ Donatoren liegt das Ferminiveau im $Ga_{0,7}Al_{0,3}As$ 40meV unterhalb des Leitungsbandes, d.h. 1,76eV oberhalb des Valenzbandes: $(W_F-W_v)_2 = 1,76eV$. Der diodenbildende pN-Übergang hat somit nach [4.27] eine Diffusionsspannung $U_D = (1,76-0,07-0,13)V = 1,56V$. Bei einer P-Dotierung des $Ga_{0,7}Al_{0,3}As$ mit $2 \cdot 10^{17}cm^{-3}$ Akzeptoren liegt das Ferminiveau dort 110meV oberhalb des Valenzbandes: $(W_F-W_v)_2 = 110meV$. Die Diffusionsspannung des isotypen pP-Übergangs beträgt jetzt $U_D = (0,11-0,07-0,13)V = -0,09V$.

Bei den isotypen Übergängen pP und nN sind Besonderheiten zu beachten. Hier sind auf **beiden** Seiten der Grenzfläche die Löcher bzw. die Elektronen die Majoritätsträger. Deshalb ist die RLZ nur auf **einer** Seite reduziert an freien Ladungsträgern, und auch das nur sehr geringfügig, um die Dotierungsunterschiede auszugleichen. Die RLZ ist in isotypen Übergängen demzufolge keine hochohmige Zone, die zugeordneten Bandverbiegungen und Diffusionsspannungen sind viel geringer als in diodenbildenden Übergängen, wie auch das Beispiel oben zeigte.

Auch in isotypen Übergängen führt eine äußere Spannung zu einem Stromfluß. Im Gegensatz zu den diodenbildenden Strukturen wird der Strom aussschließlich von den jeweiligen Majoritätsladungsträgern getragen (Elektronen bei nN bzw. Löcher bei pP); die Bewegungsrichtung der Ladungsträger ergibt sich aus der Polung der äußeren Quelle. Durch die Banddiskontinuitäten sind die Stromstärken je nach Polung der äußeren Quelle unterschiedlich. Abb.4-9 illustriert die Ursache am Beispiel eines pP-Übergangs. Ist die Löcherbewegung von p nach P gerichtet (äußere Polung: + an p, – an P), dann bildet die Valenzbanddiskontinuität eine Potentialbarriere für die Löcher und behindert den Stromfluß; die Stromdichten sind relativ gering. Bei einer Trägerbewegung P → p dagegen können große Stromdichten auftreten. Entsprechendes gilt für die Elektronenbewegung in nN-Übergängen.

Konsequenz:
Isotype Übergänge sind geeignet zur Injektion von Majoritätsladungsträgern aus dem Material mit großer in das Material mit kleiner Bandlücke.

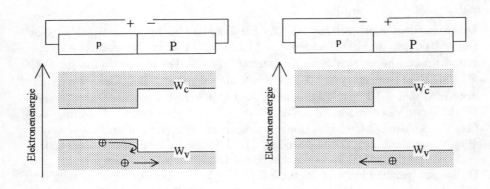

Abb.4-9: Ladungsträgerbewegung und Stromfluß über einen isotypen pP-Übergang (schematisch)

Bei diodenbildenden Heteroübergängen fließt bei Polung in Vorwärtsrichtung ein Strom, dessen Stromstärke I wieder von der Spannung U über der Sperrschicht abhängt. Genau wie in Homostrukturen wird die Abhängigkeit I(U) durch [4.22] beschrieben. Der Strom besteht wieder an jeder Stelle aus einem Löcheranteil I_p und einem Elektronenanteil I_n. Das Injektionsverhältnis $\kappa = I_n(-x_p)/I_p(x_n)$ ist jetzt

$$\kappa := \frac{\left[\dfrac{\mu_n}{L_n N_A}\, n_i^2\right]_{p-\text{Seite}}}{\left[\dfrac{\mu_p}{L_p N_D}\, n_i^2\right]_{n-\text{Seite}}} = \frac{\left[\dfrac{\mu_n}{L_n N_A}\, N_c N_v\right]_{p-\text{Seite}}}{\left[\dfrac{\mu_p}{L_p N_D}\, N_c N_v\right]_{n-\text{Seite}}} \cdot \exp\left[-\frac{\Delta W_g}{k_B T}\right] \qquad [4.28]$$

mit
$$\Delta W_g := W_{g,(p\text{-Seite})} - W_{g,(n\text{-Seite})} \qquad [4.29]$$

Die Formelzeichen haben die übliche Bedeutung. In das Injektionsverhältnis geht die Differenz ΔW_g der Bandlückenenergien exponentiell ein. Bei hinreichend hoher Differenz überwiegt der Exponentialterm auch den Einfluß einer stark unsymmetrischen Dotierung. In den in der Optoelektronik eingesetzten Heterostruktur-Halbleitern gilt bei den technisch üblichen Dotierungen:

Übergang	ΔW_g	$\exp[-\Delta W_g/k_B T]$	κ	γ_n	γ_p
Pn	> 0	sehr klein	$\to 0$	$\to 0$	$\to 1$
pN	< 0	sehr groß	$\to \infty$	$\to 1$	$\to 0$

Darin sind γ_n und γ_p die in [4.21] definierten und mit κ aus [4.28] berechenbaren Injektionseffizienzen. Ergebnis:

In diodenbildenden Heteroübergängen erfolgt bei üblichen Dotierungen eine Ladungsträgerinjektion nahezu ausschließlich aus dem Material mit der größeren in das Material mit der kleineren Bandlücke.

Beispiel:
In einer pN-Struktur aus GaAs und $Ga_{0,7}Al_{0,3}As$ mit $N_A(GaAs) = 1 \cdot 10^{18}$ cm^{-3} und $N_D(Ga_{0,7}Al_{0,3}As) = 2 \cdot 10^{17}$ cm^{-3} ist $\kappa \approx 10^6$. Der Nachlieferstrom injiziert nahezu ausschließlich Elektronen ins p-GaAs.

Abb.4-10 zeigt eine PpN-Doppel-Heterostruktur im thermodynamischen Gleichgewicht (links) und nach Anlegen einer Spannung U in Vorwärtsrichtung (rechts). In
Doppel-Heterostrukturen ist nur die RLZ des diodenbildenden Übergangsteiles
hochohmig, nicht die RLZ des isotypen Teils. Die Spannung U fällt deshalb
überwiegend über diesem Teil der Heterostruktur ab und baut die zugeordnete
Bandverbiegung ab. Die sehr viel geringere Bandverbiegung des isotypen Teils
bleibt nahezu erhalten, bis die Leitfähigkeiten beider RLZ-Gebiete vergleichbar
geworden sind. Auch dann bestehen aber noch die Diskontinuitäten. Sie führen
jetzt im Leitungs- wie im Valenzband zur Ausbildung von Potentialmulden. In die
Valenzband-Potentialmulde fließen über den Pp-Übergang Löcher. Der pN-Übergang hat eine verschwindend geringe Löcherinjektionseffizienz γ_p, d.h. es fließen
kaum Löcher vom p- in den N-Bereich. Umgekehrt ist für den pN-Übergang die
Elektroneninjektionseffizienz $\gamma_n \approx 1$, es werden sehr effektiv Elektronen vom N- in
den p-Bereich eingespült. Da der Stromtransport durch den Pp-Übergang nur über
Löcher läuft, können die eingebrachten Elektronen nicht abfließen. Die Quasiferminiveaus ändern sich sprunghaft am Rand der p-Schicht. Einmal injizierte Ladungsträger werden somit in den Potentialmulden der PpN-Heterostruktur sehr
effektiv eingeschlossen, die Überschußrekombination in diesem Gebiet muß extrem
hoch werden, um die Nachlieferung aufzufangen. Entsprechendes gilt für PnN-
Heterostrukturen. Das Einschließungsvermögen von Doppel-Heterostrukturen wird
in Super-LED's (Kap.7.3) und vor allem in Diodenlasern (Kap.10.2) ausgenutzt.

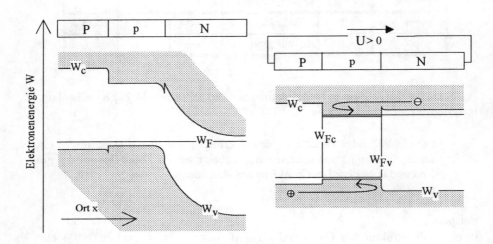

Abb.4-10: Energieband-Ortsdiagramm einer PpN-Doppel-Heterostruktur im thermodynamischen
Gleichgewicht und bei Polung in Vorwärtsrichtung

5. Störung des Gleichgewichtes: Elektronenübergänge

5.1 Bilanzgleichungen

Die Dichte der beweglichen Ladungsträger in einem abgegrenzten Volumenbereich eines Halbleiters kann durch Einwirkung von außen verändert werden. Dabei sind mehrere Möglichkeiten zu unterscheiden, sie sind in Abb.5-1 angedeutet:

1. Zusätzliche Ladungsträger werden von außerhalb in den betrachteten Raumbereich injiziert, oder bereits in dem Raumbereich befindliche Träger verlassen diesen Bereich wieder. Ein derartiger Zu- und Abtransport wird erfaßt durch einen lokalen Stromfluß durch die Grenzflächen des betrachteten Gebietes.

2. Elektronen werden direkt zwischen Valenz- und Leitungsband ausgetauscht. Wenn ein Elektron aus dem Valenzband ins Leitungsband übergewechselt ist, ist gleichzeitig im Valenzband ein Loch entstanden. In umgekehrter Richtung ist ein Übergang aus dem Leitungsband ins Valenzband nur möglich, wenn im Valenzband Platz für ein Elektron, also ein Loch vorhanden ist. Als Folge des Übergangs ist sowohl das Leitungsbandelektron wie das Valenzbandloch verschwunden. Übergänge zwischen den Bändern ohne irgendwelche Zwischenschritte werden als *Band-Band-Übergänge* bezeichnet.

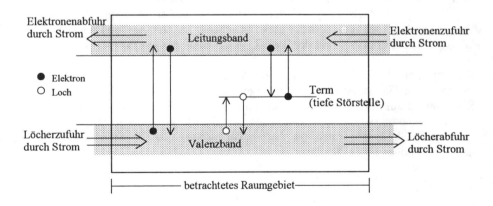

Abb.5-1: Paargeneration und Paarrekombination im Bändermodell

3. Durch Störungen im Kristallaufbau - in diesem Zusammenhang soll ausdrück-
    lich auf Mischkristalle hingewiesen werden, die auf nicht-gitterangepaßtem
    Substrat abgeschieden wurden - oder durch unbeabsichtigte Verunreinigungen
    entstehen erlaubte Energiezustände **innerhalb** der eigentlich verbotenen Zone.
    Man bezeichnet diese Zustände als *Terme* oder, sofern sie energetisch weit
    weg von den Bandkanten liegen, auch als *tiefe Störstellen*. Elektronen aus den
    Bändern können in einen Term überwechseln und von dort wieder in ihr Ur-
    sprungsband zurückkehren. Durch einen *Band-Term-Übergang* ändert sich die
    Dichte der freien Ladungsträger in dem Band, mit dem der Term wechselwirkt.

Mathematisch lassen sich die zeitlichen Änderungen der lokalen Trägerkonzentrationen durch *Bilanzgleichungen* erfassen. Sie lauten:

$$\frac{\partial n}{\partial t} = G_n - R_n + G_{n,Strom} - R_{n,Strom} \qquad\qquad [5.1a]$$

$$\frac{\partial p}{\partial t} = G_p - R_p + G_{p,Strom} - R_{p,Strom} \qquad\qquad [5.1b]$$

In [5.1a] bezeichnen G_n und R_n die Erzeugungs**rate**[§] bzw. die Vernichtungs**rate**
von Leitungsbandelektronen (Index "n") sowohl durch Band-Band-Übergänge als
auch durch Band-Term-Übergänge. Es wird nicht spezifiziert, aufgrund welcher
physikalischen Ursache ein jeweiliger Übergang ausgelöst wird. Eine Elektronen-
zufuhr durch Strom verändert die Elektronendichte im Leitungsband mit der Rate
$G_{n,Strom}$, ein Abtransport mit der Rate $R_{n,Strom}$. Analoges gilt für [5.1b].

Die Physiker Shockley und van Roosbroek haben gezeigt, daß bereits im thermodynamischen Gleichgewicht Trägerübergänge zwischen den Bändern stattfinden.
Sie kommen zustande durch eine Wechselwirkung des Halbleiters mit der thermischen Umgebungsstrahlung (Planck'sche Strahlung). Wir kennzeichnen die entsprechenden Übergangsraten im thermodynamischen Gleichgewicht wieder mit
dem zusätzlichen Index "0". Dann ist

$$G_{n0} = R_{n0} = G_{p0} = R_{p0} \qquad\qquad [5.2]$$

[§] Mit dem Begriff "Rate" deklarieren wir die Anzahl von Vorgängen je Zeiteinheit. Die
Erzeugungsrate G gibt demnach die Anzahl von Erzeugungsvorgängen je Zeiteinheit in
einem Volumenbereich an und hat deshalb die Dimension $[G] = s^{-1}cm^{-3}$.

denn im Gleichgewicht müssen sich in jeder Zeit- und Volumeneinheit alle Übergänge gegenseitig kompensieren (sog. *detailliertes* Gleichgewicht).

Außerhalb des thermodynamischen Gleichgewichtes weichen die jeweiligen Raten G_n und R_n von ihren Gleichgewichtswerten G_{n0} und R_{n0} ab. Wir setzen an:

$$G_n = G_{n0} + \Delta G_n \qquad\qquad [5.3a\text{-}1]$$
$$R_n = R_{n0} + \Delta R_n \qquad\qquad [5.3a\text{-}2]$$

ΔG_n und ΔR_n erfassen die **zusätzliche** Erzeugung bzw. Vernichtung von Leitungsbandelektronen über die Gleichgewichtserzeugung hinaus durch Band-Band- oder Band-Term-Übergänge, wobei wieder deren physikalische Ursache nicht spezifiziert wird. Entsprechendes gilt für die löcherbezogenen Raten G_p und R_p.

Setzt man [5.3a] in [5.1a] ein und berücksichtigt, daß nach [5.2] $G_{n0} = R_{n0}$, dann ist

$$\frac{\partial n}{\partial t} = \Delta G_n - \Delta R_n + G_{n,Strom} - R_{n,Strom} \qquad\qquad [5.4a]$$

Genau wie die Übergangsraten spalten wir auch die Elektronenkonzentration n auf in $n = n_0 + \Delta n$. Darin ist n_0 die Konzentration im thermodynamischen Gleichgewicht, Δn die Abweichung vom Gleichgewichtswert. n_0 ändert sich zeitlich nicht, deshalb kann in [5.4a] $\frac{\partial n}{\partial t}$ ersetzt werden durch $\frac{\partial n}{\partial t} = \frac{\partial (n_0 + \Delta n)}{\partial t} = \frac{\partial \Delta n}{\partial t}$. Auf dieselbe Weise läßt sich auch [5.1b] in eine analoge Gleichung Gl.[5.4b] umgestalten. Eine alternative mathematische Formulierung der Bilanzgleichungen ist somit

$$\frac{\partial}{\partial t} \Delta n = \Delta G_n - \Delta R_n + G_{n,Strom} - R_{n,Strom} \qquad\qquad [5.5a]$$

$$\frac{\partial}{\partial t} \Delta p = \Delta G_p - \Delta R_p + G_{p,Strom} - R_{p,Strom} \qquad\qquad [5.5b]$$

Das Gleichungssystem [5.5] kontrolliert das Zeitverhalten der Konzentrationsabweichungen von den Gleichgewichtskonzentrationen n_0 bzw. p_0, wobei Änderungen durch zusätzliche Übergänge zwischen den Bändern, zwischen Bändern und tiefen Termen und durch Ladungsträgerzufuhr und -abfuhr mittels Strom erlaubt sind.

5.2 Energieerhaltung und k-Erhaltung bei elektronischen Übergängen

Wechselt ein Elektron von einem Band in ein anderes Band oder in einen Term bzw. eine tiefe Störstelle, dann ändert es dabei seine Energie. Ein Übergang ist demnach immer mit Energieabgabe oder Energiezufuhr verbunden.

Neben der Energiebilanz muß auch die Bilanz der k-Werte des übergehenden Elektrons untersucht werden. Nach dem in Abschn.2.2 Gesagten sind k-Werte nichts anders als Quantenzahlen. Eine Änderung von Quantenzahlen ist immer an *Auswahlregeln* gebunden, wonach bestimmte Änderungen erlaubt, andere verboten sind. Quantenmechanische Berechnungen haben zum Ergebnis:

> Elektronenübergänge sind erlaubt, wenn sie ohne Änderung der Quantenzahl k des Elektrons stattfinden. Elektronenübergänge mit Änderung der Quantenzahl k sind nur dann erlaubt, wenn an dem Übergang weitere Partner beteiligt sind, die die k-Bilanz des übertretenden Elektrons ausgleichen.

Obige Aussage ist ein fundamentales Resultat der theoretischen Halbleiterphysik. Sie wird häufig als *Impulserhaltungssatz* bezeichnet. Angemessener ist die Bezeichnung *k-Erhaltungssatz*.

Energieerhaltung und k-Erhaltung legen letztlich fest, welche Übergänge möglich sind. Bei Übergängen mit gleichzeitiger Änderung des k-Wertes des Elektrons stellt sich zusätzlich die Frage, über welche Mechanismen für einen k-Ausgleich gesorgt wird. Grundsätzlich kann ein Elektron bei einem Übergang wechselwirken mit

- Photonen; dann ist der Übergang mit optischer Strahlung verbunden
- Gitterschwingungen (Phononen); dann ist der Übergang mit Wärmetönung verknüpft

Photonen sind die Quantenteilchen des elektromagnetischen Strahlungsfeldes; nach Abschn.1.1 trägt jedes Photon eine Energie $W_{ph} = hf$ und - in Materie - den Impuls $p_{ph} = \hbar k^*$ (k^* ist die Wellenzahl des Photons in Materie). Photonen können ihre Energie an ein Elektron abgeben und das Elektron dadurch z.B. aus dem Valenzband in eine tiefe Störstelle oder gar ins Leitungsband heben. Dabei wird das Photon seinerseits vernichtet. Umgekehrt kann die bei der Rückkehr eines Elektrons ins Valenzband freiwerdende Energie verwendet werden, um ein Photon zu erzeugen. Details dieser Prozesse werden in Kap.6 besprochen werden. Dort wird insbesondere auch gezeigt werden, daß Photonen nicht geeignet sind, um den k-Wert des übergehenden Elektrons merkbar abzuändern. Übergänge, bei denen die Energiezufuhr oder Energieabfuhr **ausschließlich** in Form von Photonenabsorption oder Photonenemission geregelt wird, bedingen deshalb nur eine äußerst geringe k-Änderung des übergehenden Elektrons. Die Abänderung ist so geringfügig, daß sie in der Regel vernachlässigt wird. In einem W(k)-Diagramm erscheinen derartige Übergänge als senkrechte Striche (Energieänderung ohne k-Änderung).

Elektronische Übergänge sind auch möglich, wenn daran *Phononen* beteiligt werden. Phononen sind gequantelte Einheiten einer den Kristall durchlaufenden elastischen Gitterwelle (genau wie Photonen gequantelte Einheiten elektromagnetischer Wellen sind). Jedes Phonon trägt eine Energiemenge $W_{Phonon} = \hbar\Omega$; darin ist Ω die Kreisfrequenz der Gitterwelle. Darüberhinaus werden Phononen charakterisiert durch eine (vektorielle) Quantenzahl K_{Phonon}. Mit anderen Teilchen tritt ein Phonon in Wechselwirkung, als hätte es einen Impuls $p_{Phonon} = \hbar K_{Phonon}$. Die Vorstellung von p_{Phonon} als einem mechanischen Impuls ist aber falsch, genau wie beim Kristallelektron mit der Quantenzahl k die Vorstellung von $\hbar k$ als mechanischem Impuls des Elektrons inkorrekt ist, siehe Abschn.2.5.

Die Phononenenergie ist eine Funktion der Quantenzahl K_{Phonon}. Wie bei den Kristallelektronen auch wird in einem zusammengesetzten Diagramm W_{Phonon} als Funktion des Betrages des Vektors K_{Phonon} für verschiedene Richtungen von K_{Phonon} angegeben. In Anhang D sind die Phononenspektren wichtiger Halbleiter aufgezeigt. Man entnimmt:

- Es gibt ein ganzes Spektrum von Phononen mit unterschiedlichen, aber stets sehr geringen Energien (typisch ≤ 100 meV)
- Phononen können sehr große K_{Phonon}-Werte besitzen; allerdings treten auch Phononen mit verschwindend geringen K_{Phonon}-Werten auf.

Die Quantenmechanik des Halbleiters zeigt, daß ein Phonon die k-Bilanz eines übertretenden Elektrons ausgleichen kann: $\Delta k_{Elektron} = K_{Phonon}$. Bei Beteiligung von Phononen mit hinreichend großen K_{Phonon}-Werten sind demnach auch Elektronenübergänge möglich, bei denen der k-Wert des Elektrons sich deutlich ändert. In einem W(k)-Diagramm erscheinen derartige Übergänge als schräglaufende Striche (Energieänderung mit k-Änderung). Abb.5-2 zeigt einige Übergänge in einer W(k)-Darstellung. Der Einfachheit halber sind nur Übergänge in einem direkten Halbleiter aufgezeigt, und auch hier nur Übergänge, bei denen ein Elektron Energie abgibt. Die entsprechenden Übergänge sind in exakt der gleichen Weise auch in indirekten Halbleitern möglich. Weiterhin ist zu beachten, daß es zu jedem Übergang mit Energieabgabe auch den entgegengesetzt verlaufenden Übergang gibt, bei dem dann die entsprechende Energie zugeführt werden muß.

5.3 Bezeichnung der Übergänge

In Abb.5-2 repräsentieren die Kanäle 1 und 2 jeweils einen Band-Band-Übergang (Übergang vom Leitungs- ins Valenzband in einem einzigen Schritt). Beim Übergang 1 wird der k-Wert des Elektrons dabei nicht geändert, beim Übergang 2 hat

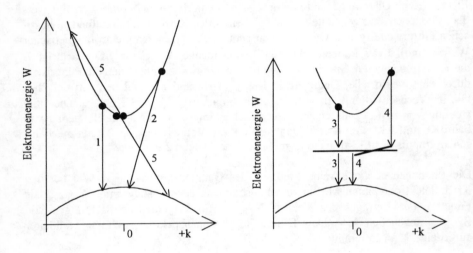

Abb.5-2: Mögliche Rekombinationsübergänge. Nähere Erläuterungen im Text

das übergehende Elektron eine deutliche k-Änderung erfahren. Ein derartiger Übergang 2 muß unter Phononenbeteiligung ablaufen. Die Kanäle 3 und 4 zeigen einen Übergang vom Leitungs- ins Valenzband mit einem Zwischenschritt über einen Term innerhalb der eigentlich verbotenen Zone, wieder ohne und mit k-Änderung des Elektrons. Der Übergang via Kanal 5 wird *Auger-Rekombination* genannt. Bei der Auger-Rekombination geht ein Elektron vom Leitungsband in das Valenzband über, und die dabei freiwerdende Energie wird dazu verwendet, ein weiteres Elektron *innerhalb* des Leitungsbandes (oder alternativ ein weiteres Loch *innerhalb* des Valenzbandes) auf ein höheres Energieniveau zu heben.

Es ist üblich, bestimmte charakteristische Merkmale eines Übergangs durch eine bestimmte Wortwahl zu markieren. Bereits oben wurden die Bezeichnungen *Band-Band-Übergang* und *Band-Term-Übergang* eingeführt. Darüberhinaus bedeuten

direkter Übergang	Übergang ohne Änderung des k-Wertes des übergehenden Elektrons. In einem Diagramm nach obiger Art wird ein direkter Übergang als senkrechter Strich eingetragen
indirekter Übergang	Übergang mit Änderung des k-Wertes des übergehenden Elektrons, in obigem Diagramm als nicht-senkrechter Strich erkennbar
Rekombinationsübergang	Übergang, bei dem letztlich ein Leitungsbandelektron ins Valenzband wechselt
Generationsübergang	Übergang, bei dem letztlich ein Valenzbandelektron ins Leitungsband überführt wird
strahlender Übergang	die beim Übergang freiwerdende Energie wird zumindest teilweise in Form von optischer Strahlung (Photonenemission) nach außen abgegeben
nichtstrahlender Übergang	die abgegebene Energie wird auch nicht in Teilbeträgen als optische Strahlung frei

In dieser Sprechweise ist der Übergang 1 ein direkter Band-Band-Rekombinationsübergang, der Übergang 2 ein indirekter Band-Band-Rekombinationsübergang, der Übergang 4 ein indirekter Rekombinationsübergang über eine tiefe Störstelle, wenn man den Übergang als Ganzes betrachtet. Auger-Übergänge sind indirekte Übergänge.

Weiterhin sollte beachtet werden:

- Bei einem Generationsübergang wird letztlich sowohl ein (Leitungsband-) Elektron wie ein (Valenzband-)Loch erzeugt. Man spricht deshalb häufig auch von einer *Paargeneration*. Entsprechend wird bei einer Rekombination ein Elektron-Loch-Paar vernichtet.

- Bei direkter Band-Band-Rekombination wird ein Energiebetrag von der Größe des Bandabstandes in **einem** Schritt ohne k-Änderung freigesetzt. Eine derart große Energie kann in einem Schritt nur in Form von Photonen abgegeben werden. Direkte Band-Band-Rekombination erfolgt deshalb immer strahlend.

– Obige Nomenklatur wird nicht einheitlich benutzt. Gar nicht selten wird das, was hier als "Band-Band"-Übergang bezeichnet wurde, anderweitig als "direkte" Rekombination tituliert. Diese Diskrepanz führt teilweise zu erheblichen Zuordnungsschwierigkeiten. Vollends verwirrend wird es, wenn die Begriffe *direkter Übergang* und *direkter Halbleiter* bzw. *indirekter Übergang* und *indirekter Halbleiter* nicht streng auseinandergehalten werden. Es soll deshalb hier noch einmal ausdrücklich festgehalten werden: auch in indirekten Halbleitern sind direkte Übergänge möglich, allerdings sind sie sehr viel weniger wahrscheinlich als indirekte Übergänge.

5.4 Generation und Rekombination im Nichtgleichgewicht

Wir besprechen im folgenden die internen Möglichkeiten des Halbleiters, einer externen Störung entgegenzuwirken. In einem definierten Volumenbereich sollen infolge irgendeiner Einwirkung von außen die Ladungsträgerkonzentrationen n und p um Δn bzw. Δp von ihren thermodynamischen Gleichgewichtswerten n_0 und p_0 abweichen: $n = n_0 + \Delta n$; $p = p_0 + \Delta p$. Die Abweichung kann verursacht sein durch zusätzliche Generation, zusätzliche Rekombination oder aber durch Ladungsträger, die durch Stromfluß zu- oder abtransportiert werden. Wir gehen grundsätzlich davon aus, daß der Strom dem betrachteten Volumen in jeder Zeiteinheit gleichviele Elektronen wie Löcher zuführt oder aus ihm abtransportiert, daß also

$$G_{n,Strom} = G_{p,Strom} := G_{Strom} \quad \text{und} \quad R_{n,Strom} = R_{p,Strom} := R_{Strom} \quad [5.6]$$

Da im thermodynamischen Gleichgewicht nach [3.16] $n_0 p_0 = n_i^2$ ist, gilt

$$np > n_i^2 \quad \text{falls} \quad \Delta n, \Delta p > 0$$
$$np < n_i^2 \quad \text{falls} \quad \Delta n, \Delta p < 0$$

Wird die Störung abgeschaltet, dann baut der Halbleiter den Trägerüber- bzw. -unterschuß ab und kehrt zum thermodynamischen Gleichgewichtszustand zurück. Wird dagegen die Störung beibehalten, dann versucht das System, einen stationären Nichtgleichgewichtszustand dadurch zu erreichen, daß

• eine zusätzliche Ladungsträgererzeugung ($\Delta n, \Delta p > 0$) infolge äußerer Störung durch eine erhöhte interne Rekombination über die Gleichgewichtsrekombination R_0 ($= R_{n0} = R_{p0}$) hinaus

- eine zusätzliche Ladungsträgervernichtung (Δn, Δp < 0) infolge äußerer Störung durch eine erhöhte interne Generation über die Gleichgewichtsgeneration G_0 ($= G_{n0} = G_{p0}$) hinaus

kompensiert wird.

Es soll an dieser Stelle ausdrücklich darauf hingewiesen werden: es ist gleichgültig, ob die externe Störung zu einem Überschuß oder zu einem Unterschuß an Ladungsträgern führt. In beiden Fällen stehen dem Halbleiter die gleichen Möglichkeiten zur Verfügung, um das thermodynamische Gleichgewicht wiederzugewinnen bzw. um bei fortbestehender Störung einen stationären Zustand zu erreichen. Es genügt deshalb, eine der beiden Situationen zu betrachten; die Ergebnisse können sinngemäß auf den jeweils anderen Fall übertragen werden. Insbesondere erfassen die im folgenden abgeleiteten Lebensdauern nicht nur den Abbau einer durch eine Störung hervorgerufenen Überschußkonzentration, sondern genauso den Ausgleich eines Ladungsträgerunterschusses infolge einer äußeren Störung.

Wir analysieren den Fall, daß eine äußere Störung Zusatzladungsträger **beider** Sorten bereitstellt (erhöhte Erzeugung, np > n_i^2). Zusätzlich verlangen wir, daß aus dem betrachteten Raumbereich keine Ladungsträger durch Stromfluß abtransportiert werden: $R_{Strom} \equiv 0$. Das System versucht dann, durch erhöhte Vernichtung von Ladungsträgern, also durch zusätzliche Rekombination einen stationären Zustand einzustellen. Für die weitere Berechnung muß angegeben werden, über welche Kanäle eine Rekombination überhaupt möglich ist.

5.4.1 Rekombination ausschließlich über Band-Band-Übergänge

Wenn nur Band-Band-Übergänge zugelassen sind, dann werden in jeder Zeiteinheit durch derartige Übergänge **gleichviele** Elektronen wie Löcher zusätzlich erzeugt oder vernichtet: $\Delta G_n = \Delta G_p =: \Delta G$, $\Delta R_n = \Delta R_p =: \Delta R$. Weiterhin besteht unsere Grundvoraussetzung, wonach in den betreffenden Raumbereich in jeder Zeiteinheit über den Strom gleichviele Elektronen wie Löcher zugeführt werden. Deshalb muß insgesamt Δn = Δp sein, so daß sich die Bilanzgleichungen [5.5] reduzieren auf (beachte Gl.[5.6])

$$\frac{\partial}{\partial t} \Delta n = \frac{\partial}{\partial t} \Delta p = \Delta G - \Delta R + G_{Strom} \qquad [5.7]$$

Die Wahrscheinlichkeit für eine Band-Band-Rekombination hängt ab von der Wahrscheinlichkeit eines Zusammenstoßes zwischen einem Leitungsbandelektron und einem Valenzbandloch und ist um so höher, je größer die Ladungsträgerkonzentrationen n und p sind. R muß demnach proportional zum Konzentrationsprodukt np sein:

$$R \sim np \quad \Rightarrow \quad R = B \cdot np \qquad [5.8]$$

B ist ein Proportionalitätsfaktor, er wird *van Roosbroeck-Shockley-Rekombinationswahrscheinlichkeit* genannt und kann für jeden Halbleiter berechnet werden, wenn dessen Bandstruktur bekannt ist. Tabelle 1 enthält die B-Werte der für die Optoelektronik wichtigsten Materialien. Sehr auffällig sind die großen numerischen Unterschiede zwischen den B-Werten direkter und indirekter Halbleiter. Sie zeigen an, daß die (mit Strahlungsemission verbundenen!) direkten Band-Band-Übergänge in **indirekten** Halbleitern viel seltener sind als in **direkten** Halbleitern.

Tabelle 1
Van Roosbroeck-Shockley-Rekombinationswahrscheinlichkeit B (für 300K, in cm^3/s) und Lebensdauer $\tau_{(B \to B)}$ für Band-Band-Rek. (bei 10^{17} cm^{-3} Majoritätsladungsträgern)

	GaAs	InP	InAs	InSb	Si	Ge	GaP
B	$7{,}2 \cdot 10^{-10}$	$1{,}26 \cdot 10^{-9}$	$8{,}5 \cdot 10^{-11}$	$4{,}6 \cdot 10^{-11}$	$1{,}8 \cdot 10^{-15}$	$5{,}3 \cdot 10^{-14}$	$5{,}4 \cdot 10^{-15}$
$\tau_{(B \to B)}$	15ns	8ns	100ns	200ns	5500µs	200µs	2000µs

Setzt man in [5.8] $n = n_0$ und $p = p_0$ ein, dann erhält man die thermodynamische Gleichgewichtsrate $R_0 = Bn_0p_0$. Die in [5.7] eingehende Zusatzrekombinationsrate ΔR ist demzufolge anzusetzen als

$$\Delta R = R - R_0 = B \cdot (np - n_0p_0) \qquad [5.9]$$

In einem dotierten Halbleiter und bei Überschußkonzentrationen, die klein sind gegen $n_0 + p_0$, also klein gegen die Gleichgewichtskonzentration der jeweiligen **Majoritäts**ladungsträger, ist (beachte: $\Delta n = \Delta p$)

$$np - n_0p_0 = (n_0+\Delta n)(p_0+\Delta p) - n_0p_0 = (n_0+p_0+\Delta n)\Delta n + \Delta n\Delta p \approx (n_0+p_0)\Delta n$$

Damit wird

$$\Delta R = B \cdot (n_0 + p_0) \cdot \Delta n = \Delta R = B (n_0 + p_0) \Delta n = \frac{\Delta n}{\tau_{(B \to B)}} \qquad [5.10]$$

worin gesetzt wurde: $\qquad B \cdot (n_0 + p_0) =: 1/\tau_{(B \to B)} \qquad [5.11]$

Mit diesem Ergebnis geht [5.7] über in

$$\frac{\partial}{\partial t} \Delta n = [\Delta G + G_{Strom}] - \frac{\Delta n}{\tau_{(B \to B)}} \qquad [5.12]$$

Die Differentialgleichung [5.12] beschreibt die zeitliche Änderung der Zusatzkonzentration an Ladungsträgern. Für zeitkonstantes $\Delta G + G_{Strom}$ hat sie die Lösung

$$\Delta n(t) = [\Delta G + G_{Strom}] \tau_{(B \to B)} + const \cdot \exp(- t/\tau_{(B \to B)}) \qquad [5.13]$$

Bei zeitlich konstantem $[\Delta G + G_{Strom}]$ strebt demnach die Zusatzträgerdichte exponentiell mit einer Zeitkonstanten $\tau_{(B \to B)}$ gegen den stationären Endwert

$$\Delta n(t \to \infty) = [\Delta G + G_{Strom}] \cdot \tau_{(B \to B)} \qquad [5.14]$$

Gleichung [5.13] erfaßt auch den Fall, daß die Trägerkonzentrationen nach Abschalten der Störung, $\Delta G + G_{Strom} = 0$, zum thermodynamischen Gleichgewicht mit $\Delta n = 0$ zurückkehren. In dieser Formulierung kann $\tau_{(B \to B)}$ aufgefaßt werden als die Zeitspanne, über die hinweg die Überschußladungsträger in den Bändern "leben", bevor sie (über den einzigen zugelassenen Rekombinationskanal der direkten Band-Band-Rekombination) rekombinieren und sich gegenseitig vernichten. Deshalb wird $\tau_{(B \to B)}$ als *Paarlebensdauer bei ausschließlicher Band-Band-Rekombination* bezeichnet.

$\tau_{(B \to B)}$ ist nach [5.11] umgekehrt proportional zur Summe $(n_0 + p_0)$ der Trägerdichten im thermodynamischem Gleichgewicht. Sie ist am größten im intrinsischen Halbleiter, wenn $n_0 = p_0 = n_i$ ist. Im dotierten Halbleiter kann $(n_0 + p_0)$ ersetzt werden durch die Konzentration der Majoritätsträger und damit (bei Nichtentartung) durch die Konzentration der Dotierung. In obiger Tabelle 1 sind die Lebensdauern für eine Dotierung mit 10^{17} cm^{-3} Donatoren bzw. Akzeptoren angegeben. Wenn in realen Halbleitern Lebensdauern gemessen werden, die von obigen Werten abweichen, so weisen diese Meßergebnisse auf zusätzliche Übergangskanäle hin.

5.4.2 Rekombination ausschließlich über Band-Term-Übergänge

Als Alternative zur Band-Band-Rekombination werden jetzt ausschließlich Zweischrittrekombinationen über tiefe Störstellen zugelassen. Ein Leitungsbandelektron muß nach dieser Vorstellung in einem ersten Schritt vom Leitungsband in die tiefe Störstelle und von dort in einem zweiten Schritt ins Valenzband überwechseln. Man bezeichnet die tiefe Störstelle dann auch als *Rekombinationszentrum* (RZ). Gleichwertig hiermit ist die Vorstellung, daß die tiefe Störstelle aus dem Leitungsband ein Elektron und aus dem Valenzband ein Loch einfängt, die sich im RZ gegenseitig vernichten. Anhand dieses Modelles haben die Physiker Shockley, Read und Hall die Bilanzgleichungen [5.5] aufgeschlüsselt und um die Übergänge zwischen dem RZ und den Bändern verfeinert (*Shockley-Read-Hall-Modell*). Hieraus haben sie das Zeitverhalten der Überschußträger für kleine Konzentrationsabweichungen (klein gegen die jeweilige Gleichgewichtsdichte der Majoritätsträger) berechnet mit dem Ergebnis: bei einer zeitkonstanten Störung sind anfänglich die Übergangsraten der Leitungsbandelektronen in das RZ und der Valenzbandlöcher in das RZ sehr unterschiedlich. Es stellt sich aber extrem rasch ein Zwischengleichgewicht ein, in dem diese beiden Raten gleichgroß sind: in das RZ wechseln jetzt in jeder Zeiteinheit gleichviele Leitungsbandelektronen wie Valenzbandlöcher über. Gleichwertig hiermit ist die Formulierung, daß das RZ mit einer bestimmten Rate Leitungsbandelektronen einfängt und mit derselben Rate an das Valenzband weiterreicht. Letztlich gehen also nach Erreichen des Zwischengleichgewichtes Elektronen aus dem Leitungsband mit einer Zwischenstation im RZ ins Valenzband über mit einer (Überschuß-)Rekombinationsrate ΔR, die man analog zu [5.10] bringen kann in die Form

$$\Delta R = \frac{\Delta n}{\tau_{(B \rightarrow RZ \rightarrow B)}} = \frac{\Delta p}{\tau_{(B \rightarrow RZ \rightarrow B)}} \qquad [5.15]$$

mit

$$\tau_{(B \rightarrow RZ \rightarrow B)} = \frac{\hat{\tau}_h (n_0 + n_1) + \hat{\tau}_e (p_0 + p_1)}{n_0 + p_0} \qquad [5.16]$$

$\tau_{(B \rightarrow RZ \rightarrow B)}$ charakterisiert den Trägerausgleich zwischen den Bändern bei ausschließlicher Zweischritt-Rekombination über Rekombinationszentren und ist die *Paarlebensdauer bei aussschließlichen Band-Term-Übergängen*.

In [5.16] sind n_0 und p_0 die Trägerkonzentrationen im thermodynamischen Gleichgewicht. n_1 und p_1 beschreiben indirekt die energerische Lage des RZ innerhalb der Bandlücke. $\hat{\tau}_e$ und $\hat{\tau}_h$ sind Kenngrößen von der Dimension einer Zeit: Man interpretiert sie als *Einfangzeit* für ein Leitungsbandelektron bzw. ein Valenzbandloch durch das RZ, d.h. als mittlere Zeitspanne, die vergeht, bis das Elektron bzw. Loch vom RZ eingefangen wird. Dann ist $1/\hat{\tau}_e$ ein Maß für die Wahrscheinlichkeit, daß ein Leitungsbandelektron innerhalb einer Zeiteinheit vom RZ eingefangen wird. Entsprechend läßt sich $1/\hat{\tau}_h$ deuten. Es ist plausibel, $1/\hat{\tau}_e$ und $1/\hat{\tau}_h$ als proportional zur Konzentration N_{RZ} der Rekombinationszentren anzunehmen (Proportionalitätsfaktoren c_n bzw. c_p):

$$1/\hat{\tau}_e = c_n N_{RZ} \quad \text{bzw.} \quad 1/\hat{\tau}_h = c_p N_{RZ} \qquad [5.17]$$

Im n-Halbleiter ist bei hinreichend hoher Dotierung $n_0 \,\hat{=}\, n_{n0} \gg p_0 \,\hat{=}\, p_{p0}$, im p-dotierten Halbleiter ist $p_0 \,\hat{=}\, p_{p0} \gg n_0 \,\hat{=}\, n_{p0}$. Unter der weiteren Annahme, daß c_n und c_p und damit auch $\hat{\tau}_h$ und $\hat{\tau}_e$ sich nicht um Größenordnungen unterscheiden, kann [5.16] noch weiter vereinfacht werden zu

$$\tau_{(B \to RZ \to B)} = \begin{vmatrix} \hat{\tau}_h & \text{im n - Halbleiter} & [5.18a] \\ \hat{\tau}_e & \text{im p - Halbleiter} & [5.18b] \end{vmatrix}$$

In einem n-dotierten Halbleiter wird demnach die Wahrscheinlichkeit für den Übergang B→RZ→B als Ganzes bestimmt durch die Wahrscheinlichkeit $1/\hat{\tau}_h$ für den Einfang eines Valenzbandloches auf das RZ, im p-Halbleiter durch die Wahrscheinlichkeit $1/\hat{\tau}_e$ für den Einfang eines Leitungsbandelektrons auf das RZ. Zusammengefaßt ergibt sich:

Die Wahrscheinlichkeit für einen Übergang B→RZ→B wird beherrscht durch die Wahrscheinlichkeit für den Einfang eines **Minoritäts**ladungsträgers auf das Rekombinationszentrum.

Die physikalische Begründung für dieses Ergebnis liegt auf der Hand: Das RZ muß je einen Angehörigen beider Ladungsträgersorten einfangen, um den Gesamtübergang zu ermöglichen. In einem dotierten Halbleiter ist die Konzentration der Minoritätsladungsträger sehr viel geringer als die der Majoritätsladungsträger. Es ist deshalb für das RZ sehr viel schwieriger, einen der wenigen Minoritätsladungsträger einzufangen als einen der vielen Majoritätsladungsträger, selbst wenn die Abweichungen von ihren jeweiligen Gleichgewichtswerten absolut gesehen gleichhoch sind.

5.4.3 Rekombination bei parallelgeschalteten Rekombinationskanälen

In einem Halbleiter können die Überschußladungsträger in der Regel über mehrere parallelgeschaltete Kanäle miteinander wechselwirken. Sie können z.B. via direkte Band-Band-Übergänge, aber gleichzeitig auch via Zweischrittübergänge über tiefe Störstellen von einem Band in das jeweils andere Band überführt werden. Wenn jeder Einzelkanal durch eine kanalspezifische Lebensdauer τ_i charakterisiert wird, dann stellt sich auch bei Parallelschaltung mehrerer Kanäle der neue stationäre Zustand exponentiell ein mit einer Zeitkonstanten τ, für die gilt

$$\frac{1}{\tau} = \sum_i \frac{1}{\tau_i} \qquad\qquad [5.19]$$

und für eine Gesamt-Überschußrekombinationsrate ΔR erhalten wir jetzt

$$\Delta R = \sum_i \Delta R_i = \sum_i \frac{\Delta n}{\tau_i} = \Delta n \sum_i \frac{1}{\tau_i} = \frac{\Delta n}{\tau} \qquad [5.20]$$

τ ist die resultierende Paarlebensdauer bei Berücksichtigung sämtlicher Rekombinationskanäle. Sie ist um so kürzer, je mehr Übergangskanäle vorhanden sind, und insgesamt kleiner als der kleinste ihrer Teilbeiträge. Anders formuliert: derjenige Rekombinationkanal, dem die kürzeste Lebensdauer (höchste Überschuß-Rekombinationsrate) zugeordnet ist, bestimmt das Gesamtverhalten. Daraus ergibt sich:

Soll die Rekombination über einen ausgesuchten Kanal vorherrschen, weil z.B. dieser Übergang mit Lichtemission verbunden ist, dann muß die Lebensdauer für diesen speziellen Übergang so klein wie nur irgend möglich gemacht werden. Der Emissionswirkungsgrad wird um so größer sein, je kleiner die Lebensdauer dieses Kanals im Vergleich zu dem der Konkurrenzkanäle ist.

Wir betrachten einen Halbleiter, in dem den Ladungsträgern die beiden Übergangskanäle B→B und B→RZ→B offenstehen. Die Paarlebensdauer ist in diesem Fall

$$\frac{1}{\tau} = \frac{1}{\tau_{(B \to B)}} + \frac{1}{\tau_{(B \to RZ \to B)}} \qquad\qquad [5.21]$$

Im n-Halbleiter ist bei hinreichend hoher Dotierung $n_0 \hat{=} n_{n0} \approx N_D$, im p-dotierten Halbleiter ist $p_0 \hat{=} p_{p0} \approx N_A$ mit N_D, N_A: Konzentrationen der Donatoren im n- bzw. der Akzeptoren im p-dotierten Halbleiter. Wir erhalten aus den Gleichungen [5.11], [5.17] und [5.18] je nach Dotierungstyp

	$1/\tau_{(B \to B)} =$	$1/\tau_{(B \to RZ \to B)} =$	$1/\tau =$	
n-dotierter HL	$B \cdot N_D$	$1/\hat{\tau}_h = c_p \cdot N_{RZ}$	$B \cdot N_D + c_p \cdot N_{RZ}$	[5.22a]
p-dotierter HL	$B \cdot N_A$	$1/\hat{\tau}_e = c_n \cdot N_{RZ}$	$B \cdot N_A + c_n \cdot N_{RZ}$	[5.22b]

Die Einzelzeitkonstanten $\tau_{(B \to B)}$ und $\tau_{(B \to RZ \to B)}$ geben die Zeitspannen an, die ein Überschußladungsträger im statistischen Mittel lebt, bevor er über den jeweiligen Übergang ins andere Band wechselt.

In einem Halbleiter ist der Rekombinationskanal $B \to RZ \to B$ den möglichen anderen Rekombinationskanälen parallelgeschaltet. Die Wahrscheinlichkeit für den Einfang eines _Minoritäts_ladungsträgers durch das RZ bestimmt deshalb nicht nur das Übergangsverhalten über den speziellen Kanal $B \to RZ \to B$, sondern die Übergangswahrscheinlichkeit insgesamt. Es ist deshalb üblich, die Paarlebensdauer auch als _Minoritätsträgerlebensdauer_ zu bezeichnen und zu setzen

n-Halbleiter: Paarlebensdauer $\tau \hat{=}$ _Löcherlebensdauer_ τ_p
p-Halbleiter: Paarlebensdauer $\tau \hat{=}$ _Elektronenlebensdauer_ τ_n

Zur Erinnerung: Elektronen- wie Löcherlebensdauer wurden bereits in Abschn.4.2 bis 4.4 verwendet, um die Diffusion der über einen pn-Übergang injizierten Ladungsträger zu beschreiben.

Sofern außer den beschriebenen Rekombinationen $B \to B$ und $B \to RZ \to B$ keine weiteren Rekombinationskanäle vorhanden sind, erhalten wir aus obiger Aufstellung für die Minoritätsträgerlebensdauern

n-Material (Löcherlebensdauer) $\quad 1/\tau_p = B \cdot N_D + c_p \cdot N_{RZ}$ [5.23a]
p-Material (Elektronenlebensdauer) $\quad 1/\tau_n = B \cdot N_A + c_n \cdot N_{RZ}$ [5.23b]

6. Mit Strahlung gekoppelte Generation und Rekombination: Absorption und Emission von Licht in Halbleitern

Im vorherigen Kapitel wurden die Übergänge zwischen den Bändern eines Halbleiters vorgestellt. Jeder derartige Übergang ist mit einer Energieänderung des übergehenden Elektrons verbunden: es muß Energie zugeführt werden, um ein Elektron vom Valenz- ins Leitungsband zu heben (Paargeneration), und beim umgekehrten Vorgang (Paarrekombination) wird Energie frei. In diesem Kapitel sollen speziell diejenigen Generations- und Rekombinationsvorgänge besprochen werden, bei denen die Energiezufuhr oder Energieabfuhr im wesentlichen durch Absorption und Emission von optischer Strahlung erfolgt.

6.1 Beer´sches Gesetz und Dämpfungskoeffizient α

Licht, das auf die Oberfläche eines Mediums auftrifft, wird teils reflektiert, teils dringt es in das Medium ein. Im Innern nimmt die Lichtintensität (die je Zeiteinheit durch eine Flächeneinheit hindurchtransportierte Strahlungsenergie, siehe Kap.1.3) mit wachsender Laufstrecke ab. Die an der Stelle z noch vorhandene Intensität $S(z)$ kann mit dem *Beer´schen Gesetz* berechnet werden (Oberfläche an der Stelle z= 0):

$$S(z) = S(z=0) \exp[-\alpha(\lambda) \cdot z] \qquad [6.1a]$$

Die *Dämpfungskonstante* $\alpha(\lambda)$ ist eine wellenlängenabhängige Materialeigenschaft. Je größer α, desto stärker nimmt S je Streckeneinheit ab.

Der Begriff der Intensität entstammt aus der Modellvorstellung von Strahlung als einer Welle. Bereits im ersten Kapitel haben wir das dazu duale Modell von Licht als Fluß von Photonen der Energie W_{ph} = hf = hc/λ vorgestellt, und wir haben in [1.14] die Intensität S mit der lokalen Photonendichte ρ_{ph} verknüpft: $S = hf \, \rho_{ph} \, v$. Da sich während des Durchlaufens der Materie weder die Photonenenergie hf noch die Geschwindigkeit v der Photonen ändern, kann eine Intensitätsabnahme auch verstanden werden als eine Abnahme der lokalen Photonenkonzentration ρ_{ph}.

$$\rho_{ph}(z) = \rho_{ph}(z=0) \exp[-\alpha(hf)z] \qquad [6.1b]$$

Ein Photon wiederum kann nur als Ganzes und nicht in Teilen vernichtet werden und dabei seine Energie abgeben.

Der Dämpfungskoeffizient α ist eine pauschalierende Kenngröße. Wenn gleichzeitig mehrere unterschiedliche physikalische Vorgänge zur Lichtdämpfung beitragen, muß α angesetzt werden als Summe aller individuellen Dämpfungskonstanten α_i für die unterschiedlichen Ursachen:

$$\alpha = \sum_i \alpha_i \qquad [6.2]$$

Physikalische Ursachen für eine Lichtdämpfung können die Absorption, die Streuung und die Abstrahlung von optischer Leistung sein. Wir befassen uns im folgenden mit der Lichtabsorption in Halbleitern.

6.2 Fundamentalabsorption

Die Lichtabsorption wird in der Halbleiterphysik erklärt als ein Wechselwirkungsprozeß zwischen einem Elektron und einem Photon: das Photon überträgt seine Energie W_{ph}= hf an das Elektron, hebt es dadurch in einen um $\Delta W_{Elektron}$ höheren Energiezustand (dazu muß ein derartiger Energiezustand vorhanden und unbesetzt sein!) und wird seinerseits vernichtet. Mit [1.1b] lautet die Energiebilanz

$$\Delta W_{Elektron} = W_{ph} = hf = hc/\lambda \qquad [6.3]$$

Bei einem idealen und undotierten Halbleiter ist nur ein Übergang eines Valenzbandelektrons ins Leitungsband möglich; im Valenzband bleibt ein Loch zurück. Absorption von Strahlung bedeutet unter diesen Umständen eine durch die optische Strahlung induzierte Paargeneration. Sie kann aber nur stattfinden, wenn die vom Photon an das Valenzbandelektron übertragene Energie ausreicht, um es ins Leitungsband zu heben. Dazu ist mindestens die Energie W_g des Bandabstandes notwendig, somit muß $\Delta W_{Elektron} \geq W_g$ sein. Mit [6.3] wird daraus

$$(hf)_{absorbiert} \geq W_g \quad \Leftrightarrow \quad \lambda_{absorbiert} \leq \frac{hc}{W_g} = \frac{1,2398 \ eV \ \mu m}{W_g} := \lambda_g \qquad [6.4]$$

Gl.[6.4] stellt eine Schwellenbedingung dar: Strahlungsabsorption ist nur möglich, wenn die Photonenenergie größer als die Bandlückenenergie ist bzw. wenn die Wellenlänge der Strahlung die zur Bandlücke W_g korrespondierende Grenzwellenlänge λ_g = hc/W_g = 1,2398eV·μm/W_g unterschreitet. Man spricht in diesem Fall von *Band-Band-Absorption* oder *Fundamentalabsorption*. Sie wird quantitativ erfaßt in der Dämpfungskonstanten (*Absorptionskonstanten der Fundamental-absorption*) $\alpha_{fund}(\lambda)$, für die man erwartet: $\alpha_{fund} \to 0$ für hf < $(hf)_g = W_g$ bzw. für $\lambda > \lambda_g$. Der genaue spektrale Verlauf von α_{fund} in der Umgebung von $(hf)_g$ bzw. für λ_g wird *Absorptionskante* genannt; er richtet sich danach, ob der Halbleiter eine direkte oder eine indirekte Bandlücke hat.

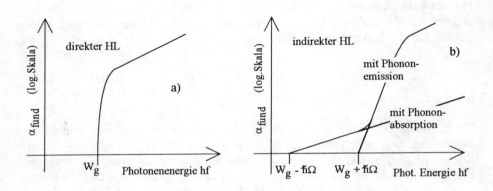

Abb.6-1: Fundamentalabsorption in direkten und indirekten Halbleitern

Im direkten Halbleiter erhalten wir eine nahezu stufenförmige Absorptionskante:

$$\left. \frac{\partial \alpha_{fund}}{\partial(hf)} \right|_{hf=W_g} \to \infty.$$ In Abb.6-1a ist dieses Verhalten skizziert. Demgegenüber zeigen indirekte Halbleiter keine scharfe Kante. Bereits in Abschn.5.2 wurde darauf hingewiesen, daß bei allen elektronischen Übergängen zusätzlich zur Energie-erhaltung auch eine k-Erhaltung notwendig ist. Wird bei einem Übergang ein Photon absorbiert (oder emittiert), so muß dessen Impuls $p_{ph} = \hbar k^*$ in die k-Bilanz mit einbezogen werden: der Übergang ist erlaubt, wenn die k-Quantenzahl des Elektrons sich um die Wellenzahl $k^* = 2\pi/\lambda^* = 2\pi n^*/\lambda$ der Lichtwelle (beachte: k^* ist die Wellenzahl in Materie mit Brechzahl n^*) ändert, der das Photon angehört:

$$\Delta k_{Elektron} = k^* \qquad\qquad [6.5]$$

Für optische Strahlung im hier interessierenden Wellenlängenbereich ($\lambda \cong 1\mu m$) und bei Brechzahlen $n^* \approx 3,5$ ist $k^* \cong 2 \cdot 10^5$ cm^{-1}. Die k-Werte für Kristallelektronen reichen dagegen bis $k_{Elektron,max} = 2\pi/a \approx 10^8 cm^{-1}$, siehe die Diagramme in Anhang C (a ist die Gitterkonstante, sie kann der Tabelle in Anhang A entnommen werden). Werden absorptionsinduzierte Band-Band-Übergänge in ein W(k)-Diagramm eingetragen, so erscheinen sie dort als senkrechte Übergänge, und gemäß der Sprechweise von Abschn.5.3 handelt es sich damit um <u>direkte</u> Übergänge. Wir untersuchen im folgenden die Möglichkeiten für derartige direkte Absorptionsübergänge in indirekten Halbleitern. Abb.6-2a illustriert, daß solche Übergänge zwar möglich sind, aber verlangen, daß $\Delta W_{Elektron} \gg W_g$ ist. Direkte absorptionsinduzierte Übergänge in indirekten Halbleitern sind deshalb sehr unwahrscheinlich.

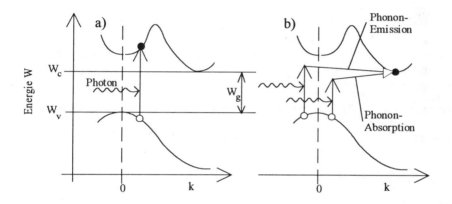

Abb.6-2: Absorptionsinduzierte Paargeneration ohne (a) und mit (b) Phononenbeteiligung

Fundamentalabsorption ist auch erlaubt unter Beteiligung von Phononen mit geringen Energien, aber großen K_{Phonon}-Werten: gleichzeitig mit dem elektronischen Übergang wird ein Phonon der Energie $W_{Phonon} = \hbar\Omega$ und der Quantenzahl K_{Phonon} entweder emittiert oder absorbiert. In Abb.6-2b sind diese Übergänge skizziert. Nach der Nomenklatur von Abschn.5.3 sind sie als <u>indirekte</u> Übergänge zu bezeichnen. Für Energie und k-Wert gelten die Bedingungen

$$\Delta W_{Elektron} = hf \pm W_{Phonon} = hf \pm \hbar\Omega \qquad [6.6]$$
$$\Delta k_{Elektron} = k^* + K_{Phonon} \qquad [6.7a]$$

In [6.6] gilt bei Phononenabsorption das "+"-Zeichen, bei Phononenemission das "–"-Zeichen. Mit Hilfe von Phononenimpuls $p_{Phonon} = \hbar K_{Phonon}$ und Photonen-impuls $p_{ph} = \hbar k^*$ läßt sich [6.7a] umformen in ("Impulserhaltungssatz")

$$\hbar \Delta k_{Elektron} = p_{ph} + p_{Phonon} \qquad\qquad [6.7b]$$

In indirekten Halbleitern tragen zu α_{fund} sowohl die Lichtabsorption unter gleich-zeitiger Phononen<u>absorption</u> als auch die unter gleichzeitiger Phononen<u>emission</u> bei. Für Photonen der Energie hf mit $W_g - \hbar\Omega < hf \leq W_g + \hbar\Omega$ erfolgt indirekte optische Absorption nur bei gleichzeitiger Phononen<u>absorption</u>: erst die dem Pho-non entzogene Energie ermöglicht zusammen mit der Photonenenergie den Übertritt des Elektrons ins Leitungsband. Für Licht der Energie $hf \geq W_g + \hbar\Omega$ sind beide Prozesse möglich. Die Summe beider Absorptionsarten liefert α_{fund}. Abb.6-1b skizziert das Absoptionsverhalten eines undotierten indirekten Halbleiters; die Ab-sorptionskurve unterscheidet sich in der Umgebung der Bandlückenenergie deutlich von der eines direkten Halbleiters. Insbesondere finden wir, daß für $hf \approx W_g$ der Anstieg $\dfrac{\partial \alpha_{fund}}{\partial (hf)}$ sehr viel weniger steil verläuft als im direkten Halbleiter, und daß für $hf \geq W_g + \hbar\Omega$ die mit Phononenemission verknüpfte Prozeßführung dominiert.

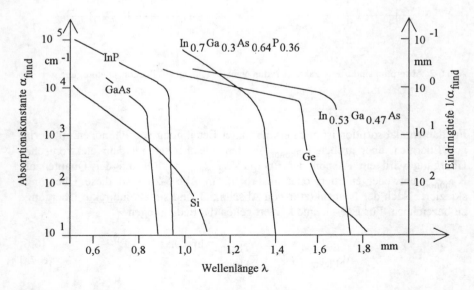

Abb.6-3: Fundamentalabsorption wichtiger optoelektronischer Halbleiter

In Abb.6-3 ist α_{fund} als Funktion der Wellenlänge λ für einige wichtige indirekte (Si, Ge) und direkte (InP, InGaAs, InGaAsP) optoelektronische Halbleitermaterialien aufgetragen. In die Abbildung ist eine zweite Ordinatenachse aufgenommen; an ihr kann man die *Eindringtiefe* $1/\alpha_{fund}$ des Lichtes ablesen. Formal ist $1/\alpha_{fund}$ die Laufstrecke, nach der die Photonendichte auf $1/e \approx 37\%$ der Ausgangsdichte abgenommen hat. Anschaulicher ist die Interpretation von $1/\alpha_{fund}$ als die Strecke, die die Photonen im Mittel zurücklegen können, bevor sie ein Elektron-Loch-Paar erzeugen. Wir können der Darstellung entnehmen:

Obwohl in indirekten Materialien Fundamentalabsorption für Photonen mit Energien $hf \approx W_g$ nur unter Beteiligung eines Phonons möglich ist, finden dennoch so viele Übergänge statt, daß α_{fund} auch für diese Photonenenergien bzw. Lichtwellenlängen nicht vernachlässigbar ist. Auch indirekte Halbleiter sind deshalb als Detektormaterial für den Nachweis optischer Strahlung geeignet. Allerdings werden große Schichtdicken benötigt, weil die Eindringtiefen bis zur Absorption hoch sind.

6.3 Weitere mit Strahlungsabsorption verbundene Übergänge; Einfluß der Dotierung

Die Fundamentalabsorption betrachtet nur Übergänge zwischen den Bändern des Halbleiters. Strahlungsabsorption kann aber auch Band-Term-Übergänge bewirken. Die vom Photon aufzubringende Energie entspricht dann gerade dem Energieabstand Band - Term, sie ist geringer als die Bandlückenenergie. Als Übergangsterme fungieren insbesondere die Energieniveaus der Dotierstoffe. Es ist leicht verständlich, daß derartige Übergänge von der Ionisierungsenergie der Störstelle abhängen. Weiterhin ist zu berücksichtigen, daß sich die Energieniveaus des Dotierstoffes mit anwachsender Konzentration zu einem Störband aufweiten und schließlich mit dem Leitungs- bzw. Valenzband verschmelzen, wie es in Abb.3-6 und Abschn.3.7 vorgestellt wurde. Dadurch wird das Absorptionsverhalten eines Halbleiters in der Umgebung der Absorptionskante modifiziert. Die genauere Theorie ist aufwendig und soll hier nicht besprochen werden. Abb.6-4 zeigt den Absorptionskoeffizienten von GaAs bei unterschiedlichem Dotiergrad und Dotiertyp. Es ist bemerkenswert, daß n- und p- dotiertes Material ein unterschiedliches Absorptionsverhalten an Absorptionskante zeigen. Weiterhin erkennt man deutlich, daß auch Photonen mit einer Energie hf weit unterhalb der Bandlückenenergie $W_g = 1,424eV$ absorbiert werden. Das unterschiedliche Absorptionsverhalten ist z.B. bei der Auslegung z.B. von LED's zu berücksichtigen (Dämpfung bereits erzeugter Strahlung durch Reabsorption, siehe Abschn.7.2 und 7.3).

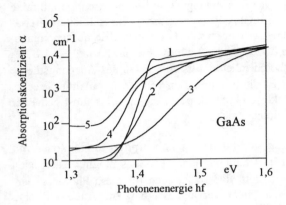

Abb. 6-4:
Einfluß der Dotierung auf das
Absorptionsverhalten von
GaAs

1: undotiert
2: n-dotiert, $n = 2 \cdot 10^{18}$ cm^{-3}
3: n-dotiert, $n = 6{,}7 \cdot 10^{18}$ cm^{-3}
4: p-dotiert, $p = 2{,}4 \cdot 10^{18}$ cm^{-3}
5: p-dotiert, $p = 1{,}6 \cdot 10^{18}$ cm^{-3}

Als letzte Absorptionsmöglichkeit erwähnen wir die sog. *Absorption durch freie Ladungsträger*. Mit "freiem Ladungsträger" sind wieder die Ladungsträger in Leitungs- und Valenzband gemeint, die sich innerhalb ihres Bandes frei bewegen können. Ein freies Leitungsbandelektron kann ein Photon absorbieren und **innerhalb** seines Bandes einen Zustand höherer Energie einnehmen. Es gehört dann auch nach der Absorption weiterhin dem Kollektiv der Leitungsbandelektronen an. Entsprechendes gilt für Valenzbandlöcher.

Das Absorptionsverhalten ist weitgehend strukturlos, die zugeordnete Absorptionskonstante α_{free} nimmt mit wachsender Wellenlänge überlinear zu. Empirisch wird ein Verhalten gefunden, das mit $\alpha_{\text{free}} \sim \lambda^r$ mathematisch erfaßbar ist. Der Exponent liegt typisch zwischen 1,5 und 3,5; er wird mit wachsender Trägerkonzentration größer. Absorption durch freie Ladungsträger wird demzufolge um so bedeutender, je höher die Trägerkonzentrationen sind.

Sehr hohe Trägerkonzentrationen sind für den Betrieb von Halbleiterlasern notwendig. Speziell in Halbleiterlasern ist deshalb die Reabsorption bereits erzeugten Lichtes durch freie Ladungsträger nicht vernachlässigbar; sie greift erheblich in das Einsatzverhalten des Lasers ein. Wir verweisen hierzu auf die Diskussion der intrinsischen Laserverluste in Abschn.8.5.

6.4 Emission optischer Strahlung

Die Emission von Strahlung wurde in ihren Grundzügen schon in Kap.5 besprochen: sie läßt sich deuten als ein Rekombinationsprozeß, bei dem ein Elektron aus einem energetisch höherliegenden Niveau in ein energetisch tieferes Niveau fällt. Die dabei freiwerdende Energie ΔW kann ganz oder teilweise in optische Energie umgesetzt und in Form eines Photons abgestrahlt werden. Für die Energie hf eines eventuell emittierten Photons gilt somit: $hf \leq \Delta W$. Je Rekombinationsvorgang wird <u>ein</u> derartiges Photon freigesetzt.

In Abschn.5.4 wurde gezeigt, daß es bereits im thermischen Gleichgewicht zu einer strahlenden Rekombination R_0 kommt. Die hiermit verbundene Emission ist jedoch grundsätzlich nicht beobachtbar; sie kompensiert gerade den Strahlungsverlust der thermischen Gleichgewichtsgeneration nach dem van Roosbroek-Shockley-Modell. Beobachtbar ist nur die bei Überschußrekombination eventuell (!) auftretende Rekombinationsstrahlung. Überschußrekombination setzt ihrerseits eine Abweichung der Ladungsträgerkonzentrationen von ihren Gleichgewichtswerten voraus. Daraus folgt als notwendige Bedingung für das Auftreten beobachtbarer Emissionsstrahlung und als wesentlicher Unterschied zur Absorption:

Eine extern beobachtbare Emission ist eine unter Strahlungsaussendung ablaufende <u>Überschuß</u>rekombination. Sie kann deshalb nur stattfinden, wenn sich das System in einem "angeregten" (Nichtgleichgewichts)Zustand befindet, in dem das Ladungsträgerprodukt $np > n_i^2$ ist.

Für die nachfolgende Diskussion nehmen wir demzufolge an, daß in dem Halbleiter irgendeine Anregung wirksam ist, die für $np > n_i^2$ sorgt.

Wie bei der Strahlungsabsorption kann es sich bei der Strahlungsemission um verschiedenartige Prozesse handeln. Die wichtigsten sind

- strahlende Band-Band-Übergänge
- strahlende Übergänge unter Störstellenbeteiligung
- strahlende Rekombination von an isoelektronische Störstellen gebundenen Exzitonen

Die aufgeführten strahlenden Rekombinationskanäle sind in Abb.6-5 dargestellt. Zusammenfassend werden sie als *bandkantennahe Übergänge* bezeichnet. Es soll aber nicht verschwiegen werden, daß es noch eine Reihe anderer Emissionsübergänge gibt, die allerdings für einen technischen Einsatz des jeweiligen Halbleiters als Lichtemitter bei Zimmertemperatur keine Bedeutung besitzen und deshalb hier nicht weiter besprochen werden.

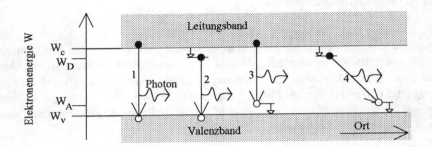

Abb.6-5: Rekombinationsprozesse mit Strahlungsemission. Nähere Erläuterung im Text

6.4.1 Strahlende Band-Band-Übergänge

Strahlende Band-Band-Übergänge bilden das unmittelbare Gegenstück zu der in Abschn.6.1 besprochenen Fundamentalabsorption: ein Elektron fällt aus dem Leitungsband in das Valenzband zurück und gibt seine Energie überwiegend in Form eines Photons ab. Übergang 1 in Abb.6-5 symbolisiert einen solchen strahlenden Band-Band-Übergang in enem Energieband-Ortsdiagramm. Wegen der Kleinheit der Photonenwellenzahl k^* ändert sich der k-Wert des Elektrons nur dann, wenn beim Übergang zusätzlich ein Phonon emittiert oder absorbiert wird.

Wie bei der Fundamentalabsorption ist auch bei der Rekombination neben der Energieerhaltung die k-Erhaltung zu berücksichtigen. Die Darstellung des Übergangs in einem Bändermodell nach Abb.6-5 ist deshalb unzureichend, es muß das W(k)-Diagramm herangezogen werden. Die verschiedenen Möglichkeiten einer Band-Band-Rekombination sind in Abb.6-6 am Beispiel eines indirekten Halbleiters dargestellt. Sie können ablaufen als direkte oder indirekte Übergänge, also ohne oder mit Phononenbeteiligung.

Bei einem direkten Übergang ändert sich der k-Wert des Elektrons nicht, graphisch werden diese Übergänge in einem W(k)-Diagramm als senkrechte Striche eingetragen. Der in Abb.6-6a gezeigte <u>direkte</u> Übergang ist im <u>indirekten</u> Halbleiter zwar möglich, aber äußerst unwahrscheinlich: dazu müßten tief im Valenzband freie Zustände vorhanden, in die ein Leitungsbandelektron springen könnte. Löcher sind in ausreichender Zahl aber nur an der Valenzbandoberkante zu finden. Dagegen sind in einem <u>direkten</u> Halbleiter <u>direkte</u> strahlende Band-Band-Übergänge durchaus beobachtbar.

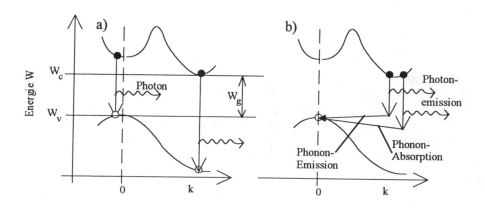

Abb.6-6: Strahlende Paarrekombination ohne (a) und mit (b) Phononenbeteiligung

Strahlende Rekombination ist als <u>indirekter</u> Übergang mit $\Delta k_{Elektron} \neq 0$ zulässig, wenn gleichzeitig ein Phonon entweder emittiert oder absorbiert wird. Die "Feinstruktur" eines derartigen Überganges ist in Abb.6-6b skizziert. Unter Phononenbeteiligung ist auch ein strahlender Übergang vom Leitungsbandminimum eines indirekten Halbleiters in dessen Valenzbandmaximum möglich. Weil an einem solchen Prozeß insgesamt drei Teilchen beteiligt sind (Elektron, Photon, Phonon), ist die Wahrscheinlichkeit hierfür sehr gering. Anders formuliert: die Lebensdauer für diesen Übergang ist sehr groß. Dies ist der physikalische Grund für den um etliche Zehnerpotenzen geringeren Wert für die van Roosbroek-Shockley-Rekombinationswahrscheinlichkeit B in indirekten Halbleitern, verglichen mit dem B-Wert direkter Halbleiter; siehe Tabelle 1 in Abschn. 5.4.1. In der Praxis ist die Lebensdauer strahlender indirekter Übergänge in indirekten Halbleitern um einige Größenordnungen größer als die Lebensdauer konkurrierender nichtstrahlender Übergänge. Gemäß den Aussagen von Abschn.5.4.3 wird dadurch der Emissionswirkungsgrad so klein, daß die Strahlung kaum beobachtbar ist. Aus diesem Grunde scheiden sämtliche indirekten Halbleiter als effektive Lichtemitter aus, wenn deren technisch auszunutzende Emission eine Band-Band-Emission ist.

Ignoriert man die genaue energetische Position der Ladungsträger vor und nach dem Übergang sowie den Beitrag der Phononen zur Energiebilanz, so gilt für die Wellenlänge der emittierten Strahlung

$$\lambda_{\text{emittiert}} \approx \frac{hc}{W_g} = \frac{1,2398 \text{ eV } \mu m}{W_g} = \lambda_g \qquad [6.8]$$

Silizium als das bei weitem wichtigste Halbleitermaterial hat eine Bandlücke von 1,12eV (bei Zimmertemperatur) und damit eine Band-Band-Emissionswellenlänge $\lambda_g \approx 1,1 \mu m$. Diese Wellenlänge liegt im nichtsichtbaren infraroten Spektralbereich. Aus diesem Grund ist kristallines Silizium als Lichtemitter im Sichtbaren nicht verwendbar. Hinzu kommt noch der extrem geringe Wirkungsgrad der Emission, weil Silizium ein indirekter Halbleiter ist.

6.4.2 Strahlende Übergänge unter Störstellenbeteiligung

Strahlende Rekombination kann in mehreren Varianten auch unter Beteiligung von Störtermen ablaufen: z.B. als Übergang Donator → Valenzband (Übergang 2 in Abb.6-5), als Übergang Leitungsband → Akzeptor (Übg.3 in Abb.6-5 oder als Übergang Donator→ Akzeptor (Übg.4 in 6-5). Alle Übergänge können mit und ohne Phononenbeteiligung erfolgen. Die Energie der emittierten Strahlung ist gleich der Bandlückenenergie, vermindert um die Ionisierungsenergien der beteiligten Störstellen. Im Falle der Donator → Akzeptor-Übergänge muß zusätzlich noch eine Coulomb-Wechselwirkung zwischen den beteiligten Störstellen berücksichtigt werden, falls die Störstellen räumlich eng benachbart sind. Die Energie eines emittierten Photons ist kleiner als die Bandlückenenergie, die Wellenlänge der Strahlung folglich größer als die in [6.8] aufgeführte Wellenlänge λ_g.

Viele kommerzielle Halbleiterlichtemitter mit direkter Bandstruktur sind so hoch dotiert, daß das Dotierstoffniveau sich zu einem Störband aufweitet und mit dem (Leitungs- bzw. Valenz-)Band verschmilzt, wie es in Abschn.3.7 und Abb.3-6 vorgestellt wurde. Dadurch kann nicht mehr zwischen Band-Band-Übergängen und Band-Störstellenübergängen unterschieden werden.

6.4.3 Strahlende Rekombination von an isoelektronische Störstellen gebundenen Exzitonen

Eine *isoelektronische Störstelle* entsteht, wenn auf dem Gitterplatz eines regulären Kristallatoms ein Fremdatom mit gleicher Valenzelektronenzahl ("iso"elektronisch ≅ "gleiche" Elektronenzahl) eingebaut wird. Man spricht auch dann von einer isoelektronischen Störstelle, wenn zwei benachbarte Gitterplätze von einem sich als Donator und Akzeptor gegenseitig kompensierendes Fremdatompaar eingenommen werden. Isoelektrische Störstellen können nicht dotierend wirken, aber die unterschiedlichen Atomradien von Wirtsatom und Fremdatom sowie deren unterschiedliche Elektronegativitäten verzerren das Kristallgitter.Dadurch entsteht ein Potentialtopf, in den ein regulärer Ladungsträger aus einem der Bänder eingefangen werden kann. Ist der eingefangene Träger ein Leitungsbandelektron, nennt man die isoelektrische Störstelle auch *isoelektrischen Akzeptor* (!). Ist umgekehrt der eingefangene Ladungsträger ein Valenzbandloch, dann hat die Störstelle formal ein Elektron ins Valenzband abgegeben und heißt deshalb *isoelektrischer Donator*.

Der eingefangene Ladungsträger (z.B. ein Leitungsbandelektron) kann nun seinerseits einen zweiten Ladungsträger entgegengesetzter Provenienz (im Beispiel ein Valenzbandloch) über Coulomb-Wechselwirkung an sich binden. Es bildet sich ein Elektron-Loch-Paar, vergleichbar mit einem Wasserstoffatom. Ein solches durch Coulomb-Anziehung zusammengefügtes Elektron-Loch-Paar heißt *Exziton*. Da in unserem Fall das Exziton als Ganzes wiederum an die isoelektrische Störstelle gebunden ist, spricht man von einem *gebundenen Exziton*.

Die Bindungskraft eines isoelektrischen Akzeptors reicht nur einige Gitterabstände weit; entsprechendes gilt natürlich auch für den isoelektrischen Donator. Fängt ein isoelektrischer Akzeptor ein Leitungsbandelektron ein, so kann sich dieses nicht sehr weit vom Akzeptor entfernen, es wird stark lokalisiert. Wie in Abschn.3.7 besprochen und in Abb.3-5 illustriert, führt eine starke Lokalisierung im Ortsraum zu einer weiten Ausdehnung im "k-Raum": das im isoelektrischen Akzeptor gebundene Elektron nimmt einen weiten Bereich im k-Raum ein.

Dieses Elektron zieht seinerseits ein Valenzbandloch über seine Coulomb-Wechselwirkung an und formt mit ihm das Exziton. Die Coulombkraft ist eine sehr weitreichende Kraft, das Loch kann sich sehr weit vom Elektron entfernen und wird dennoch vom Elektron gehalten. Der große Bewegungsraum des Loches im Ortsbereich ist wieder verbunden mit eine starke Lokalisierung im k-Bereich.

Exzitonen können als Zweiteilchensystem strenggenommen weder in ein W(k)-Diagramm noch in ein Bändermodell eingetragen werden. Die W(k)-Diagramme der Abb.6-7 sind demzufolge mit einiger Skepsis zu betrachten. In Abb.6-7a soll unterschiedliche Grautönung veranschaulichen, mit welcher Häufigkeit das Exziton-Elektron und das Exziton-Loch eines an einen isoelektrischen Akzeptor gebundenen Exzitons in einem indirekten Halbleiter einen bestimmten k-Wert besitzt. Man erkennt, daß ein einmal aus dem Leitungsbandminimum bei $k \neq 0$ in den Exzitonenzustand eingefangenes Elektron sehr häufig auch den Wert $k = 0$ einnimmt, es kann also seinen k-Wert geeignet abändern. Auch der andere Partner, das aus dem Valenzband eingefangene Exziton-Loch, bevorzugt den Wert k = 0. Die Folge ist eine strahlende Rekombination des Exziton-Elektron mit dem Exziton-Loch: das Exziton als Ganzes verschwindet, und die Energiedifferenz wird in Form eines Photons abgestrahlt. Abb.6-7b illustriert die Teilschritte der Emission und die Energieverhältnisse. Die Ionisationsenergie des Exziton-Elektrons ist gleich der Einbautiefe des isoelektronischen Akzeptors, vermindert um die Bindungsenergie des Leitungsbandelektrons an den Akzeptor. Die Ionisationsenergie des Exziton-Loches ist die Coulomb-Energie, mit der das Valenzband-Loch an das vom isoelektronischen Akzeptor eingefangene Elektron gebunden wird. Die bei der strahlenden Rekombination freiwerdende Energie hf entspricht der Bandlückenenergie, reduziert um die beiden Ionisationsenergiebeträge.

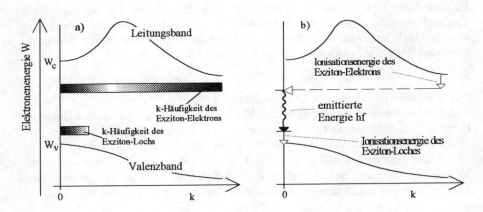

Abb.6-7: Zur Veranschaulichung der Rekombination gebundener Exzitonen
a) k-Häufigkeit von Elektron und Loch.   b) Emissionsvorgang

An isoelektronische Störstellen gebundene Exzitonen können nur dann entstehen, wenn die Bindungsenergien der beteiligten Teilchen größer sind als die thermische Energie. Bei den meisten Halbleitern ist diese Voraussetzung erst bei tiefen Temperaturen erfüllt. In einigen Halbleitern können sich aber bereits bei Zimmertemperatur gebundene Exzitonen bilden. Hierzu gehört der indirekte Halbleiter GaP. Als isoelektronische Störstellen werden Stickstoff oder Zink-Sauerstoff-Paare eingebaut. Die Lebensdauer des gebundenen Exzitons ist dabei kürzer als die aller konkurrierenden (nichtstrahlenden) Übergänge, so daß effektive Strahlungsemission im sichtbaren Spektralbereich beobachtet wird, obwohl der Halbleiter indirekt ist!

6.5 Spontane und stimulierte Emission

Wir haben eingangs in Abschn.6.3 die Grundannahme gemacht, daß das System der Ladungsträger in einem Nichtgleichgewichtszustand gehalten wird, in dem $np > n_i^2$ ist. Daraus resultiert die in Kap.5 diskutierte Überschußrekombination, über die das System versucht, ins Gleichgewicht $np = n_i^2$ zurückzukehren. Hiermit einhergehende Emissionsprozesse sind Teil der Überschußrekombination und laufen folglich ohne weiteres Zutun von außen ab: man spricht von *spontaner Emission* der Strahlung.

Unter besonderen Bedingungen (die Bedingung $np > n_i^2$ ist notwendig, aber nicht hinreichend) kann eine unter Strahlungsemission ablaufende Überschußrekombination auch von außen erzwungen werden. In einem solchen Falle bezeichnet man die dabei freigesetzte Rekombinationsstrahlung *stimulierte Emission*, gelegentlich auch als *induzierte Emission*; sie bilden die Grundlage der Halbleiterlaser. Wir werden die Physik der stimulierten Emission detailliert in Kapitel 8 besprechen. Aus diesem Grunde soll das Phänomen der stimulierten Emission hier nur erwähnt, aber nicht weiter ausgeführt werden.

7. Lichtemittierende Dioden: LED und IRED

In den beiden vorangegangenen Kapiteln wurde aufgezeigt, daß unter bestimmten Voraussetzungen Strahlungsemission aus einem Halbleiter möglich ist. Die Strahlung selbst ist eine Rekombinationsstrahlung angeregter Ladungsträger. Wir stellen die physikalischen Voraussetzungen hierfür noch einmal zusammen:

1. Der Halbleiter muß sich in einem Nichtgleichgewichtszustand ("angeregter Zustand") befinden, für den gilt: $np > n_i^2$. Darin sind n und p die Ladungsträgerkonzentrationen, n_i die intrinsische Konzentration.
2. Im angeregten Zustand sollen die Ladungsträger möglichst über diejenigen Kanäle rekombinieren, die zur Emission der gewünschten Strahlung führen. Physikalisch bedeutet das, daß die Lebensdauer des betreffenden Übergangs möglichst kurz, zumindest aber viel kürzer als die aller Konkurrenzprozesse sein muß.

Will man auf der Grundlage der Rekombinationsstrahlung eine technisch einsetzbare Lichtquelle bauen, so kommt als Anforderung hinzu:

3. Es muß technisch einfach sein, den Halbleiter in den Nichtgleichgewichtszustand $np > n_i^2$ zu bringen

7.1 Spontane Lichtemission aus pn-Übergängen: die LED

Nach [3.12] kann das Produkt np ausgedrückt werden durch den Abstand der Quasiferminiveaus (QFN's): $n p = n_i^2 \cdot \exp\left(\dfrac{W_{Fc} - W_{Fv}}{k_B T}\right)$. Aus $np > n_i^2$ folgt wegen $k_B T > 0$ unmittelbar:

$$np > n_i^2 \quad \Leftrightarrow \quad W_{Fc} > W_{Fv} \qquad [7.1]$$

Das bedeutet:

Immer dann bzw. überall dort, wenn bzw. wo das Elektronen-QFN W_{Fc} in einem Energieband-Ortsdiagramm oberhalb des Löcher-QFN W_{Fv} liegt, ist das Ladungsträgerprodukt $np > n_i^2$ und damit eine spontane Lichtemission prinzipiell möglich.

Wir betrachten nun unter diesem Aspekt erneut Abb.4-3. Sie zeigt, daß bei einem in Vorwärtsrichtung gepolten und stromdurchflossenen pn-Übergang in der RLZ sowie in den daran anschließenden Diffusionsgebieten $W_{Fc} > W_{Fv}$ ist. Wenn in diesen Gebieten die (spontane) strahlende Rekombination alle nichtstrahlende Rekombination überwiegt, dann wird in diesen Gebieten optische Strahlung freigesetzt. Als *lichtemittierende Dioden* oder *LED's* bezeichnet man Halbleiterdioden, in denen die spontane Rekombinationsstrahlung aus dem stromdurchflossenen pn-Übergang im sichtbaren Wellenlängenbereich liegt und so intensiv ist, daß sie in technischem Maße ausgenutzt werden kann. Emittiert die Diode Infrarotstrahlung, wird sie *infrarotemittierende Diode* oder *IRED* genannt. Der Einfachheit halber legen wir im folgenden auf diese Differenzierung keinen Wert und nennen alle spontanen Rekombinationsstrahler "LED".

Nach dem eben Gesagten besteht das strahlungsaktive Gebiet einer LED aus der RLZ selbst und den angrenzenden Diffusionszonen. Die RLZ ist so dünn, daß üblicherweise sämtliche, also auch alle strahlenden Rekombinationsvorgänge in ihr vernachlässigt werden; vergl. auch die Ausführungen in Abschn.4.2 und 4.3. Die Diffusionsgebiete sind räumlich sehr ausgedehnt, aber bereits nach einer Strecke von ca. $3L_p$ bzw. $3L_n$ (L_n, L_p: Diffusionslängen nach [4.11]) sind die Überschußkonzentrationen auf $e^{-3} \approx 5\%$ ihres Wertes am RLZ-Rand abgeklungen. 95% aller Rekombinationsvorgänge finden also in dem Ortsbereich $-3L_n \leq x \leq 3L_p$ statt, entsprechend schmal ist der tatsächlich strahlungswirksame Bereich. In der Praxis kann man das aktive Gebiet sogar noch weiter eingrenzen:

- Die in [4.21] eingeführten Injektionseffizienzen geben an, ob über den speziellen pn-Übergang bevorzugt Löcher ins n-Gebiet oder Elektronen ins p-Gebiet injiziert werden. In den optoelektronischen Materialien werden die Injektionseffizienzen sehr ungleich, wenn $N_A \ll N_D$ ist (pn$^+$-Übergang), siehe die Diskussion in Anschluß an [4.21]. In einer derart konzipierten Diode überwiegt drastisch die Elektroneninjektion in die p-seitige Diffusionszone. Als Folge überwiegt damit auch die optische Emission aus diesem Gebiet.

- Nicht notwendigerweise sind die technisch ausnutzbaren optoelektronischen Eigenschaften von p- und n-dotiertem Material identisch. Wenn z.B. der strahlende Übergang ein Übergang Donator-Valenzband ist, kann er nur da auftreten, wo Donatoren vorhanden sind, also auf der n-Seite des Kristalls. Wünschenswert ist in diesem Fall eine hohe Löcherinjektionseffizienz γ_p.

Der Bereich, in dem 95% der Strahlung entstehen, bildet die *Leuchtzone* der LED.

7.2 Materialauswahl

Die elektrischen, elektro-optischen und optischen Eigenschaften der LED's sind stark abhängig von den optoelektronischen Kenndaten des eingesetzten Halbleitermaterials. Maßgebliche Kriterien für die Eignung eines Halbleitermaterials für die LED-Herstellung sind

- die spektrale Eigenschaften der zu erwartenden Strahlung
- der Emissionswirkungsgrad
- die technologische Beherrschbarkeit des Materials

Die Wellenlänge der zu erwartenden Strahlung hängt in erster Linie von der Größe der Bandlücke ab. Sichtbares Licht mit einer Wellenlänge zwischen 0,38µm und 0,78µm kann als Band-Band-Strahlung nach [6.8] nur aus Halbleitern mit einer Bandlücke zwischen 3,27 eV und 1,59 eV emittiert werden. Allerdings ist zu berücksichtigen, daß in fast allen kommerziellen Halbleiterlichtemittern für den sichtbaren Bereich die technisch ausgenutzten Emissionsübergänge keine Band-Band-Übergänge, sondern Übergänge Band $\rightarrow$ Störstelle oder Rekombinationsstrahlung gebundener Exzitonen sind. Die emittierten Photonen haben dann Energien unterhalb der Bandlückenenergie W_g.

Ein hoher Emissionswirkungsgrad setzt voraus, daß die Lebensdauer des zugehörigen Übergangs viel kürzer ist als die aller parallel ablaufenden Konkurrenzübergänge, vergl. die Aussagen in Abschn.5.4.3. In den meisten indirekten Halbleitern haben bei Zimmertemperatur die nichtstrahlenden Übergänge über tiefe Störstellen die kürzeste Lebensdauer. Diese Halbleiter scheiden von vornherein als Lichtemitter aus; hierzu gehören auch die Halbleiter Silizium und Germanium. In manchen indirekten Halbleitern können bei geeigneter Dotierung isoelektronische Störstellen gebildet werden, an die sich auch noch bei Zimmertemperatur Exzitonen anlagern. Die Lebensdauer dieser gebundenen Exzitonen ist kürzer als die aller Konkurrenzprozesse, somit kann man aus diesen Halbleitern Lichtemission mit hinreichendem Wirkungsgrad erhalten.

Auch in Halbleitern mit direkter Bandlücke haben die Zeitkonstanten der möglichen Rekombinationskanäle erheblichen Einfluß auf die Strahlungsausbeute. Aus [5.22] ging hervor, daß die Lebensdauer $\tau_{(B \rightarrow B)}$ der spontanen strahlenden Band-Band-Rekombination umgekehrt porportional zur Dotierstoffkonzentration ist. Ein geringes $\tau_{(B \rightarrow B)}$ setzt somit einen hochdotierten Halbleiter voraus. Herstellungsbedingt nimmt mit wachsender Dotierung aber auch die Konzentration N_{RZ} tiefer Rekombinationszentren zu. Dadurch öffnet sich ein Konkurrenzkanal, dessen zugeordnete Lebensdauer $\tau_{(B \to RZ \to B)}$ nach [5.22] mit wachsendem N_{RZ} und damit mit wachsender Dotierung ebenfalls immer geringer wird. Des weiteren steigt oberhalb einer bestimmten Dotierkonzentration die Wahrscheinlichkeit einer (nichtstrahlenden) Auger-Rekombination stark an. Es wird verständlich, daß empirisch eine optimale Dotierkonzentration gefunden werden muß.

Eine wichtige Kenngröße für die praktische Beurteilung der fertigen LED ist ihr *externer Wirkungsgrad (Gesamtwirkungsgrad)* η_{ext}, definiert durch

$$\eta_{ext} := \frac{\text{Anzahl der je Zeiteinheit im Außenraum nachweisbaren Photonen}}{\text{Anzahl der je Zeiteinheit über den pn- Übergang fließenden Ladungsträger}} \qquad [7.2]$$

Da letztlich alle über den pn-Übergang fließenden Ladungsträger irgendwann rekombinieren, gibt η_{ext} an, mit welcher Wahrscheinlichkeit ein Rekombinationsvorgang zu einem im Außenraum nachweisbaren Photon führt. Für die praktische Anwendung schreiben wir die Definition um auf extern meßbare Größen:

In der Zeiteinheit Δt mögen insgesamt N_{ph} Photonen den Kristall verlassen. Wenn jedes Photon die Energie hf besitzt, dann wird in der Zeitspanne Δt die Energie $W_{gesamt} = N_{ph} \cdot hf$ in Form von Photonen nach außen abgegeben, und die emittierte optische Leistung ist $P_{opt} = W_{gesamt}/\Delta t = N_{ph} \cdot hf/\Delta t$. Somit ist $N_{ph}/\Delta t = P_{opt}/hf$ die Anzahl der je Zeiteinheit im Außenraum nachweisbaren Photonen.

Entsprechend mögen in der Zeiteinheit Δt insgesamt N_Q Ladungsträger über den pn-Übergang fließen. Jeder Ladungsträger transportiert die Ladung q; in der Zeitspanne Δt wird somit die Ladung $q \cdot N_Q$ über den Übergang geführt. Daraus ergibt sich eine Stromstärke $I = q \cdot N_Q/\Delta t$. Folglich ist $N_Q/\Delta t = I/q$ die Anzahl der je Zeiteinheit über den Übergang fließenden Ladungsträger. Wir erhalten aus [7.2]:

$$\eta_{ext} = \frac{N_{ph}/\Delta t}{N_Q/\Delta t} = \frac{P_{opt}/hf}{I/q} = \frac{q}{hf}\frac{P_{opt}}{I} = \frac{q}{hc}\lambda\frac{P_{opt}}{I} \qquad [7.3]$$

P_{opt}, λ und I sind meßbare Größen. Gleichung [7.3] ermöglicht die meßtechnische Bestimmung von η_{ext}.

Die nachfolgende Tabelle 2 gibt einen Überblick über die wichtigsten kommerziellen LED-Materialien für den sichtbaren wie den nahen infraroten Spektralbereich. Bei der Angabe zur Farbe des emittierten Lichtes darf nicht übersehen werden, daß die Farbeindrucksbereiche fließende Grenzen haben. Wir diskutieren anschließend die verschiedenartigen Materialsysteme.

Tabelle 2
Vergleich kommerzieller LED´s für den sichtbaren und nahen infraroten Spektralbereich

Farbeindruck	emittierte Wellenlänge (in nm)	Material der strahlungs-aktiven Zone	ausgenutzter Übergang	η_{ext} (in %)
blau	480	SiC:Al,N	?	0,01 - 0,05
grün-gelb	565	GaP:N	Exziton	0,1 - 0,7
gelb-orange	590	$GaAs_{0,15}P_{0,85}$:N	Exziton	0,1 - 0,3
orange-rot	630	$GaAs_{0,3}P_{0,7}$:N	Exziton	0,4 - 0,6
rot	640	$GaAs_{0,35}P_{0,65}$:N	Exziton	0,2 - 0,5
	650	$GaAs_{0,6}P_{0,4}$	Band-Band	0,2 - 0,5
	650	$Ga_{0,6}Al_{0,4}As$	Band-Band	1 - 3
	690	GaP:Zn,O	Exziton	4 - 15
Infrarot	870	GaAs	Band-Band	0,1
	900	GaAs:Zn	Band-Akzeptor	0,5 - 2
	940	GaAs:Si	Band-Störstelle	12 - 30
	1310	$In_{0,73}Ga_{0,27}As_{0,58}P_{0,42}$	Band-Band	1 - 2
	1550	$In_{0,58}Ga_{0,42}As_{0,9}P_{0,1}$	Band-Band	

LED´s aus Galliumphosphid (GaP)

GaP ist ein Halbleiter mit einer indirekten Bandlücke der Größe $W_g = 2,26\,eV$. Wie in allen indirekten Materialien dominiert die nichtstrahlende Rekombination über tiefliegende Störstellen. GaP kann mit isoelektronischen Störstellen dotiert werden, an die sich bereits bei Zimmertemperatur Exzitonen anlagern. Jetzt kann ein Teil

der Überschußladungsträger strahlend rekombinieren. Als isoelektronische Störstellen dienen Stickstoff (GaP:N) und Zink-Sauerstoff-Komplexe (GaP:Zn,O).

Stickstoff wird im GaP-Kristallgitter auf einem P-Platz eingebaut und wirkt dann
als isoelektronischer Akzeptor (siehe hierzu Abschn.6.4.3), der ca. 21 meV unter
dem Leitungsbandminimum liegt. Er fängt zunächst ein Leitungsbandelektron ein,
das seinerseits ein Valenzbandloch durch Coulombwechselwirkung an sich bindet.
Die beiden am gleichen Zentrum lokalisierten Teilchen bilden ein Exziton. Bei Rekombination des Exzitons entsteht Strahlung der Energie $\approx 2{,}22eV$. Das spektrale
Maximum der Emission liegt bei $\lambda \approx 565nm$ (Grenze zwischen gelb und grün).

Das Licht selbst kann sowohl in der p-Schicht als auch in der n-Schicht des Halbleiters entstehen, wenn beide Schichten zusätzlich zu den die n- und p- Leitung
bewirkenden Dotierstoffen mit Stickstoff angereichert sind. Zu berücksichtigen ist
die relativ hohe Absorption des GaP für Licht der Wellenlänge $\lambda \approx 565nm$. Viele
Photonen werden so auf ihrem Weg durch den Kristall reabsorbiert und erreichen
erst gar nicht die Halbleiteroberfläche. Der pn-Übergang als strahlungsaktiver Bereich muß deshalb sehr dicht unter der Halbleiteroberfläche gelegt werden.

In GaP wirkt Zink als Akzeptor, Sauerstoff als Donator. Bei gleichzeitigem Ein-
bringen von Zink und Sauerstoff entsteht p-leitendes Material, in dem aber ein Teil
der Dotieratome auf benachbarten Gitterplätzen eingebaut sind. Diese Nächste-
Nachbar-Komplexe aus Zink und Sauerstoff kompensieren sich als Akzeptor und
Donator gegenseitig; sie bilden als Komplex einen isoelektronischen Akzeptor ca.
310 meV unter der Leitungsbandunterkante. Das an diese Störstelle gebundene
Exziton zerfällt unter Emission von Photonen der Energie $\approx 1{,}8eV$, entsprechend
einer Wellenlänge $\lambda \approx 690nm$ (rot). Die Photonenenergie ist deutlich geringer als
die Bandlückenenergie, deshalb werden die einmal emittierten Photonen kaum reabsorbiert. LED's aus GaP:Zn,O bestechen folglich durch eine außergewöhnlich
hohe externe Strahlungsausbeute. Die Strahlung selbst entsteht ausschließlich in
der p-seitigen Diffusionszone.

LED's aus Gallium-Arsenid-Phosphid ($GaAs_{1-x}P_x$)

$GaAs_{1-x}P_x$ ist ein Verbindungshalbleiter aus den beiden Komponenten GaAs und
GaP; der Parameter x gibt den GaP-Anteil an. GaAs hat eine direkte Bandlücke
der Weite 1,424eV, GaP eine indirekte Bandlücke der Weite 2,26eV. Die Bandlücke des $GaAs_{1-x}P_x$ ist deshalb je nach Mischungsverhältnis direkt oder indirekt,
und ihre Weite variiert ebenfalls mit der Zusammensetzung . Abb.7-1 zeigt den

Bandabstand von GaAs$_{1-x}$P$_x$ als Funktion des GaP-Anteils x. Die Bandlücke ist direkt für x < 0,44. GaAs und GaP haben sehr unterschiedliche Gitterkonstanten. Um GaAs$_{1-x}$P$_x$-Mischkristalle auf entweder GaP- oder GaAs-Substrat abscheiden zu können, müssen mehrere Pufferschichten zur Gitteranpassung zwischen Substrat und dem GaAs$_{1-x}$P$_x$ mit der eigentlich gewünschten Zusammensetzung x eingeschoben werden.

Solange x < 0,44 bleibt, ist strahlende Rekombination als direkter Band-Band-Übergang möglich. In Abb.7-2 ist der gemessene externe Wirkungsgrad η_{ext} von LED's aus reinem GaAs$_{1-x}$P$_x$ aufgetragen. Man sieht, daß η_{ext} im Übergangsbereich direkt ↔ indirekt um Größenordnungen abnimmt. Die direkte Band-Band-Rekombination kann sich nicht mehr gegen die nichtstrahlenden Konkurrenzübergänge durchsetzen. Industriemäßig hergestellt werden LED's mit x = 0,40 (GaAs$_{0,6}$P$_{0,4}$; Emission bei $\lambda \approx$ 650nm; "standard-rot").

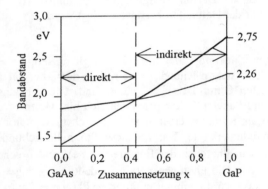

Abb.7-1:
Bandabstand von
GaAs$_{1-x}$P$_x$

Wie im reinen GaP läßt sich Stickstoff in den Mischkristall GaAs$_{1-x}$P$_x$ einbauen. Auch aus Kristallen mit einem GaP-Anteil über 44%, wenn also der Halbleiter eine indirekte Bandlücke hat, ist jetzt eine effektive Strahlung beobachtbar. Sie entstammt wieder der Rekombination von an den Stickstoff gebundenen Exzitonen. Die Emissionswellenlänge kann durch Variation der Komposition x gesteuert werden: in Abhängigkeit von x ändert sich die Bandlücke W$_g$ stark (siehe Abb.7-1), die Einbautiefe des Stickstoffs, d.h. sein energetischer Abstand von der Leitungsbandunterkante aber nur geringfügig. In Folge variiert auch die Rekombinationsenergie des Exzitons entsprechend der Bandlücke. Technisch bedeutsam sind

LED's mit $x = 0,85$ (GaAs$_{0,15}$P$_{0,85}$:N; Emission bei $\lambda \approx 590$nm, "gelb-orange") , $x = 0,7$ (GaAs$_{0,3}$P$_{0,7}$:N , Emission bei $\lambda \approx 630$nm, "orange-rot") und $x = 0,65$ (GaAs$_{0,35}$P$_{0,65}$:N; Emission bei $\lambda \approx 640$nm, "super-rot").

Abb.7-2 zeigt η_{ext} für verschiedene GaAs$_{1-x}$P$_x$:N-LED's mit indirekter Bandlücke als Funktion des Mischungsverhältnisses x. Mit wachsendem x nimmt η_{ext} ab. Ursache hierfür ist die Zunahme der strahlenden Lebensdauer des Exzitons und damit eine zunehmende Bevorzugung der nichtstrahlenden Konkurrenzübergänge.

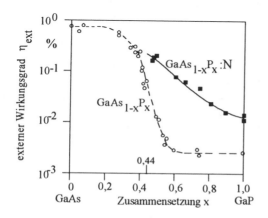

Abb.7-2:
gemessener externer
Wirkungsgrad η_{ext}
von GaAs$_{1-x}$P$_x$ und
von GaAs$_{1-x}$P$_x$:N

LED's aus Galliumarsenid (GaAs)

GaAs ist ein Halbleiter mit einer direkten Bandlücke der Energie $W_g = 1,424$eV entsprechend einer Wellenlänge $\lambda_g = 871$nm. Strahlungsemission ist sowohl als Band-Band-Rekombination als auch als Band-Störstellen-Rekombination möglich, die emittierten Wellenlängen liegen im Infrarotbereich oberhalb 870nm.

LED's, die die strahlende Band-Band-Rekombination ausnutzen, haben nur einen sehr geringen externen Wirkungsgrad. Ursache hierfür ist die hohe Eigendämpfung des Lichtes: die bereits emittierten Photonen haben Energien in unmittelbarer Nähe zur Absorptionskante und werden in dem (hochdotierten) Grundmaterial auf ihrem Weg vom Entstehungsort zur Lichtaustrittsfläche sehr effektiv wieder reabsorbiert (vergl. Abb.6-4 und Abschn.6.3).

Effizientere LED´s erhält man, wenn als Akzeptor speziell Zn oder Si auf einem
Ga-Platz eingebaut wird. Die Rekombinationsstrahlung ist bei Zn-Dotierung der
Übergang vom Leitungsband in den 30meV über dem Valenzband liegenden Zn-
Akzeptor; die emittierte Strahlung hat die Wellenlänge $\lambda \approx 900$nm. Im Falle des
Si-Akzeptors entsteht gleichzeitig mit dem Si-Einbau ein zusätzliches Rekombinationszentrum, dessen Natur ungeklärt ist. Dieser Zustand liegt etwa 100meV oberhalb der Valenzbandkante. Der Übergang Leitungsband $\rightarrow$ unbekanntes RZ führt
zu einer Emission bei $\lambda \approx 940$nm. In beiden LED-Typen entsteht die Strahlung auf
der p-Seite des Halbleiters.

Auch in den Zn- bzw. Si-dotierten GaAs-LED´s spielt die Eigendämpfung α des
Grundmaterials eine wichtige Rolle. In hochdotiertem Material ist α selbst bei
Photonenergien deutlich unterhalb der Absorptionskante nicht vernachlässigbar,
siehe hierzu wieder Abb.6-4. Diese Abbildung zeigt auch, daß α in der Umgebung
der Absorptionskante in p-dotiertem GaAs größer als in n-GaAs ist. Eine LED aus
GaAs sollte deshalb so konzipiert werden, daß das Licht auf seinem Weg zur Austrittsfläche nur die n-dotierte Schicht durchlaufen muß, und auch diese Schicht
sollte möglichst dünn sein. Da α mit wachsender Photonenenergie zunimmt, wird
die höherenergetische Flanke der emittierten Strahlung stärker gedämpft als die
niederenergetische Flanke. Dadurch verschiebt sich bei längeren Laufwegen im
Kristall das Emissionsmaximum zu höheren Wellenlängen.

LED´s aus Gallium-Aluminium-Arsenid ($Ga_{1-x}Al_xAs$)

$Ga_{1-x}Al_xAs$ ist ein Mischkristall aus dem direkten Halbleiter GaAs und dem indirekten AlAs. Die Gitterkonstanten beider Materialien sind nahezu identisch (siehe
Anhang A), so daß $Ga_{1-x}Al_xAs$ mit beliebiger Zusammensetzung x in hoher Qualität auf GaAs-Substrat abgeschieden werden kann. Für x < 0,45 hat der Mischkristall eine direkte Bandlücke von der Größe

$$W_g(x) = (1,424 + 1,247x)\ eV \qquad\qquad [7.4]$$

Direkte Rekombination ist somit möglich bei Photonenenergien zwischen 1,985eV
(x=0,45) und 1,424eV (x=0), bzw. bei Wellenlängen zwischen 630nm und 870nm.

$Ga_{0,6}Al_{0,4}As$ emittiert Band-Band-Strahlung bei der Wellenlänge 670 nm (rot).
Darüberhinaus sind noch Dioden mit 5% AlAs-Anteil erhältlich; die Emissionswellenlänge liegt jetzt bei $\lambda \approx 835$ nm. Derartige Dioden werden vor allem in der
optischen Übertragungstechnik eingesetzt. Der tatsächliche interne Aufbau von

GaAlAs-LED's ist nicht vergleichbar mit dem sonstiger LED's; er entspricht vielmehr dem einer Heterostruktur-Laserdiode. Wir verweisen hierzu auf die Besprechung der Halbleiterlaser in den Abschnitten 10.2 und 10.3.

LED's aus Siliziumkarbid (SiC), Zinkselenid (ZnSe) und Indium-Gallium-Nitrid (InGaN)

SiC ist ein Halbleiter, der in mehreren Kristallstrukturen kristallisieren kann. Die Bandlücke ist in den verschiedenen Modifikationen unterschiedlich groß, aber stets indirekt; SiC sollte deshalb ein untaugliches Grundmaterial für eine LED sein. Dennoch werden aus der "α-Modifikation" von SiC (Bandabstand $W_g \approx 2,9eV$) bei Dotierung mit Al und N industriemäßig LED's hergestellt. Die Emission erfolgt in Form einer spektral sehr breiten Bande und erstreckt sich von ca. 400nm bis ca. 600nm mit einem Emissionsmaximum bei $\lambda \approx 480nm$ (blau). Bislang konnte nicht geklärt werden, um welchen Übergangstyp es sich bei der SiC-Emission handelt.

SiC-LED's haben nur einen äußerst geringen externen Wirkungsgrad (< 0,5%); zudem ist SiC technologisch nur schwer handhabbar. Deshalb wurde intensiv nach einem Ausweichmaterial gesucht. Der aussichtsreichste Kandidat hierfür schien das ZnSe zu sein. ZnSe hat eine direkte Bandlücke mit einem Bandabstand von 2,69eV und zeigt strahlende Rekombination bei Wellenlängen $\lambda > 460nm$. ZnSe konnte aber lange nicht hinreichend hoch p-dotiert werden; erst in den letzten Jahren ist es gelungen, Akzeptordichten > $10^{18}cm^{-3}$ zu erzielen. Daraufhin wurden erste Labormuster von LED's aus ZnSe vorgestellt; sie emittieren bei $\lambda \approx 500nm$ (blaugrün). Die Hauptschwierigkeit besteht zur Zeit darin, ohm'sche Kontakte mit niedrigem Übergangswiderstand an das p-dotierte ZnSe anzubringen.

Die Weiterentwicklung von LED's aus ZnSe bis zur Marktreife ist aber in Frage gestellt. Seit Mitte 1994 werden LED's aus InGaN kommerziell angeboten. Sie emittieren eine breite Bande mit einem Maximum bei $\lambda \approx 450nm$ (blau-violett). Ihr externer Wirkungsgrad ist wesentlich höher als der von SiC, so daß keine Marktnotwendigkeit mehr besteht, LED's aus ZnSe herzustellen.

LED's aus Indium-Gallium-Arsenid-Phosphid ($In_{1-x}Ga_xAs_yP_{1-y}$)

Aus den Elementen In, Ga, As und P kann ein Mischkristall mit der Zusammensetzung $In_{1-x}Ga_xAs_yP_{1-y}$ legiert werden. Der entstehende Halbleiter ist sowohl n- als auch p-dotierbar und hat den Vorteil, daß über das Mischungsverhältnis seiner

Komponenten sein Bandabstand in weiten Grenzen definiert eingestellt werden kann. Zudem ist die Bandlücke überwiegend direkt. Die Kristalle werden epitaktisch auf InP oder GaAs als Substratmaterial abgeschieden. Die Legierung muß so eingestellt werden, daß der Verbindungshalbleiter dieselbe Gitterkonstante hat wie das Substrat. Die untere Abbildung in Anh. B zeigt, daß bei einer Abscheidung auf InP-Substrat die Bandlücke des Mischkristalls jetzt "nur" noch zwischen 1,35eV ($x = 0$, $y = 0$; reines InP) und 0,75eV ($x=0,47$, $y=1$; $In_{0,53}Ga_{0,47}As$) variierbar ist; dies entspricht bei Band-Band-Rekombination einem Wellenlängenbereich der Emission zwischen ca. 920nm und 1650nm. $In_{1-x}Ga_xAs_yP_{1-y}$ auf InP-Substrat gestattet so die Herstellung von LED's mit Emission im nahen Infrarotbereich und hier insbesondere bei den für die optische Nachrichtentechnik wichtigen Wellenlängen. Kommerziell erhältlich sind zur Zeit LED's in den Zusammensetzungen $In_{0,83}Ga_{0,17}As_{0,34}P_{0,66}$ ($\lambda \approx 1060nm$), $In_{0,73}Ga_{0,27}As_{0,58}P_{0,42}$ ($\lambda \approx 1310nm$) und $In_{0,58}Ga_{0,42}As_{0,9}P_{0,1}$ ($\lambda \approx 1550nm$).

Grundsätzlich ist auch ein Abscheiden auf GaAs-Substrat möglich, die Bandlücke des Verbindungshalbleiters variiert dann zwischen 1,424eV (reines GaAs) und 1,82eV ($In_{0,49}Ga_{0,51}P$) entsprechend einer Band-Band-Emission zwischen 870nm und 680nm. In diesem Wellenlängenbereich beherrschen effizientere LED's aus anderen Materialien den Markt.

LED's aus Gallium-Aluminium-Indium-Phosphid (GaAlIn)P

Aus Ga, Al, In und P kann ein halbleitender Mischkristall (GaAlIn)P auf GaAs-Substat abgeschieden werden, dessen Bandlücke zwischen 1,91eV und 2,17eV einstellbar ist. Die Bandlücke ist direkt und ermöglicht Band-Band-Rekombination in dem Wellenlängenbereich von 570nm (grün-gelb) bis 650nm (rot-orange). Das Materialsystem überstreicht den Wellenlängenbereich "gelb", in dem effektive LED's bislang fehlen. LED's aus (Ga,Al,In)P stehen vor der Markteinführung, sie erreichen bereits externe Wirkungsgrade um 1%.

LED's aus Silizium?

Wir haben mehrfach darauf hingewiesen, daß eine strahlende Rekombination nur dann zu erwarten ist, wenn die Lebensdauer des zugehörigen Übergangs kürzer ist als die aller parallel ablaufenden Konkurrenzübergänge. Mit diesem Argument haben wir alle Halbleiter mit indirekter Bandlücke ausgeschieden mit Ausnahme der

Halbleiter, die auch bei Zimmertemperatur gebundene Exzitonen bilden können. Insbesondere haben wir Si und Ge als effektive Strahlungsemitter verworfen.

In neuester Zeit werden entgegen obigen Aussagen LED's aus Silizium ernsthaft diskutiert. Das für den Einsatz vorgesehene Silizium ist allerdings kein massives Silizium, vielmehr wurde das Material in Flußsäure anodisch angeätzt. Dadurch entsteht ein schwammartiger Körper aus miteinander vernetzten Kanälen und Brücken. Die Querschnittdurchmesser der Kanäle und Brücken betragen nur wenige nm. Das so behandelte Material wird als *poröses Silizium* bezeichnet und hat eine herausragende Eigenschaft: durch Bestrahlen mit UV-Licht wird es zu Emission im rotgelben Spektralbereich mit bis zu 5% Quantenwirkungsgrad angeregt. Darauf aufbauend wurden auch LED's aus porösem Silizium hergestellt; der externe Wirkungsgrad dieser LED's beträgt aber nur magere 10^{-3} %.

Unklar ist bislang der Mechanismus der Strahlungsentstehung. Durch die geringen Querschnittsdimensionen der Silizium-Skelettbrücken werden die Wellenfunktionen der Ladungsträger stark eingegrenzt. Es wird angenommen, daß sich die Bandlücke vergrößert und gleichzeitig nur noch wenige tiefliegende Rekombinationszentren ausbilden. Dadurch wird die Konkurrenz nichtstrahlender Übergänge über die Rekombinationszentren so stark unterdrückt, daß Strahlungsemission im sichtbaren Spektralbereich beobachtbar ist. Diese Erklärung ist aber umstritten. Einige Forscher glauben vielmehr, daß bei der Strukturumwandlung das Silizium mit der Ätzlösung chemisch reagiert und eine oberflächennahe Schicht des Kristalls in das Polymer Siloxen, $Si_3O_3H_6$, umgewandelt wird. Es sei dieses Siloxen und nicht kristallines Silizium, das bei geeigneter Anregung das Licht emittiere, und folglich dürfe das Bauelement auch nicht als <u>Silizium</u>-LED bezeichnet werden.

7.3 Bauformen

Abb.7-3 zeigt die üblichen Bauformen von LED's. In der Regel wird die LED planar strukturiert, die unterschiedlichen Leitungstypen erreicht man im einfachsten Fall durch lokales Umdotieren, besser durch epitaktisches Abscheiden entsprechend dotierter Schichten auf einem Substrat. Das Hauptaugenmerk bei der Herstellung richtet sich einerseits auf eine möglichst hohe Injektionseffizienz der gewünschten Träger und andererseits auf eine möglichst geringe Reabsorption der entstandenen Strahlung auf ihrem Weg zur Halbleiteroberfläche. Reabsorption ist von Bedeutung, wenn die ausgenutzte Strahlung Band-Band-Rekombination oder Rekombination über sehr flach liegende Störstellen ist. Die Energie der emittierten Photonen liegt dann nur wenig oder gar nicht unter der Bandlückenenergie, und die Eigendämpfung durch die Ausläufer des Absorptionskoeffizienten in die Bandlücke

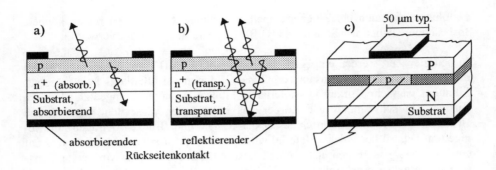

Abb.7-3: Bauformen von LED′s. a) und b): Flächenstrahler; c) Kantenstrahler

hinein (vergleiche hierzu Abb.6-4) ist erheblich. In einem solchen Fall wird der pn-Übergang so knapp wie technisch möglich unter die Halbleiteroberfläche gelegt, das Licht soll wie in Abb.7-3a vor seinem Austritt nur eine dünne (typisch einige µm dünne) Halbleiterschicht durchlaufen. Die in Richtung auf das Substrat emittierte Strahlung ist verloren. Beispiele hierfür sind die IRED's aus GaAs. Wenn die Emission dagegen wie z.B. in den GaP- und GaAsP-LED′s auf Rekombination über tieferliegende Störstellen oder auf Exzitonenrekombination beruht, spielt die Reabsoption keine gewichtige Rolle. Durch einen reflektierenden Rückseitenkontakt wie in Abb.7-3b kann jetzt zumindest ein Teil der in diese Richtung emittierten Strahlung umgelenkt und ausgenutzt werden.

Bei den beiden eben beschriebenen Bauformen wird die Strahlung flächenhaft über die ganze Halbleiteroberfläche hinweg nach außen abgegeben. Man bezeichnet sie deshalb als *flächenemittierende* LED′s. Ihnen gegenüber stehen die in Doppel-Heterostrukturtechnik (DH-Struktur) aufgebauten LED′s nach Abb.7-3c. Das Energieband-Ortsdiagramm einer solchen LED entspricht dem der Abb.4-9. Der Vorteil - sehr hohe Injektionseffizienz und kontrollierter Ladungsträgereinschluß - wurde im Zusammenhang mit Abb.4-9 diskutiert. Wegen der hohen Injektions-effizienz werden LED′s in DH-Struktur auch *Superlumineszenzdioden* genannt. Zusätzlich zu diesen bereits erwähnten Eigenheiten entsteht durch den DH-Aufbau ein lichtführender Film oder gar Kanal. Die LED wird gezwungen, ihr Licht aus dem Kanal heraus durch eine Seitenfläche hindurch nach außen abzugeben; in Abb.7-3c ist der Lichtaustritt angedeutet. Aufgrund ihrer Abstrahlgeometrie klassifiziert man derart aufgebaute LED′s auch als *kantenemittierende* LED′s (*edge emitting LED, ELED*). Wir werden die Besonderheiten der DH-Struktur im Detail in Abschn.10.3 besprechen und verweisen auf die dortige Analyse.

7.4 Die verschiedenen Wirkungsgrade

Bereits mit [7.2] haben wir den externen Wirkungsgrad η_{ext} definiert; er ist ein wesentliches Kriterium für die Qualitätsbeurteilung einer LED. In Tabelle 2 in Abschn.7.2 wurden Zahlenwerte für η_{ext} üblicher LED's angegeben. Es fällt auf, daß die externen Wirkungsgrade nur im Promille- oder allenfalls im Prozentbereich liegen. Um zu klären, wie es zu diesen schlechten Ausbeuten kommt, führen wir als weitere Wirkungsgrade ein den

- *Stromwirkungsgrad η_{Strom}*
- *Quantenwirkungsgrad η_q*
- *optischen Wirkungsgrad η_{opt}*

Diese Wirkunsgrade sind definiert durch

$$\eta_{Strom} := \frac{\text{Anzahl der je Zeiteinheit \textbf{in der Leuchtzone} rekombinierenden Ladungsträger}}{\text{Anzahl der je Zeiteinheit über den pn- Übergang fließenden Ladungsträger}}$$

$$\eta_q := \frac{\text{Anzahl der je Zeiteinheit \textbf{in der Leuchtzone} erzeugten Photonen}}{\text{Anzahl der je Zeiteinheit \textbf{in der Leuchtzone} rekombinierenden Ladungsträger}}$$

$$\eta_{opt} := \frac{\text{Anzahl der je Zeiteinheit im Außenraum nachweisbaren Photonen}}{\text{Anzahl der je Zeiteinheit \textbf{in der Leuchtzone} erzeugten Photonen}}$$

und mit ihnen läßt sich der externe Wirkungsgrad faktorisieren in

$$\frac{\text{Photonen außen}}{\text{Ladungstr. über pn}} = \frac{\text{Photonen außen}}{\text{Photonen erzeugt}} * \frac{\text{Photonen erzeugt}}{\text{Ladungstr. rekombinierend}} * \frac{\text{Ladungstr. rekombinierend}}{\text{Ladungsträger über pn}}$$

$$\eta_{ext} = \eta_{opt} * \eta_q * \eta_{Strom} \qquad [7.5]$$

Wir diskutieren die einzelnen Wirkungsgrade.

Stromwirkungsgrad η_{Strom}:
Nicht alle der über den pn-Übergang fließenden Ladungsträger rekombinieren in der Leuchtzone. Beispielsweise ist in einer LED aus GaP:Zn,O nur das p-seitige Diffusionsgebiet strahlungsaktiv, nicht aber das n-seitige Gebiet. Folglich kann nur der in **dieses** Gebiet injizierte Teil der Ladungsträger zur strahlenden Rekombination beitragen - sofern die Rekombination dort überhaupt strahlend erfolgt.

Quantenwirkungsgrad η_q:

Der Quantenwirkungsgrad gibt an, wie hoch der Anteil der strahlenden Rekombinationsübergänge an der Gesamtzahl aller Rekombinationsübergänge in der Leuchtzone ist. Die obige Definition läßt sich umformulieren: die Anzahl der je Zeiteinheit erzeugten Photonen ist gleich der Rate der strahlenden Überschußrekombinationen, die Anzahl der je Zeiteinheit rekombinierenden Ladungsträger ist gleich der Gesamt-Überschußrekombinationsrate. Die Überschußrekombinationsrate wiederum ist umgekehrt proportional zur Lebensdauer des jeweiligen Übergangs. Man kann in Analogie zu [5.19] die Gesamt-Lebensdauer τ aufspalten in

$$1/\tau = 1/\tau_r + 1/\tau_{nr} \qquad\qquad [7.6]$$

Darin bezeichnet τ_r die Lebensdauer des strahlenden Übergangs (sog. *strahlende Lebensdauer*), und in τ_{nr} ist die Lebensdauer aller nichtstrahlenden Kanäle (*nichtstrahlende Lebensdauer*) zusammengefaßt. Wir erhalten dadurch η_q zu

$$\eta_q = \frac{1/\tau_r}{1/\tau_r + 1/\tau_{nr}} = \frac{1}{1 + \tau_r/\tau_{nr}} \qquad\qquad [7.7]$$

Damit η_q groß wird, muß $\tau_r \ll \tau_{nr}$ sein. Typische Zahlenwerte sind $\eta_q = 0,5...0,9$.

optischer Wirkungsgrad η_{opt}:

Der optische Wirkungsgrad erfaßt, daß nur ein Bruchteil der im Halbleiterinnern erzeugten Photonen auch außerhalb des Kristalls zur Verfügung steht. Die Hauptursachen hierfür sind Verluste durch Reabsorption des erzeugten Lichtes auf dem Weg vom Entstehungsort bis zur Halbleiteroberfläche und Verluste infolge Reflexion an der Grenzfläche Halbleiter-Außenwelt. Der Verlust durch Reabsorption wurde bereits mehrfach diskutiert. Der Verlust durch Reflexion hat seine Ursache in den sehr unterschiedlichen Brechungindices n_{HL}^* und $n_{außen}^*$ von Halbleiter und Außenwelt. Der Übergang zur Außenwelt ist ein Übergang von einem optisch dichten zu einem optisch dünnen Medium. Bei derartigen Übergängen kommt es zu Totalreflexion, wenn der Auftreffwinkel der Strahlung einen Grenzwinkel überschreitet, siehe hierzu Abb.7-4. Kein Photon, das unter einem Winkel $\vartheta > \vartheta_{grenz}$ mit $\vartheta_{grenz} = \arcsin\left(n_{außen}^*/n_{HL}^*\right)$ auf die Austrittsfläche trifft, kann den Halbleiter verlassen. Und selbst von den Photonen, deren Auftreffwinkel $< \vartheta_{grenz}$ ist, kann wegen der auftreffwinkelabhängigen und mit wachsendem Auftreffwinkel zunehmenden Reflexionsverluste an der Halbleiter-Luft-Grenzfläche letztlich nur der Anteil $T \approx 4\,n_{außen}^*\,n_{HL}^*\left/\left(n_{außen}^* + n_{HL}^*\right)^2\right.$ in den Außenraum eindringen.

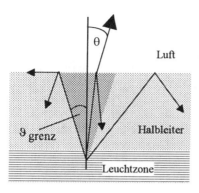

Abb.7-4:
Reflexion und Totalreflexion an der Halbleiteroberfläche. Nur dasjenige von einem Leuchtpunkt ausgehende Licht, das innerhalb des dunkler gehaltenen Kegels auf die Oberfläche trifft, kann den Halbleiter verlassen, und auch das nur mit Verlust.

Die Brechzahlen der optoelektronischen Halbleiter betragen typisch $n^*_{HL} \approx 3{,}5$. Beim Übergang nach Luft ist mit $n^*_{außen} = 1$ der Grenzwinkel $\vartheta_{grenz} \approx 17^o$. Geht man davon aus, daß die Strahlung in der Leuchtzone isotrop erzeugt wird, dann treffen nur etwa 2% der von einem beliebigen Punkt der aktiven Zone ausgehenden Photonen unter einem Winkel $< \vartheta_{grenz}$ auf die Halbleiteroberfläche, und von diesem bereits äußerst geringen Anteil wird nur $T \approx 70\%$ tatsächlich in den Außenraum transmittiert. Der sehr schlechte optische Wirkungsgrad erklärt den schmalen Gesamtwirkungsgrad η_{ext} der LED.

Zur Verbesserung des optischen Wirkunsgrades muß der große Brechzahlsprung zwischen Halbleiter und Außenwelt abgemildert werden. Dazu wird die Halbleiteroberfläche mit einem transparenten Material beschichtet, dessen Brechungsindex zwischen der des Halbleiters und der Luft liegt. Geeignet hierfür ist z.B. Epoxidharz mit $n^*_{Epoxid} \approx 1{,}5$. Jetzt kann es zwar sowohl an der Halbleiter-Epoxid-Grenze wie an der Epoxid-Außenwelt-Grenzfläche zu Totalreflexion kommen, aber insgesamt bestimmt der Übergang Epoxid-Außenwelt das Gesamtverhalten. Wegen des jetzt verringerten Brechungsindexunterschiedes zur Außenwelt vergrößert sich der Grenzwinkel beträchtlich, es kann mehr Leistung austreten. Eine weitere Verbesserung erzielt man, wenn man die Oberfläche des Harzes zu einer Halbkugel ausformt. Dann trifft die Stahlung vorwiegend senkrecht auf die Grenze zwischen Halbkugel und Außenwelt, die winkelabhängigen Reflexionsverluste werden minimiert, und T steigt an.

7.5 Optisches Spektrum und Abstrahlcharakteristik

Optisches Spektrum:
In Tabelle 2 ist für die wichtigsten kommerziellen LED-Typen die spektrale Lage der Emission angegeben. LED's emittieren aber keine singuläre scharfe Linie, sondern ein breites Spektrum, eine spektrale *Bande*. Die genaue Form der Bande, also die emittierte Intensität als Funktion der Wellenlänge bzw. der Photonenenergie, richtet sich nach der speziellen Physik des ausgenutzten strahlenden Übergangs. Abb.7-5a verdeutlicht das Entstehen der Bande, wenn die Strahlung aus einem Band-Band-Übergang stammt. Die Ladungsträger rekombinieren nicht nur exakt von Leitungsbandunterkante zu Valenzuband oberkante, sondern auch zwischen höherliegenden Energiepositionen. Die spektrale Form der Emission wird damit durch die Verteilung der Ladungsträger in den Bändern festgelegt, sie muß unsymmetrisch sein mit einem Ausläufer in den hochenergetischen Bereich. Die Physiker van Roosbroek und Shockley haben für LED's mit Band-Band-Rekombination die folgende theoretische Formel für die Energieabhängigkeit der emittierten Intensität S abgeleitet:

$$ S(hf) \sim (hf)^2 \sqrt{hf - W_g} \; \exp\left(-\frac{hf - W_g}{k_B T} \right) \qquad \text{für } hf > W_g \qquad [7.8] $$

Abb.7-5b zeigt das nach [7.8] berechnete Emissionsspektrum einer GaAs-LED. Für LED's, in denen die ausgenutzte Strahlung keine Band-Band-Rekombination ist, weicht das Spektrum erheblich von der durch [7.8] beschriebenen Form ab.

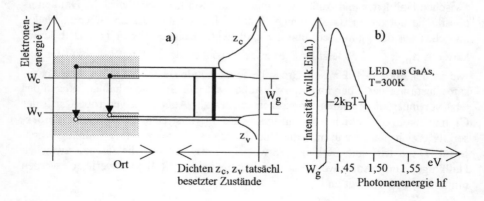

Abb.7-5: a) Zustandekommen der spektralen Bande bei Band-Band-Rekombination
          b) berechnetes Spektrum einer LED aus GaAs

In der Praxis reicht es aus, die Bandenform durch ein Gauß-Profil anzunähern und die Bandenbreite folgendermaßen abzuschätzen: die Fermi-Verteilung ändert sich von Eins auf Null innerhalb eines Intervalls der Breite $2k_BT$. Auf einer Energieskala ist die Bandenbreite einer LED mit Band-Band-Rekombination deshalb materialunabhängig stets $\Delta(hf) \approx 2k_BT$. Mit $\lambda = c/f$ folgt

$$\Delta\lambda = \frac{\partial\lambda}{\partial f}\Delta f = -\frac{c}{f^2}\Delta f = -\frac{1}{c}\frac{c^2}{f^2}\Delta f = -\frac{\lambda^2}{c}\Delta f = -\frac{\lambda^2}{hc}\Delta(hf) \qquad [7.9a]$$

Daraus erhält man mit $\Delta(hf) \approx 2k_BT \approx 2\cdot26$ meV für die Breite $|\Delta\lambda|$ auf der Wellenlängenskala:

$$|\Delta\lambda| \approx \frac{2k_BT}{hc}\lambda^2 = \frac{2\cdot26\,\text{meV}}{1,24\,\text{eV}\,\mu m}\lambda^2 = \frac{1}{24\,\mu m}\lambda^2 \qquad [7.9b]$$

Die spektrale Breite einer Band-Band-emittierenden GaAs-LED mit $\lambda = 870$nm sollte demnach $|\Delta\lambda| \approx 30$nm betragen Die Breitenabschätzung ist in Abb.7.5b mit aufgenommen. Bemerkenswert ist, daß nach [7.9b] die spektrale Breite quadratisch mit der Emissionswellenlänge zunimmt. LED's bei den Wellenlängen 1,3µm und 1,55µm emittieren entsprechend breitere Linien.

Abstrahlcharakteristik:

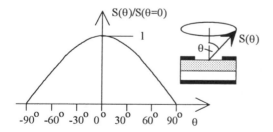

Abb.7-6:
Abstrahlcharakteristik einer flächenstrahlenden LED [Lambertstrahler, $S(\theta) = S(\theta=0)\cos(\theta)$]

Bei flächenstrahlenden LED's wird das Licht durch den Einfluß der Totalreflexion (vergl. Abschn.7.3 und Abb.7-4) stark divergent in den Außenraum abgestrahlt, obwohl es in der Leuchtzone isotrop erzeugt wurde. Abb.7-6 ist ein Diagramm des Abstrahlverhaltens. Aufgetragen ist die unter einem Winkel θ zur Flächennormalen abgestrahlte Intensität, normiert auf die Abstrahlintensität bei $\theta = 0°$ (senkrecht zur Halbleiteroberfläche). Die Abstrahlkurve ist eine *cos*-Kurve; ein Strahler mit einer derartigen Charakteristik wird als *Lambert'scher Cosinus-Strahler* bezeichnet.

Die *cos*-Charakteristik beschreibt die Abstrahlung planarer flächenstrahlender LED's ohne Linse über der Abstrahlfläche. Eine Linse über der Abstrahlfläche ändert die Charakteristik erheblich. Es sind auch LED's im Handel, bei denen die Lichtaustrittsfläche gleich zu der Form einer Kugelkappe geätzt wurde. Durch die veränderte Brechung beim Lichtaustritt sind solche LED's keine Lambertstrahler. Ebenso zeigen die kantenemittierenden Super-LED's durch die Lichtkanalisierung im LED-Innern kein Lambert-Verhalten.

7.6 Elektrooptische Kennlinie, Modulationsverhalten

Die elektro-optische Kennlinie verknüpft die optische Ausgangsleistung P_{opt} mit dem im Außenkreis meßbaren Strom. In [7.3] haben wir den externen Wirkungs-grad erhalten zu $\eta_{ext} = \dfrac{q}{hf} \dfrac{P_{opt}}{I}$ Darin ist I ist der Strom über die Sperrschicht; er unterscheidet sich nach [4.24] nicht vom im Außenkreis fließenden Strom, so daß

$$P_{opt} = \eta_{ext} \frac{hf}{q} I = \eta_{ext} \frac{hc}{q} \frac{1}{\lambda} I \qquad [7.10]$$

Die Kennlinie $P_{opt} = P_{opt}(I)$ ist eine Gerade mit Steigung $\eta_{ext} \cdot hf/q$. Aus der ge-messenen Steigung kann der Wert des externen Wirkungsgrades abgeleitet werden. Abb.7-7a zeigt gemessene Kennlinien einer GaAs:Si-LED bei zwei verschiedenen Temperaturen. Die vorhergesagte Linearität ist für kleine Ströme gegeben. Bei höheren Strömen steigt die Ladungsträgerkonzentration im Diffusionsgebiet so stark an, daß die nichtstrahlende Rekombinationsrate mehr zunimmt als die strah-lende Rate. Als Folge erwärmt sich die Diode. Ab einer Schwellenkonzentration macht sich auch Auger-Rekombination bemerkbar. Alle diese Vorgänge reduzieren den externen Wirkungsgrad. Die Ausgangsleistung der Diode sinkt, die Kennlinie flacht bei hohen Stromstärken ab, wie es in Abb.7-7a erkennbar ist. Die erhöhte nichtstrahlende Rekombination bei erhöhter äußerer Temperatur ist auch die Ursa-che für die unterschiedliche Steilheit der Kennlinien bei 20°C und 70°C.

Wir untersuchen jetzt das Zeitverhalten der emittierten optischen Leistung bei sich zeitlich ändernden Strömen durch den pn-Übergang einer LED. Dazu muß man die

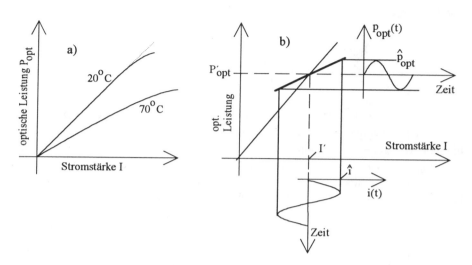

Abb.7-7: a) Statische elektro-optische Kennlinie einer LED bei verschiedenen Temperaturen
b) Modulation einer LED. Die dünne Linie ist die statische, die dicker gezeichnete Linie
die Modulationsübertragungskennlinie

Verhältnisse in der Leuchtzone zeitlich analysieren. Sei N_{LZ} die Gesamt**zahl**
(nicht: Dichte!) der **Überschuß**ladungsträger in der Leuchtzone. N_{LZ}

- nimmt zu durch die Nachlieferung von Ladungsträgern über den Injektionsstrom. Die Anzahl der je Zeiteinheit insgesamt über den Übergang fließenden
  Träger wurde bereits eingangs von Abschn. 7-2 berechnet zu $N_Q/\Delta t = I/q$. Von
  dieser Gesamtrate rekombiniert aber nur der Bruchteil η_{Strom} in der Leuchtzone. Die Rate $\tilde{G}_{Strom}$, mit der Ladungsträger <u>in die Leuchtzone</u> nachgeliefert
  werden, ist somit $\tilde{G}_{Strom} = \eta_{Strom}N_Q/\Delta t = \eta_{Strom}\cdot I/q$. §

- nimmt ab durch - strahlende wie nichtstrahlende - Überschußrekombination von
  Ladungsträgern. Die Abbaurate ist gleich der Gesamtzahl der Überschußrekombinationsvorgänge je Zeiteinheit; für sie setzen wir wie in [5.10] bzw. in
  [5.15] an: $\Delta \tilde{R} = N_{LZ}/\tau$; darin ist τ die Lebensdauer der jeweiligen Minoritätsträger.

---

§ Die Schreibweise mit dem aufgesetzten ~ soll markieren, daß hier die Rate nur die
Änderung der absoluten Träger<u>anzahl</u> und nicht die der Träger<u>dichte</u> angibt

Die Ladungsträger-Bilanzgleichung der LED lautet somit analog zu [5.4a]:

$$\frac{\partial}{\partial t} N_{LZ} = \tilde{G}_{Strom} - \Delta\tilde{R}$$

$$= \eta_{Strom} \cdot I / q - N_{LZ} / \tau \qquad [7.11]$$

Nur der durch den Quantenwirkungsgrad η_q festgelegte Bruchteil der Überschußrekombinationsvorgänge erfolgt strahlend und liefert Photonen. In N_{LZ}/τ Rekombinationsvorgängen je Zeiteinheit werden $\eta_q N_{LZ}/\tau$ Photonen je Zeiteinheit erzeugt, und $\eta_{opt}\eta_q N_{LZ}/\tau$ Photonen können je Zeiteinheit außen nachgewiesen werden. Jedes Photon trägt die Energie hf, also wird insgesamt die optische Leistung P_{opt} = hf·$\eta_{opt}\eta_q N_{LZ}/\tau$ abgestrahlt. Mit Hilfe dieser Beziehung läßt sich in [7.11] N_{LZ} durch P_{opt} ersetzen, und aus [7.11] wird

$$\frac{\partial}{\partial t}\left[P_{opt} \cdot \frac{\tau}{hf \cdot \eta_{opt}\, \eta_q} \right] = \eta_{Strom} \cdot \frac{I}{q} - \frac{1}{hf \cdot \eta_{opt}\, \eta_q} \cdot P_{opt} \qquad [7.12]$$

Mit [7.5] wird [7.12] schließlich umgeformt in

$$\frac{\partial}{\partial t} P_{opt}(t) = \frac{hf}{q} \cdot \eta_{ext} \cdot \frac{I(t)}{\tau} - \frac{P_{opt}(t)}{\tau} \qquad [7.13]$$

Gl.7.13] ist eine Differentialgleichung, über die das Zeitverhalten $P_{opt}(t)$ berechnet werden kann, wenn das Zeitverhalten I(t) des Treiberstromes vorgegeben wird.

Für eine Analogmodulation der LED wird ein zeitkonstanter Arbeitspunktstrom I' mit einem harmonischen Strom i(t) = î·sin(ωt) zu I(t) = I'+ î·sin(ωt) überlagert, siehe Abb.7-7b. Die Lösung der Gleichung [7.13] für diesen Fall ist

$$I(t) = I' + \hat{\imath}\cdot\sin(\omega t) \quad \Rightarrow \quad P_{opt}(t) = P'_{opt} + \hat{p}_{opt}\sin(\omega t + \varphi) \qquad [7.14]$$

mit

$$P'_{opt} = \frac{hf}{q}\eta_{ext} I' \qquad [7.15]$$

sowie

$$\hat{p}_{opt} = \hat{p}_{opt}(\omega) = \frac{hf}{q}\eta_{ext}\, \hat{\imath} \cdot H(\omega) \qquad [7.16]$$

und $\qquad\qquad\qquad$ $H(\omega) := \dfrac{1}{\sqrt{1 + \omega^2 \tau^2}}$ $\qquad\qquad$ [7.17]

Das optische Signal ist ein Gleichsignal P'_{opt}, überlagert von einem harmonischen Wechselsignal mit frequenzabhängiger Amplitude $\hat{p}_{opt} = \hat{p}_{opt}(\omega)$. Die Frequenzabhängigkeit von $\hat{p}_{opt}$ wird erfaßt mit dem *Amplitudengang* $H(\omega)$. Trägt man $\hat{p}_{opt}$ als Funktion von $\hat{i}$ auf, so erhält man nach [7.16] eine Gerade mit Steigung $\frac{hf}{q} \eta_{ext} H(\omega)$. Diese Gerade ist die *Modulationsübertragungskennlinie* der LED; ihre Steigung ist frequenzabhängig. Für $\omega \to 0$ geht sie in die durch [7.10] beschriebene statische Kennlinie über. In Abb.7-7b sind die beiden Kennlinien einer LED eingetragen.

Der Amplitudengang [7.17] ist der eines klassischen Tiefpasses mit einer 3-dB-Grenzkreisfrequenz §

$$\omega_{3dB} = \frac{\sqrt{3}}{\tau} \qquad\qquad [7.18]$$

Eine Hochfrequenzmodulation einer LED ist demnach nur sinnvoll, solange die Modulationsfrequenz unterhalb ω_{3dB} bleibt, wobei ω_{3dB} selbst durch die Lebensdauer τ der jeweiligen Minoritäten festgelegt wird.

Beispiel:
Wir wählen eine pn$^+$-LED aus GaAs mit einer Emissionswellenlänge $\lambda = 870$nm. Die Emission entstammt Band-Band-Übergängen auf der p-Seite des Übergangs, deshalb ist τ in [7.11] bzw. [7.18] die Elektronenlebensdauer τ_n. Wenn keine weiteren Rekombinationskanäle vorliegen, - eine wenig realistische Annahme - ist nach [5.23b] $\tau_n \equiv \tau_{(B \to B)} = 1/(B\, N_A)$. N_A ist die Akzeptorenkonzentration, B die van Roosbroeck-Shockley-Rekombinationswahrscheinlichkeit. Für GaAs ist bei Zimmertemperatur $B = 7{,}2 \cdot 10^{-10}$ cm^3/s. Bei einer Akzeptorenkonzentration von $N_A = 7 \cdot 10^{17}$ cm^{-3} wird $\tau_n = 2$ns und $\omega_{3dB} = 8{,}66 \cdot 10^8$/s. Analogmodulation wäre bis zu einer Modulationsfrequenz $f_{mod,3dB} = \omega_{3dB}/2\pi = 137$ MHz möglich.

Gleichung [7.17] zeigt an, daß eine hohe Grenzfrequenz eine kleines τ voraussetzt. Das Ergebnis ist verständlich: τ ist die Zeitspanne, die sich die überschüssigen

---

§ $\hat{p}_{opt}$ ist eine optische Leistung. Bei Leistungsbetrachtungen entspricht einer Abnahme des Leistungspegels um 3 dB ein Amplitudenrückgang auf die Hälfte des Referenzwertes. Die zugeodnete Frequenz heißt zur Verdeutlichung **optische** 3dB-Grenzfrequenz.

Träger im Mittel in den Bändern aufhalten, bevor sie (strahlend oder nichtstrahlend) rekombinieren. Wenn vor Ablauf dieser Zeit der Strom umgepolt wird, dann werden die Überschußträger aus der Leuchtzone abgezogen, bevor sie rekombinieren konnten: die emittierte Intensität bzw. Leistung bei der entsprechenden Modulationsfrequenz sinkt.

Nach [7.6] kann τ verringert werden durch Verringerung entweder des strahlenden Anteils τ_r oder des nichtstrahlenden Anteils τ_{nr} an τ. Es ist aber zu bedenken, daß wegen [7.7] das Verhältnis τ_r/τ_{nr} den Quantenwirkungsgrad η_q und damit die Strahlungsleistung der LED bestimmt. Eine Verringerung von τ sollte deshalb nur durch Verkleinern von τ_r erfolgen, weil sonst gleichzeitig auch η_q reduziert wird. Leider ist das in der Praxis nicht möglich: verkleinert man τ_r, so verkleinert man ungewollt und zudem noch überproportional auch τ_{nr}, so daß der Quotient τ_r/τ_{nr} zunimmt und in Folge der Quantenwirkungsgrad abnimmt. Daraus folgt: je höher die Grenzfrequenz einer LED, desto geringer ist i.allg. ihre Strahlungsleistung.

Die bisherige Diskussion berücksichtigte ausschließlich die Umsetzung des über den pn-Übergang fließenden Stromes I(t) in optische Leistung P_{opt}(t). I(t) ist nicht identisch mit einem dem außen an die LED angelegten Strom, denn bei hochfrequenten Strömen sind die Kapazitäten des pn-Übergangs zu berücksichtigen und die LED durch ein Ersatzschaltbild nach Art von Abb.4-6 zu beschreiben. Über die Diodenkapazitäten wird ein (frequenzabhängiger) Anteil des von außen eingespeisten Stromes am pn-Übergang vorbeigeleitet. Da nur der tatsächlich über den pn-Übergang fließende Strom Licht generieren kann, ist zusätzlich zur Frequenzcharakteristik [7.17] der Strom/Licht-Wandlung das Hochfrequenzverhalten der Diode selbst zu berücksichtigen. Gemäß Abb.4.6 bilden die Diodenkapazitäten in Verbindung mit den internen und externen Widerständen einen RC-Tiefpaß. Formal können dieser diodeninterne RC-Tiefpaß und der Tiefpaß der Strom-Licht-Wandlung hintereinandergeschaltet werden. In den meisten Fällen bestimmt der RC-Tiefpaß das Gesamtverhalten der LED.

7.7 Strom-Spannungs-Kennlinie

LED's sind vom elektrischen Standpunkt her betrachtet Halbleiterdioden. Sie zeigen deshalb das typische Diodenverhalten, das in [4.22] berechnet und in Abb.4-4 graphisch dargestellt wurde. Mit wachsender Bandlücke nimmt die Flußspannung zu, die Emissionswellenlänge der LED dagegen ab. IR und rot emittierende LED's haben deshalb geringere Flußspannungen als orange und grün emittierende LED's.

8. Grundlagen der Lichtverstärkung in Halbleitern

8.1 Stimulierte Emission

Die in den vorangegangenen Kapiteln besprochene Strahlung aus Halbleitern zeigt ein Charakteristikum, das bislang wenig bemerkenswert schien: sie entstammt *spontaner* Überschußrekombination. Liegt an einer bestimmten Stelle im Halbleiter zu einer bestimmten Zeit ein Überschuß an Ladungsträgern vor, so erfolgt die Rekombination spontan, ohne daß ein Anstoß von außen benötigt wird. Der Übergang geschieht nach Ablauf einer nicht vorhersagbaren Zeitspanne, die Minoritätsträgerlebensdauer τ ist lediglich ein statistischer Mittelwert für die Aufenthaltszeit der Überschußladungsträger in den Bändern. In diesem Sinne bezeichnet man τ auch als *Lebensdauer bei spontaner Rekombination*.

Bereits in Abschn.6.5 haben wir notiert, daß strahlende Rekombination auch erzwungen werden kann. Wir rekapitulieren zunächst die Vorgänge bei der Fundamentalabsorption. In Abschn.6.2 wurde die Fundamentalabsorption zurückgeführt auf eine Band-Band-Generation, ausgelöst durch ein eingestrahltes Photon der Energie $W_{ph} = hf > W_g$. Das Photon überträgt seine Energie an das Elektron und hebt es aus dem Valenzband ins Leitungsband, dabei wird es selbst vernichtet.

Denkbar ist aber auch der umgekehrte Vorgang: ein Photon wird eingestrahlt, aber jetzt wird ein Leitungsbandelektron gezwungen, ins Valenzband überzuwechseln. Die freiwerdende Energie wird in Form eines weiteren Photons abgegeben. Aus **einem** Photon sind hierdurch **zwei** Photonen geworden. Dieses Phänomen wird als *stimulierte Rekombination* bezeichnet, die solcherart freigesetzte Strahlung heißt *stimulierte Emission*, gelegentlich auch *induzierte Emission*. In Abb.8-1 sind die Band-Band-Übergangsmöglichkeiten nebeneinandergestellt.

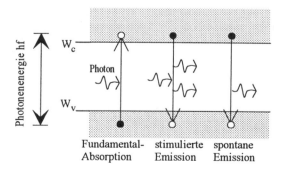

Abb.8-1:
Fundamentalabsorption, stimulierte und spontane Emission im Bändermodell

Fundamentalabsorption und stimulierte Emission sind offenkundig Konkurrenzprozesse: ein eingestrahltes Photon passender Energie kann **alternativ entweder**
eine Fundamentalabsorption **oder** eine stimulierte Emission auslösen. Einstein hat
bereits 1917 gezeigt, daß unter normalen Bedingungen die Fundamentalabsorption
bei weitem die stimulierte Emission überwiegt: eingestrahlte Photonen werden vorzugsweise vernichtet. Aber in besonderen Fällen dominiert die stimulierte Emission
über die Fundamentalabsorption. Dazu muß

- der Halbleiter lokal in einen besonderen Zustand versetzt werden; dieser Zustand heißt *Inversionszustand*, und der Ortsbereich, in dem Inversion vorliegt,
  ist die *Inversionszone* oder *aktive Zone*.
- ein Startphoton passender Energie in die Inversionszone eingebracht werden.

In diesem Falle wird das Startphoton nicht vernichtet, sondern es generiert durch
stimulierte Emission ein zweites Photon, wobei das stimuliert erzeugte Photon dieselbe Energie und dieselbe Laufrichtung hat wie das Startphoton. Beide Photonen
laufen zusammen weiter und wirken jetzt **beide** als Initialphotonen für neue stimulierte Emissionsprozesse. Konsequenz:

> Beim Weiterlaufen durch die Inversionszone wächst die Photonenzahl bzw.
> die Lichtintensität lawinenartig an, das eingestrahlte Licht wird durch
> (Überwiegen der) stimulierten Emission verstärkt: **L**ight **A**mplification by
> **S**timulted **E**mission of **R**adiation, **LASER**. Das Wort "Laser" bezeichnet
> demzufolge eigentlich einen Vorgang und kein Bauelement.

Der Verstärkungsprozeß ist nur effektiv in direkten Halbleitern. In indirekten
Halbleitern ist zum einen die strahlende Band-Band-Rekombination an sich schon
sehr unwahrscheinlich. Zum anderen können die wenigen erzeugten Photonen nicht
weiterverstärkt werden. Abb.8-2 soll die Ursache verdeutlichen. Hilfreich ist jetzt
die Vorstellung, daß ein Photon immer erst vom Halbleiter absorbiert werden muß,
bevor es ein Leitungsbandelektron zur stimulierten Rekombination zwingt und
dann zusammen mit einem zweiten Photon gleicher Energie wieder frei wird. In
indirekten Halbleitern wird sowohl für Fundamentalabsorption wie für die strahlende Band-Band-Rekombination ein Phonon zur k-Erhaltung benötigt. Bei der
Rekombination werden Phononen (Energie: $\hbar\Omega$) vorzugsweise emittiert, die bei der
Rekombination erzeugten Photonen haben nur noch die Restenergie $W_g - \hbar\Omega$.
Damit sie als Startphotonen für stimulierte Emission wirken können, müssen sie
reabsorbiert werden. Eine Absorption von Photonen der Energie $W_g - \hbar\Omega$ ist
möglich, wenn gleichzeitig auch Phononen absorbiert werden, die die fehlende
Energie $\hbar\Omega$ bis zur Bandlückenenergie W_g aufbringen, siehe hierzu Abb.6-2. In

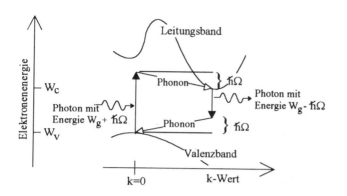

Abb.8-2:
Phononenunterstützte
Emission und Absorp-
tion in indirekten
Halbleitern

Abschn. 6.3 und Abb.6-1 wurde gezeigt, daß derartige Übergänge zwar grundsätzlich möglich sind, aber nur sehr selten vorkommen, weil die Fundamentalabsorption bevorzugt unter Phononen_emission_ abläuft und deshalb Photonen benötigt, deren Energie um die Phononenergie $\hbar\Omega$ _größer_ als die Bandlücke W_g ist. In
Abb.8-2 ist der entsprechende Übergang eingetragen. Man erkennt, daß die bei der
- sowieso schon äußerst uneffektiven - strahlenden Rekombination in indirekten
Halbleitern erzeugten Photonen nicht als Startphotonen für stimulierte Emission
wirken können: ihre Energie "paßt nicht".

Wir diskutieren im folgenden die Physik des Inversionszustandes und der stimulierten Emission sowie die sich daraus ergebenden Konsequenzen.

8.2 Die Inversionsbedingung (1.Laserbedingung)

Nach dem eingangs Gesagten sind Fundamentalabsorption und stimulierte Emission Konkurrenzprozesse. Wir berechnen die Anzahl der entsprechenden Vorgänge
je Zeiteinheit und je Volumeneinheit, d.h. die Rate des jeweiligen Vorgangs.
Dabei soll bei der Absorption ein Photon der Energie $hf = W_2-W_1$ ein Valenzbandelektron aus dem Energiebereich zwischen W_1 und $(W_1 - \Delta W_1)$ in den Lei-
tungsband-Energiebereich zwischen W_2 und $(W_2 + \Delta W_2)$ bei gleichem k-Wert
anheben. Für W_1 und W_2 muß demnach gelten: $W_1 < W_v$ und $W_2 > W_c$. Bei der
stimulierten Rekombination soll ein Photon der Energie $hf = W_2-W_1$ ein Leitungsbandelektron aus eben diesem Energiebereich $[W_2, W_2 + \Delta W_2]$ unter k-Erhaltung
zur Rückkehr ins Valenzband in den Energiebereich $[W_1, W_1 - \Delta W_1]$ veranlassen.

In den nachfolgenden Berechnungen bezeichnen

$D_v(W_1) \cdot \Delta W_1$ Dichte der im Valenzband im Intervall $[W_1, W_1 - \Delta W_1]$ zur Verfügung stehenden Plätze; D_v ist durch [3.1b] gegeben.

$f_v(W_1)$ Wahrscheinlichkeit, daß der Valenzbandplatz mit der Energie W_1 von einem Loch besetzt ist. Somit ist $1 - f_v$ die Wahrscheinlichkeit, daß der Platz <u>nicht</u> von einem Loch besetzt ist, also von einem Elektron eingenommen wird, das ins Leitungsband angehoben werden kann. f_v ist durch die Quasifermienergie W_{Fv} festgelegt.

$D_c(W_2) \cdot \Delta W_2$ Dichte der im Leitungsband im Intervall $[W_2, W_2 + \Delta W_2]$ zur Verfügung stehenden Plätze; D_c ist mit [3.1a] bekannt

$f_c(W_2)$ Wahrscheinlichkeit, daß der Leitungsbandplatz mit der Energie W_2 von einem Elektron besetzt ist. Somit ist $1 - f_c$ die Wahrscheinlichkeit, daß der Platz <u>nicht</u> von einem Elektron besetzt ist, also ein Elektron aufnehmen kann. f_c wird mit [3.3a] berechnet.

Die Rate $r_{Fund.Abs.}(W_1, W_2)$ der Fundamentalabsorption ist proportional

– zur Dichte $D_v(W_1) \cdot \Delta W_1 \cdot [1 - f_v(W_1)]$ der tatsächlich im Valenzband im Energieintervall $[W_1, W_1 - \Delta W_1]$ zur Verfügung stehenden Elektronen, die somit ins Leitungsband angehoben werden können,
– zur Dichte $D_c(W_2) \cdot \Delta W_2 \cdot [1 - f_c(W_2)]$ der von Elektronen noch nicht besetzten Plätze im Leitungsband im Energiebereich $[W_2, W_2 + \Delta W_2]$, in die somit Elektronen eingebracht werden können,
– zur Dichte ρ_{ph} der Photonen mit der Energie $hf = W_2 - W_1$.

Mit $B_\uparrow$ als Proportionalitätsfaktor für den Absorptionsvorgang erhalten wir

$$r_{Fund.Abs.}(W_1, W_2) = B_\uparrow \cdot D_v(W_1) \cdot \Delta W_1 \cdot [1 - f_v(W_1)] \cdot D_c(W_2) \cdot \Delta W_2 \cdot [1 - f_c(W_2)] \cdot \rho_{ph}$$

$$[8.1]$$

Entsprechend ist die Rate $r_{stim.Em.}(W_1, W_2)$ der stimulierten Emission proportional

– zur Dichte $D_c(W_2) \cdot \Delta W_2 \cdot f_c(W_2)$ der tatsächlich im Leitungsband im Energieintervall $[W_2, W_2 + \Delta W_2]$ zur Verfügung stehenden Elektronen, die somit ins Valenzband zurückfallen können

- zur Dichte $D_v(W_1) \cdot \Delta W_1 \cdot f_v(W_1)$ der von Elektronen noch nicht besetzten Plätze - also der Löcher - im Valenzband im Energiebereich $[W_1, W_1 - \Delta W_1]$, die somit Elektronen aufnehmen können
- zur Dichte ρ_{ph} der Photonen mit der Energie $hf = W_2 - W_1$

Mit $B_\downarrow$ als Proportionalitätsfaktor für den Emissionsübergang wird

$$r_{stim.Em.}(W_1, W_2) = B_\downarrow \cdot D_c(W_2) \cdot \Delta W_2 \cdot f_c(W_2) \cdot D_v(W_1) \cdot \Delta W_1 \cdot f_v(W_1) \cdot \rho_{ph} \qquad [8.2]$$

Einstein hat gezeigt, daß die beiden - auch *Einstein-Koeffizienten* genannten - Proportionalitätsfaktoren$B \uparrow$ und $B \downarrow$ gleichgroß sind:

$$B\uparrow \equiv B\downarrow := B_{st} \qquad [8.3]$$

Damit läßt sich eine Nettoübergangsrate $r'_{netto}(W_1, W_2)$ berechnen:

$$r'_{netto}(W_1, W_2) = r_{stim.Em.}(W_1, W_2) - r_{Fund.Abs.}(W_1, W_2)$$

$$= B_{st} \cdot \rho_{ph} \cdot D_c(W_2) \cdot D_v(W_1) \cdot [f_c(W_2) + f_v(W_1) - 1] \cdot \Delta W_1 \cdot \Delta W_2 \qquad [8.4]$$

Nach unserer bisherigen Diskussion muß das einen Übergang zwischen W_1 und W_2 auslösende Photon exakt die Energie $hf = W_2 - W_1$ haben, und entsprechend hat dann auch das stimuliert freiwerdende Photon exakt diese Energie. Diese Vorstellung ist nicht ganz korrekt. Wir betrachten anhand der Abb.8-3 einen Detailaspekt der stimulierten Emission. Nachdem der Übergang stattgefunden hat und ein Photon emittiert wurde, wird der jetzt freigewordene Platz im Leitungsband von einem Elektron erneut besetzt. Das auffüllende Elektron kann von überall im Leitungsband herstammen; es gelangt durch Stöße mit anderen Leitungsbandelektronen in seine neue Position. Dieser Vorgang heißt *Intrabandrelaxation*. Er läuft entsprechend auch im Valenzband ab.

Je höher die Trägerkonzentration, desto wahrscheinlicher ist ein Zusammenstoß, desto schneller erfolgt das Wiederbesetzen, und desto kürzer ist die *Intraband-Relaxationszeit* τ_{relax}. Umgekehrt heißt das: der aufzufüllende Platz existiert die entsprechende Zeit τ_{relax} als leerer Platz, er "lebt" für die Dauer τ_{relax}. Eine endliche Lebensdauer ist nach Heisenberg verbunden mit einer Energieunschärfe. Die wiederaufzufüllende Energieposition W_2 ist deshalb keine mathematisch singuläre

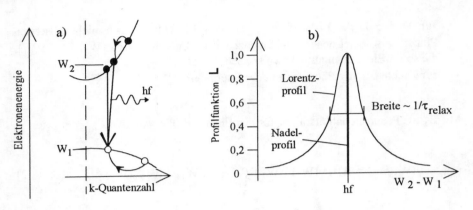

Abb.8-3: a) Aufweichung der Energie- und k-Erhaltung durch Intrabandrelaxation.
b) Profilfunktionen $L(W_1,W_2,\tau_{relax})$: Lorentzprofil und Nadelprofil

Position, sondern sie besitzt eine zu τ_{relax} umgekehrt proportionale "natürliche" Breite. Wird sie erneut besetzt, so kann die Energie des jetzt dort befindlichen Leitungsbandelektrons um diese natürliche Breite von der des ursprünglich vorhandenen Elektrons abweichen. Eine erneute stimulierte Emission zwischen formal denselben Energieniveaus kann jetzt ausgelöst werden von einem Photon, dessen Energie etwas von W_2–W_1 abweicht, und die Energie des neuen stimuliert erzeugten Photons ist ebenfalls nicht exakt W_2–W_1. Abb.8-3a illustriert, daß mit der Energieunschärfe auch eine Lockerung der exakten k-Erhaltung verbunden ist. Die Abweichungen sind in Abb.8-3a übertrieben groß dargestellt. Umgekehrt folgt daraus, daß ein Photon der Energie hf auch eine stimulierte Emission zwischen zwei Energieniveaus auslösen kann, die nicht exakt um hf auseinanderliegen. Analoge Aussagen gelten für die Vorgänge bei der Absorption eines Photons.

Die Intrabandrelaxation führt dazu, daß **jeder** Ladungsträger eines Bandes eine Chance hat, am Übergang beteiligt zu werden, wobei natürlich seine Chance schwindet, je weiter er energetisch entfernt liegt von der wiederaufzufüllenden Position. Der einzubeziehende Energiebereich wird erfaßt durch eine normierte *Profilfunktion* $L(W_1,W_2,\tau_{relax})$, deren exakte Form aus anderen Überlegungen hergeleitet werden muß. Abb.8-3b zeigt ein *Lorentzprofil* als typische Profilfunktion. Für $\tau_{relax} \to \infty$ entartet L zu einer Nadelfunktion.

Wir haben gesehen, daß ein Photon der Energie hf nicht nur Übergänge zwischen den wohlspefizierten Energiepositionen W_1 und W_2 auslösen kann. Eine nur noch von der Photonenenergie hf bestimmte Rate $r_{netto}(hf)$ erhält man durch Summation bzw. Integration, wobei der Integrand zur Wichtung des einzubeziehenden Energiebereiches mit der Profilfunktion L multipliziert wird. Damit wird

$$r_{netto}(hf) = \iint\limits_{W_1,W_2} B_{st} \, \rho_{ph} \, D_c(W_2) \, D_v(W_1) \left[f_c(W_2) + f_v(W_1) - 1 \right] \cdot L \cdot dW_1 \, dW_2$$

$$[8.5]$$

Die exakte Berechnung von [8.5] ist schwierig. Sie wird deutlich vereinfacht, wenn wir als Profilfunktion L eine Nadelfunktion wählen. Physikalisch heißt dies: es werden nur Übergänge zugelassen, für die exakt $W_2 - W_1 = hf$ ist. Mathematisch erreicht man dieses Ziel mit einer Dirac'schen δ-Funktion als Profilfunktion:

$$L(W_1, W_2, \tau_{relax}) \rightarrow \delta[(W_2 - W_1) - hf] \qquad [8.6]$$

In dieser Näherung läßt sich die Integration über W_2 ausführen, und man erhält

$$r_{netto}(hf) = B_{st} \, \rho_{ph} \int\limits_{W_1} D_c(W_1 + hf) \, D_v(W_1) \left[f_c(W_1 + hf) + f_v(W_1) - 1 \right] dW_1$$

$$[8.7]$$

Die Integration erstreckt sich über alle besetzten Valenzbandzustände. Für das weitere Vorgehen erweist es sich als geschickt, eine Größe g zu definieren durch:

$$g(hf) := \frac{B_{st}}{v_{gr}} \int\limits_{W_1} D_c(W_1 + hf) \, D_v(W_1) \left[f_c(W_1 + hf) + f_v(W_1) - 1 \right] dW_1 \qquad [8.8]$$

v_{gr} ist die Gruppengeschwindigkeit der Photonen. Die physikalische Bedeutung von g wird sich erst später zeigen. Mit [8.8] können wir [8.7] in die Form bringen

$$r_{netto}(hf) = \rho_{ph} \cdot v_{gr} \cdot g(hf) \qquad [8.9]$$

$r_{netto}(hf)$ läßt sich interpretieren: Ein Ensemble von Photonen der Energie hf befinde sich an einer Stelle z_0 im Halbleiter und bewege sich mit der Geschwindigkeit v_{gr} in +z-Richtung. Wenn jetzt

$r_{netto}(hf) < 0$:   dann überwiegen in jeder Zeiteinheit die Absorptionsvorgänge; die Photonenkonzentration wird beim Weiterlaufen abnehmen

$r_{netto}(hf) > 0$:   dann überwiegen in jeder Zeiteinheit die stimulierten Emissionen; die Photonenkonzentration wird beim Weiterlaufen zunehmen: **Lichtverstärkung, LASER**

B_{st}, ρ_{ph}, D_c und D_v sind positiv. g(hf) und damit $r_{netto}(hf)$ wird positiv genau dann, wenn der Term $[f_c(W_1+hf) + f_v(W_1) - 1]$ im Integranden von [8.8] positiv ist. Wir erhalten die sog. *Inversionsbedingung (1.Laserbedingung)*:

Inversionsbedingung (1.Laserbedingung):
Verstärkung von Licht der Energie hf setzt voraus, daß

$$f_c(W_1+hf) > 1-f_v(W_1) \qquad\qquad [8.10]$$

wobei W_1 ein Valenzbandzustand des Halbleiters ist.

f_c ist die Wahrscheinlichkeit, daß ein Leitungsbandzustand von einem Elektron besetzt ist. $1-f_v$ ist die Wahrscheinlichkeit, daß ein Valenzbandzustand <u>nicht</u> von einem Loch, somit von einem Elektron besetzt ist. Gl.[8.10] sagt aus, daß die stimulierte Emission nur dann die Fundamentalabsorption überwiegt, wenn ein Valenzbandzustand bei der Energie W_1 mit geringerer Wahrscheinlichkeit von einem Elektron besetzt ist als ein Leitungsbandzustand bei der um hf höheren Energie $W_2=W_1+hf$. Im thermodynamischen Gleichgewicht sind Zustände tieferer Energie eher besetzt als Zustände höherer Energie. Die thermodynamische Laserbedingung fordert also eine Umkehr –*Inversion* – der normalen Verhältnisse; daher ihr Name *Inversionsbedingung*. Ist sie erfüllt, so befindet sich der Halbleiter im *Inversionszustand*.

Bei Inversion liegt kein thermodynamisches Gleichgewicht mehr vor, und die Besetzungswahrscheinlichkeiten f_c und f_v enthalten als Parameter nach [3.3] die Quasifermienergien W_{Fc} bzw. W_{Fv}. Wir setzten [3.3] in [8.10] ein und erhalten wegen $[1-1/(1+e^x)] = (1+e^x-1)/(1+e^x) = e^x/(1+e^x) = 1/(1+e^{-x})$

$$\frac{1}{1 + \exp\left[\dfrac{(W_1 + hf) - W_{Fc}}{k_B T}\right]} > 1 - \frac{1}{1 + \exp\left[\dfrac{W_{Fv} - W_1}{k_B T}\right]} = \frac{1}{1 + \exp\left[\dfrac{W_1 - W_{Fv}}{k_B T}\right]}$$

Die Ungleichung ist erfüllt für $(W_1 + hf) - W_{Fc} < W_1 - W_{Fv}$. Daraus folgt:

$$W_{Fc} - W_{Fv} > hf \qquad [8.11a]$$

Weil zusätzlich die Photonenenergie hf mindestens so groß sein muß wie der Bandabstand W_g, weil also $hf > W_g$, ergibt sich

$$W_{Fc} - W_{Fv} > hf > W_g \qquad [8.11b]$$

Gl.[8.11b] ist eine andere Formulierung der Inversionsbedingung. Sie sagt aus:

Inversionsbedingung in alternativer Formulierung:
Inversion liegt genau dann bzw. genau dort vor, wenn bzw. wo die Quasi-Ferminiveaus energetisch um mehr als W_g auseinanderliegen. Verstärkung tritt ein, wenn unter diesen Umständen Licht der Energie hf mit hf nach [8.11b] eingestrahlt wird.

Wir definieren nun zwei "Eindringtiefen" ε_c und ε_v durch

$$\varepsilon_c := W_{Fc} - W_c \quad \text{und} \quad \varepsilon_v := W_v - W_{Fv} \qquad [8.12]$$

Ist ε_c positiv, so liegt das Quasiferminiveau W_{Fc} oberhalb der Leitungsbandunterkante W_c, d.h. **im Leitungsband**. Enstprechendes gilt für ε_v. Mit diesen Eindringtiefen läßt sich [8.11b] wegen $W_{Fc} - W_{Fv} = \varepsilon_c + \varepsilon_v + W_g$ umschreiben in

$$\varepsilon_c + \varepsilon_v > 0 \qquad [8.13]$$

Die Ungleichung [8.13] besagt, daß <u>mindestens eines</u> der QFN's in das zugeordnete Band eingetaucht sein muß, damit Inversion erreicht wird; in der Praxis dringen sogar beide QFN's in ihr jeweiliges Band ein. Die Lage der QFN's relativ zu den Bandkanten ist nach [3.8] und Abb.3-3 verknüpft mit den Konzentrationen der freien Träger. Liegt ein QFN innerhalb eines Bandes, so ist der Halbleiter nach der Definition in Abschn.3.4 "entartet". Letztlich stellt die obige Formulierung fest:

Notwendig für das Eintreten der Inversion ist, daß am gleichen Ort und zu gleicher Zeit mindestens eine der Trägersorten in entarteter Konzentration vorliegt. Verstärkung tritt ein, wenn unter diesen Umständen Licht der Energie hf mit hf nach [8.11b] eingestrahlt wird.

Die Inversionsbedingung läßt sich anschaulich verstehen. Der Einfachheit halber gehen wir davon aus, daß beide QFN's in ihr zugeordnetes Band eintauchen. Nach dem in Abschn.3.3 Gesagten sind dann alle Leitungsbandzustände zwischen W_c und W_{Fc} mit mehr als 50% Wahrscheinlichkeit von Elektronen besetzt, alle Valenzbandzustände zwischen W_v und W_{Fv} mit mehr als 50% Wahrscheinlichkeit mit Löchern besetzt, also von Elektronen entleert. Ein Photon mit einer Energie zwischen $W_c-W_v = W_g$ und $W_{Fc}-W_{Fv}$ kann jetzt nur mit geringer Rate absorbiert werden, denn im Valenzband sind kaum Elektronen, und im Leitungsband ist kaum Platz für weitere Elektronen. Dagegen kann es mit hoher Rate stimulierte Emission verursachen: im Leitungsband sind viele Elektronen, im Valenzband sind viele Löcher, d.h. ist viel Platz für weitere Elektronen.

8.3 Halbleiterlaser als Verstärker für optische Strahlung

Ein Halbleitergebiet im Inversionszustand bildet einen Verstärker für optische Strahlung: wenn Photonen an der Stelle $z = 0$ in eine Inversionszone eintreten, dann nimmt die Intensität S bzw. die Photonendichte ρ_{ph} in Lichtlaufrichtung mit wachsender Laufstrecke z zu. Wir berechnen den Intensitätsanstieg unter der Annahme, daß überall in der Inversionszone dieselben Bedingungen herrschen [homogene Inversionszone, $g \neq g(z)$] und daß insbesondere die Photonendichte nur durch die in $r_{Fund.Abs.}$ und $r_{stim.Em.}$ erfaßten Vorgänge geändert werden kann.

$r_{stim.Em.}$ bzw. $r_{Fund.Abs.}$ messen direkt eine Vergrößerung bzw. Verkleinerung der Photonenzahl je Zeiteinheit in einem Volumenelement, also eine zeitliche Konzentrationsänderung. Demzufolge beschreibt r_{netto} die zeitliche Gesamtänderung der Konzentration ρ_{ph} an Photonen der Energie hf , und wir können identifizieren:

$$r_{netto}(hf) \equiv \frac{\partial}{\partial t}\rho_{ph} \qquad [8.14]$$

Wir ersetzen r_{netto} mit [8.9] durch ρ_{ph}:

$$\rho_{ph}\, v_{gr}\, g = \frac{\partial \rho_{ph}}{\partial t} = \frac{\partial \rho_{ph}}{\partial z}\frac{\partial z}{\partial t} = \frac{\partial \rho_{ph}}{\partial z} v_{gr} \qquad [8.15]$$

Nach Kürzen von v_{gr} erhalten wir die Differentialgleichung $\dfrac{\partial \rho_{ph}}{\partial z} = g(hf)\cdot \rho_{ph}$

mit der Lösung

$$\rho_{ph}(z) = \rho_{ph}(z=0) \cdot \exp\left[g(hf) \cdot z\right] \qquad [8.16a]$$

Über [1.14] kann die Photonendichte durch die Intensität S ersetzt werden, so daß wir mit $S_0 := S(z=0)$ auch schreiben können:

$$S(z) = S_0 \cdot \exp\left[g(hf) \cdot z\right] \qquad [8.16b]$$

Ergebnis:

Beim Durchgang durch die Inversionszone steigt die Photonendichte $\rho_{ph}(z)$ bzw. die Intensität S(z) exponentiell an. Das Anstiegsverhalten wird gekennzeichnet durch eine von der Photonenenergie abhängige Kenngröße g(hf) mit der Maßeinheit cm^{-1}. g heißt *optischer Gewinn* oder *optische Verstärkung* und kennzeichnet den Intensitätszuwachs je Längeneinheit Lichtlaufstrecke. Formelmäßig ist g durch [8.8] gegeben.

Die lawinenartige Zunahme der Photonendichte bzw. Intensität kann anschaulich erklärt werden: jedes durch stimulierte Emission entstandene Photon hat dieselbe Energie und dieselbe Laufrichtung wie sein Auslösephoton. Beim Lichtdurchgang durch die Inversionszone leiten deshalb immer mehr identische Photonen immer neue stimulierte Emissionsprozesse ein: exponentieller Anstieg.

[8.16a,b] kann auch in der Form des Beer'schen Gesetzes [6.1a,b] geschrieben werden. Erklärt man die optische Verstärkung g als negative Dämpfung, d.h. definiert man eine Dämpfungskonstante $\alpha_{gain} := -g$, dann geht z.B. [8.16a] über in

$$S(z) = S_0 \exp(-\alpha_{gain} \cdot z) \quad \text{mit} \quad \alpha_{gain} := -g \qquad [8.16c]$$

8.4 Abhängigkeit des Gewinnkoeffizienten von der Trägerdichte; Transparenzdichte

Der Gewinnkoeffizient g(hf) nach [8.8] enthält die Besetzungswahrscheinlichkeiten f_c und f_v, die ihrerseits gemäß [3.3] von den Relativlagen $W_{Fc} - W_v$ und $W_v - W_{Fv}$ der QFN's abhängen. Die Relativlagen sind wiederum (über [3.8], die Entartung ist zu beachten!) korreliert mit der Konzentration der zugeordneten freien Ladungsträger. Letztlich hängt damit g ab von den Ladungsträgerkonzentrationen n und p

$$g = g(hf; n, p) \qquad [8.17]$$

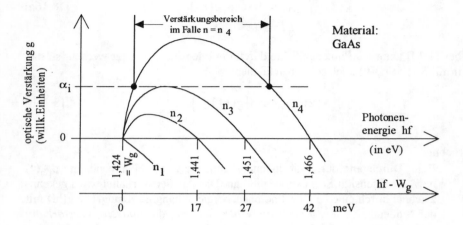

Abb.8-4: Optische Verstärkung in GaAs bei unterschiedlichen Elektronenkonzentrationen n. Allen Kurven gemeinsam ist eine Löcherkonzentration $p = 1 \cdot 10^{19}$ cm^{-3} entsprechend einer QFN-Eindringtiefe $\varepsilon_v = W_v - W_{Fv} = +12$ meV. Die Elektronenkonzentrationen sind

$n_1 = 2,2 \cdot 10^{17}$ cm^{-3} $\Leftrightarrow$ $\varepsilon_c = W_{Fc} - W_c = -15$ meV $\Rightarrow$ $\varepsilon_c + \varepsilon_v = -3$meV < 0
$n_2 = 4,0 \cdot 10^{17}$ cm^{-3} $\Leftrightarrow$ $\varepsilon_c = W_{Fc} - W_c = +5$ meV $\Rightarrow$ $\varepsilon_c + \varepsilon_v = +17$ meV
$n_3 = 5,6 \cdot 10^{17}$ cm^{-3} $\Leftrightarrow$ $\varepsilon_c = W_{Fc} - W_c = +15$ meV $\Rightarrow$ $\varepsilon_c + \varepsilon_v = +27$ meV
$n_4 = 8,2 \cdot 10^{17}$ cm^{-3} $\Leftrightarrow$ $\varepsilon_c = W_{Fc} - W_c = +30$ meV $\Rightarrow$ $\varepsilon_c + \varepsilon_v = +42$ meV

Die Transparenzdichte liegt bei $n_T = 2,5 \cdot 10^{17}$ cm^{-3}; dann ist $\varepsilon_c = -12$ meV. Wenn Verluste α_i in der skizzierten Höhe berücksichtigt werden müssen, wäre die sich daraus ergebende Schwellendichte $n_{th} \equiv n_3$. Bei $n > n_3$, z.B. bei $n = n_4$, ist Verstärkung möglich, wenn Photonen mit Energien aus dem gesondert markierten Energiebereich eingestrahlt werden: in diesem Energiebereich ist $g > \alpha_i$

Abb.8-4 zeigt den aus [8.8] berechneten Verlauf von g für GaAs als Funktion der Photonenenergie bei verschiedenen Konzentrationen n und p. Alle Kurven gemeinsam ist eine Löcherkonzentration $p = 1 \cdot 10^{19}$ cm^{-3}, erzeugt z.B. durch entsprechend hohes Dotieren des Halbleiters mit Akzeptoren. Mit [3.8b] und [8.12] ergibt sich $\varepsilon_v = W_v - W_{Fv} = 12$meV, d.h. das Löcher-QFN befindet sich 12 meV tief im Valenzband. Bringt man jetzt – wie auch immer – in denselben Halbleiterbereich z.B. $n_2 = 4,0 \cdot 10^{17}$ cm^{-3} Elektronen, dann liegt das Elektronen-QFN $\varepsilon_c = W_F - W_c = 5$meV tief im Leitungsband. Nach [8.11b] reicht der Energiebereich positiver Verstärkung von $W_g = 1,424$eV bis $W_{Fc} - W_{Fv} = W_g + (\varepsilon_c + \varepsilon_v) = 1,424$eV $+ (5+12)$meV $= 1,441$eV. Wenn demnach in dieser Situation Photonen mit einer Energie zwischen 1,424eV und 1,441eV in die Inversionszone eingebracht werden, dann werden diese Photonen beim Durchlaufen der Inversionszone gemäß [8.16a] verstärkt.

Die Verstärkungskurven in Abb.8-4 sind nicht allzu realistisch, sie beruhen auf den bei der Herleitung von [8.7] bzw. [8.8] gemachten Voraussetzungen. Eine realistischere Berechnung muß die korrekte Profilfunktion und die exakte Bandstruktur des Halbleiters beachten. Wird, wie oben angedeutet, eine entartete Trägerkonzentration durch entsprechend hohe Dotierung erzeugt, dann muß zusätzlich berücksichtigt werden, daß sich die in Abschn.3.7 besprochenen und in Abb.3-6 dargestellten Bandausläufer ausbilden und einen erheblichen Einfluß auf das Emissions- und Absorptionsverhalten nehmen. Als gültige Aussage bleibt aber:

Erst wenn bei einer gegebenen Löcherkonzentration die Elektronenkonzentration einen Mindestwert n_T überschreitet, bildet sich ein Photonenenergiebereich aus, innerhalb dessen g > 0 ist. Dieser Mindestwert heißt *Transparenzdichte*. Die Transparenzdichte ist diejenige Elektronendichte, bei der $\varepsilon_c + \varepsilon_v = 0$ wird.

In der oben vorgestellten Berechnung der Verstärkung g war $\varepsilon_v = 12$ meV für p = $1 \cdot 10^{19}$ cm^{-3}. Die Eindringtiefe ε_c wird = -12 meV bei n = $2,5 \cdot 10^{17}$ cm^{-3} $\Rightarrow$ Im Rahmen der obigen Näherung ist die Transparenzdichte $n_T = 2,5 \cdot 10^{17}$ cm^{-3}.

Bei festgehaltener Löcherkonzentration wird bei n > n_T die optische Verstärkung g(hf;n;p) in einem begrenzten Photonenenergiebereich positiv und nimmt in diesem Bereich ein Maximum g_{max} ein. Abb.8-5 zeigt, daß g_{max} linear mit wachsender Elektronenkonzentration zunimmt. Die funktionale Abhängigkeit läßt sich – bei festgehaltener Löcherkonzentration – approximieren durch

$$g_{max}(n) = a \cdot (n - n_T) \qquad [8.18]$$

Die *differentielle Verstärkung* a ist eine Materialkonstante. Für GaAs hat a den Wert a $\approx 2,4 \cdot 10^{-16}$ cm^2.

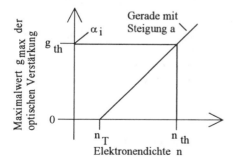

Abb.8-5:
Maximalwert der Verstärkung als Funktion der Elektronenkonzentration. Transparenzdichte n_T und Schwellendichte n_{th}

8.5 Berücksichtigung der intrinsischen Verluste; Schwellenbedingungen für den Laser im Verstärkerbetrieb

In [8.16b] wird die Änderung der Intensität einer Lichtwelle charakterisiert durch den Verstärkungskoeffizienten g. In g sind die physikalischen Prozesse der stimulierten Emission sowie der Fundamentalabsorption zusammengefaßt. In g **nicht** enthalten sind alle anderen Prozesse, die die Lichtintensität vergrößern oder reduzieren. Darunter fallen alle diejenigen <u>spontanen</u> strahlenden Rekombinationsvorgänge, deren Emission in allen ihren Eigenschaften mit der Laserstrahlung übereinstimmt. In der Praxis kann man diese Beiträge vernachlässigen. Nicht vernachlässigbar sind dagegen alle diejenigen Intensitätsverluste, die **nicht** auf die (bereits in g berücksichtigte) Fundamentalabsorption zurückzuführen sind. An erster Stelle ist hier zu nennen die in Abschn. 6.3 erwähnte und bei hohen Trägerkonzentrationen durchaus bemerkbare Absorption durch freie Ladungsträger. Wie fassen alle diese *intrinsischen Verlustmechanismen* in einem Verlustkoeffizienten α_i zusammen. Die Gesamtdämpfung α aus intrinsischen Verlusten α_i und (negativ zu nehmender, siehe [8.16c]) optischer Verstärkung $-g$ wird nach [6.2] gebildet durch Addition der Einzelbeiträge: $\alpha = \alpha_i + (-g)$. Damit geht bei Berücksichtigung der intrinsischen Verluste [8.16c] über in

$$S(z) = S_0 \cdot \exp(-\alpha \cdot z) = S_0 \cdot \exp[-(\alpha_i - g) \cdot z] = S_0 \cdot \exp[(g - \alpha_i) \cdot z] \qquad [8.19]$$

Gleichung [8.19] hat weitreichende Konsequenzen. Unmittelbar ersichtlich ist, daß S erst anwächst, wenn der Exponent positiv ist. α_i legt folglich eine Schwelle fest, die der Verstärkungskoeffizient g überschreiten muß, damit die Intensität zunimmt. Der Koeffizientenwert $g_{th} := \alpha_i$ bildet den *Schwellenwert des Gewinns für den Laser im Verstärkerbetrieb*.

Bei festgehaltener Löcherdichte bläht sich die Verstärkungskurve als Ganzes mit wachsender Elektronendichte auf, siehe Abb.8-4. Die durch die intrinsischen Verluste vorgegebene Schwelle α_i wird deshalb zuerst vom Maximumspunkt einer Verstärkungskurve erreicht, in Abb.8-4 vom Maximumspunkt des Verstärkungsprofils zur Konzentration n_3. Wir können somit diejenige spezielle Elektronenkonzentration n_{th}, bei der die Verlustschwelle überschritten wird, festlegen durch

$$g_{th} := g_{max}(n = n_{th}) = \alpha_i \qquad [8.20]$$

Mit Hilfe von [8.18] erhalten wir n_{th} zu (siehe hierzu auch Abb.8-5)

$$\alpha_i = a(n_{th}-n_T) \qquad \Rightarrow \qquad n_{th} = n_T + \alpha_i/a \qquad [8.21]$$

Die nach [8.21] berechnete Trägerdichte n_{th} isdt die *Schwellendichte für den Verstärkereinsatz*. Erst wenn $n > n_{th}$ geworden ist, bildet sich ein Photonenenergiebereich aus, innerhalb dessen $g > \alpha_i$ ist. Abb.8-4 illustriert die Zusammenhänge:

Für GaAs ist typisch $\alpha_i = 25$ cm^{-1}. Mit a = 2,4·10^{-16} cm^2 und einer Transparenzdichte $n_T = 2,5 \cdot 10^{17}$ cm^{-3} wird $n_{th} = 2,6 \cdot 10^{17}$ cm^{-3} ($\equiv n_3$ in Abb.8-4). Werden $n_4 = 8,2 \cdot 10^{17}$ cm^{-3} Elektronen injiziert, dann können von außerhalb eingestrahlte Photonen mit Energien in dem gesondert markierten Bereich verstärkt werden.

8.6 Stromanregung und Schwellenstromdichte

In allen obigen Ausführungen wurde bei unveränderter Löcherkonzentration p die Elektronenkonzentration n erhöht, bis Inversion erreicht wurde. Wir betrachten jetzt einen sehr hoch p-dotierten Halbleiter mit der Löcherkonzentration p_0 im thermodynamischen Gleichgewicht. Die Löcherdichte sei so hoch, daß die zugehörige Elektronendichte $n_0 = n_i^2/p_0 \approx 0$ gesetzt werden kann. In einen definierten Volumenbereich $\Delta V = d \cdot \Delta A$ (die Geometrie der Anordnung ist in Abb.8-6 skizziert) dieses Halbleiters injizieren wir von der einen Seite her Elektronen, von der anderen Seite her **mit gleicher Rate** Löcher. Elektrotechnisch gesehen wird unser Volumenelement von einem *Pumpstrom* durch**flossen, der auf der einen Seite als reiner Elektronenstrom einfließt und auf der gegenüberliegenden Seite als reiner Löcherstrom ausfließt (Ein- und derselbe technische Strom kann als Löcherbewegung in Stromflußrichtung oder aber als Elektronenströmung in Gegenrichtung getragen werden). Der Strom injiziert die Zusatzträger Δn und Δp, wobei nach Voraussetzung $\Delta n = \Delta p$ ist. Dadurch erhöhen wir die Trägerkonzentrationen im Volumen auf $p = p_0+\Delta p$ bzw. $n = n_0+\Delta n$. Ziel ist es, $n > n_{th}$ werden zu lassen.

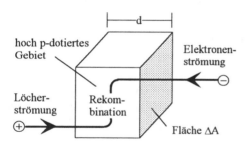

Abb.8-6:
Ladungsträgernachlieferung zur Aufrechterhaltung eines Nichtgleichgewichtes mit vollständigem Trägereinschluß.

Wir berechnen zuerst, wie hoch im stationären Zustand die Trägerdichten in dem betrachteten stromdurchflossenen Volumenelement sind. Durch die eingespülten Ladungsträger weicht das Produkt np der Ladungsträgerkonzentrationen von seinem Gleichgewichtswert $n_0 p_0 = n_i^2$ ab. Als Konsequenz setzt spontane Überschußrekombination (strahlend **und** nichtstrahlend) ein und versucht, den Überschuß abzubauen. Mathematisch werden die Vorgänge durch die Bilanzgleichungen [5.5] beschrieben. Wenn mit Ausnahme der spontanen Rekombination keine sonstigen Rekombinationsmöglichkeiten bestehen, also insbesondere keine stimulierte Rekombination die Trägerkonzentrationen beeinflußt, dann lauten die Bilanzgleichungen (zur Bezeichnungsweise siehe Abschn.5.1)

$$\frac{\partial}{\partial t} \Delta n = G_{n,Strom} - \Delta R_n \qquad\qquad [8.22a]$$

$$\frac{\partial}{\partial t} \Delta p = G_{p,Strom} - \Delta R_p \qquad\qquad [8.22b]$$

denn nach Voraussetzung fließen keine Leitungsbanbdelektronen und keine Valenzbandlöcher wieder aus dem Volumen heraus ($R_{n,Strom}=R_{p,Strom}=0$), und es erfolgt keine zusätzliche Erzeugung von Ladungsträgern über die thermodynamische Gleichgewichtserzeugung hinaus ($\Delta G_n=\Delta G_p=0$). Weiterhin werden nach Voraussetzung über den Strom gleichviel Elektronen wie Löcher eingespült, so daß wir $G_{n,Strom} = G_{p,Strom} = G_{Strom}$ setzen können. Die Zusatzrekombination vernichtet durch **spontane** Rekombination (strahlend **und** nichtstrahlend) gleichviel Elektronen wie Löcher je Zeiteinheit; mit [5.20] ergibt sich (beachte: das ausgewählte Halbleitermaterial ist p-leitend, die Minoritäten haben die Lebensdauer τ_n):

$$\Delta R_n = \Delta R_p = \Delta n/\tau_n = \Delta p/\tau_n =: \Delta R_{spont} \qquad\qquad [8.23]$$

Damit geht [8.22a] über in $\frac{\partial}{\partial t} \Delta n = G_{Strom} - \Delta n/\tau_n$; eine entsprechende Gleichung ergibt sich für Δp. Wir verlangen nun weiter, daß $\Delta p \ll p_0$ ist, so daß trotz der Löcherzufuhr zu jedem Zeitpunkt $p \approx p_0$ gesetzt werden kann. Die Differentialgleichung [8.22b] für Δp braucht dann nicht mehr beachtet zu werden. Für die Elektronenkonzentration ist dagegen $\Delta n \approx n$ wegen $n_0 \approx 0$, so daß letztlich

$$\frac{\partial}{\partial t} n = G_{Strom} - n/\tau_n \qquad\qquad [8.24]$$

Wir betrachten die Trägerinjektion genauer. In das Volumen $\Delta V = d \cdot \Delta A$ hinein transportiert der Strom der Stärke I Elektronen durch die Kantenfläche ΔA hindurch, siehe hierzu Abb.8-6. Die Anzahl ΔN der in der Zeiteinheit Δt eingebrachten Elektronen ist $\Delta N = \Delta Q/q = (I \cdot \Delta t)/q$; darin ist $\Delta Q = I \cdot \Delta t$ die vom Strom der Stärke I injizierte Ladung. Damit erhöht sich in der Zeitspanne Δt die Trägerkonzentration in ΔV um $\Delta n = \dfrac{\Delta N}{\Delta V} = \dfrac{\Delta Q/q}{d \cdot \Delta A} = \dfrac{I \cdot \Delta t}{q \cdot d \cdot \Delta A} = \dfrac{\Delta t}{q \cdot d} \cdot \dfrac{I}{\Delta A} = \dfrac{\Delta t}{q \cdot d} \cdot J$. (denn nach Voraussetzung verläßt keines der eingespülten Elektronen das Volumen wieder als Leitungsbandelektron). $I/\Delta A$ ist die Flächendichte J des Stromes I durch ΔA hindurch. Wir können deshalb als Nachlieferungsrate G_{Strom} festlegen:

$$G_{Strom} = \frac{\Delta n}{q\,d} = \frac{J}{q\,d} \qquad\qquad [8.25]$$

und erreichen
$$\frac{\partial n}{\partial t} = \frac{J}{q\,d} - \frac{n}{\tau_n} \qquad\qquad [8.26]$$

Im stationären Zustand müssen die Zeitableitungen verschwinden; dadurch wird $n/\tau_n = J/(qd)$. Ein stationärer Strom der Dichte J führt so im betrachteten Volumen ΔV zu der zeitkonstanten Elektronenkonzentration

$$n = \frac{\tau_n}{q\,d}\,J \qquad\qquad [8.27]$$

In umgekehrter Argumentation stellt ein Strom der Dichte $J = qdn/\tau_n$ die Elektronenkonzentration n in ΔV bereit und ersetzt ausschließlich die Trägerverluste infolge **spontaner** Überschußrekombination. Für andere Verlustmechanismen, insbesondere für den Abbau durch **stimulierte** Rekombination, steht noch kein einziger Ladungsträger zur Verfügung!

In Abschn.8.5 wurde gezeigt, daß optische Verstärkung in einem Raumbereich möglich ist, wenn dort die Elektronenkonzentration bei unveränderter Löcherdichte einen Schwellenwert n_{th} überschreitet. Nach dem eben Gesagten wird eine Dichte n_{th} in ΔV erreicht und ΔV damit zu einem Inversionsgebiet, wenn ein Nachlieferstrom vorhanden ist mit der *Schwellenstromdichte* J_{th} für den Laser im Verstärkerbetrieb (berücksichtige [8.21])

$$J_{th} = \frac{q\,d}{\tau_n} \cdot n_{th}$$
$$= \frac{q\,d}{\tau_n} \cdot \left[n_T + \frac{\alpha_i}{a} \right] \qquad\qquad [8.28]$$

Die Einsatzschwelle J_{th} hängt somit von der Weite d der aktiven Zone, von Materialeigenschaften (τ_n, α_i, a) und – indirekt über die Transparenzdichte n_T – von der Stärke der Dotierung ab.

Zahlenbeispiel:

In einem p-dotierten GaAs-Halbleiter mit $p_0 = 1 \cdot 10^{19}$ cm^{-3} sei $n_{th} = 2,6 \cdot 10^{17}$ cm^{-3}. Das betrachtete Volumenelement sei ein quaderförmiger Raumbereich mit den geometrischen Abmessungen d = 3 μm und $\Delta A = 150 \mu m * 400 \mu m = 6 \cdot 10^{-4}$ cm^2. Die Elektronenlebensdauer in diesem Material ist $\tau_n = 0,3$ ns. Die Schwellstromdichte ist dann $J_{th} \approx 41,6$ kA/cm^2, die Schwellenstromstärke beträgt $I_{th} = J_{th} \cdot \Delta A = 25$ A!

Erhöht man J über J_{th} hinaus, dann würde ohne Einwirkung von außen die Elektronenkonzentration auf einen Endwert $n > n_{th}$ anwachsen, wobei der neue Endwert wieder durch [8.27] festgelegt würde. Strahlt man aber bei $J > J_{th}$ zusätzlich von außen Photonen mit einer Energie hf ein, die die Grundvoraussetzung [8.11b] erfüllt, dann wird das Licht beim Durchqueren des Inversionsgebietes durch stimulierte Emission verstärkt, seine Intensität steigt nach [8.16b] exponentiell längs des Lichtweges an. Jeder stimulierte Emissionsvorgang wird erkauft mit dem Verlust eines Leitungsbandelektrons, folglich werden längs des Lichtweges in exponentiell ansteigendem Maße Elektronen benötigt, um den zusätzlichen Bedarf durch die stimulierte Rekombination befriedigen zu können. Wenn wir der Einfachheit halber annnehmen, daß alle in ΔV injizierten Elektronen an jedem beliebigen Punkt innerhalb von ΔV zur Verfügung stehen, dann werden bei hinreichend langer Laufstrecke **alle** vom Stromüberschuß $J-J_{th}$ in ΔV eingebrachten Elektronen zu einem stimulierten Übergang ins Valenzband gezwungen.

Ergebnis:

Trotz $J > J_{th}$ steigt bei gleichzeitiger Einstrahlung geeigneter Photonen und hinreichender Laufstrecke die Elektronenkonzentration im Inversionsgebiet nicht über den Wert n_{th} hinaus an, sämtliche vom Stromüberschuß $J-J_{th}$ gelieferten Träger werden durch stimulierte Rekombination abgebaut. Im stationären Endzustand ist also $n = n_{stationär} \equiv n_{th}$, obwohl $J > J_{th}$ ist.

Wir kehren die Argumentation um und erhalten:

Eine optische Verstärkung kann stattfinden, wenn die Stromdichte des Nachlieferstromes einen Schwellenwert J_{th} überschreitet und gleichzeitig Licht geeigneter Wellenlänge in den Inversionsbereich eingestrahlt wird. Nur der Stromüberschuß $J-J_{th}$ liefert die Träger, die zur stimulierten Verstärkung eingesetzt werden können.

8.7 Eine mögliche technische Realisierung der Stromanregung

In der Praxis erreicht man eine Elektroneninjektion in ein p-dotiertes Gebiet mit Hilfe eines in Durchlaßrichtung gepolten pn-Übergangs. Abb.8-7 zeigt das Energieband-Ortsdiagramm (Grenzfläche an der Stelle x = 0) für den einfachst-möglichen Aufbau. Es muß aber darauf hingewiesen werden, daß das hier vorgestellte Konzept nur das Prinzip erläutern soll, mit dem eine Inversion erreicht wird. Die tatsächliche technische Ausführung von Halbleiterlasern wird in Kap.10 und Kap.12 besprochen werden.

Zwei aneinandergrenzende Bereiche desselben Halbleitergrundmaterials (Homostruktur) sind entartet p-dotiert (p^+) bzw. entartet n-dotiert (n^+). Die entartete Dotierung führt dazu, daß im thermodynamischen Gleichgewicht das Fermi-Niveau sowohl im p- wie im n-Gebiet jeweils innerhalb des zugeordneten Bandes liegt. Zu berücksichtigen ist dabei, daß durch die hohe Dotierung Störbänder entstehen, die mit den eigentlichen Bändern verschmelzen (siehe Abb.3-6) und die Weite der Bandlücke reduzieren. Weiterhin soll $N_D \geq N_A$ sein.

Legt man über der Sperrschicht der entstandenen Diode eine Spannung U in Vorwärtsrichtung an, dann fließt ein Pumpstrom über den pn-Übergang, und es werden Überschußladungsträger auf die jeweils andere Seite des pn-Übergang injiziert. Bei einer Dotierung $N_D \geq N_A$ überwiegt in lasertauglichen Materialien die Elektroneninjektionseffizienz γ_n, siehe die Besprechung zu [4.21]. Stärke und

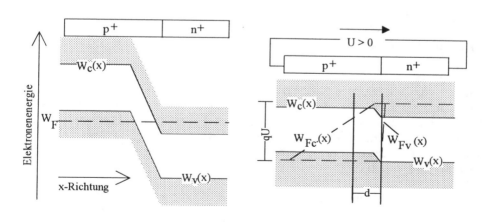

Abb.8-7: Energieband-Ortsdiagramm eines Homo-p^+n^+-Diodenlasers im thermodynamischen Gleichgewicht und im Betriebszustand

Richtung der Trägerinjektion können an dem Verlauf der QFN's und ihrem
Abstand zur jeweiligen Bandkante abgelesen werden. Die Dichten der Überschußladungsträger klingen mit wachsender Entfernung von der Grenzfläche ab.
Die zugeordneten QFN's bewegen sich aufeinander zu und decken sich schließlich. Sie nehmen dann relativ zu den Bandkanten (!) dieselbe Position ein wie
zuvor das Ferminiveau, allerdings auf **absolut** gesehen unterschiedlicher energetischer Höhe. Nach [4.17] ist diese Energiedifferenz (für $x \to \pm \infty$) gerade qU,
wird also durch die angelegte Spannung U bestimmt.

Durch die entarteten Dotierungen liegt bereits im thermodynamischen Gleichgewicht das Ferminiveau auf beiden Seiten des Übergangs innerhalb der Bänder.
Deshalb können mit einer Spannung $U \geq W_g/q$ die QFN's für $x \to \pm \infty$ um mehr
als W_g voneinander separiert werden. Abb.8-7 zeigt, daß dann an der pn-Grenz-
fläche ein Raumbereich entsteht, in dem $W_{Fc} - W_{Fv} > W_g$ ist, in dem also
Inversion vorliegt. Diese Schicht bildet eine aktive Verstärkerzone. Wird in sie
von außen Licht passender Wellenlänge eingestrahlt, dann wird das Licht beim
Durchqueren der aktiven Zone verstärkt: die Halbleiterdiode arbeitet als Licht-
verstärker, als *Diodenlaser*.

Die aktive Schicht entsteht überwiegend durch Elektroneninjektion auf die p-
Seite und nur zu einem vernachlässigbaren Teil durch Löcherinjektion auf die n-
Seite. Sie ist in Trägerfließrichtung beidseitig nur unscharf begrenzt. Die injizierten Elektronen diffundieren ins p-seitige Halbleiterinnere, sie sind nicht in einem definierten Volumen eingeschlossen. Die analoge Diffusion der Löcher ins
n-Gebiet wird vernachlässigt, die Beweglichkeit der Löcher ist zu gering. Die
Dicke d der aktiven Zone ist deshalb korreliert mit der Diffusion der Elektronen,
sie beträgt einige μm in p^+n^+-GaAs-Dioden bei Zimmertemperatur.

Den in Abb.8-7 gezeigten Bandverlauf erreicht man nur, wenn ein Nachlieferstrom
der Dichte J fließt, der die Trägerkonzentrationen stationär aufrechterhält. Die
Stromdichte muß den durch [8.28] gegebenen Schwellenwert J_{th} überschreiten.
Allerdings darf die Stromdichte J in diesem Ergebnis nicht gleichgesetzt werden
mit der Dichte des über den pn-Übergang fließenden Stromes. Zwei Gründe sind
hierfür maßgebend:

1. Die Dichte des über den pn-Übergang fließenden Stromes umfaßt <u>alle</u> ins p-
   Gebiet injizierten Träger. Nur ein Teil dieser Träger rekombiniert innerhalb des
   an die RLZ angrenzenden Volumens mit der Ausdehnung d, der Rest diffundiert
   aus diesem Volumen heraus und rekombiniert anderswo. Demgegenüber wurde
   [8.28] hergeleitet unter der Voraussetzung, daß **alle** eintretenden Ladungsträger

auch innerhalb $\Delta V = d \cdot \Delta A$ rekombinieren. Man kann diesen Unterschied durch einen Korrekturfaktor Γ_{el} berücksichtigen. Γ_{el} gibt an, daß von N je Zeiteinheit injizierten Ladungsträgern nur $\Gamma_{el} \cdot N$ in dem speziellen Volumenbereich rekombinieren. Γ_{el} charakterisiert das *Träger-Einschließungsvermögen (carrier confinement, electrical confinement)* des entsprechenden Raumgebietes.

2. Von einer über den pn-Übergang fließenden Gesamtstromdichte J liefert nur ein Bruchteil $\gamma_n \cdot J$ tatsächlich auch Elektronen ins p-Gebiet; der Rest $(1-\gamma_n) \cdot J$ transportiert Löcher ins n-Gebiet. γ_n ist die in [4.21a] eingeführte Elektroneninjektioneffizienz.

Wir erhalten:

Wenn J mit der Stromdichte über einen realen pn-Übergang identifiziert werden soll, ist J hier und in allen künftigen Formeln zu ersetzen durch

$$J \rightarrow \Gamma_{el}\gamma_n \cdot J \qquad [8.29]$$

Im realen Laser ist deshalb [8.28] zu erweitern auf $J_{th} = \dfrac{q\,d}{\Gamma_{el}\,\gamma_n\,\tau_n}\,n_{th}.$

9. Halbleiterlaser als Oszillator für optische Strahlung

In der bisher besprochenen Form wirkt der Halbleiterlaser als Licht<u>verstärker</u>: Licht wird von außerhalb in die Inversionszone eingestrahlt, durchläuft die Inversionszone und wird dabei verstärkt. Im allgemeinen Sprachgebrauch versteht man dagegen unter einem "Laser" ein Bauelement, das nach einem besonderen Verfahren Licht <u>generiert</u>. Ein Laser ist nach dieser erweiterten Auffassung also ein <u>Oszillator</u> für optische Strahlung.

9.1 Rückkoppelung und Selbsterregung

Aus der Hochfrequenztechnik ist bekannt, wie ein Verstärker durch Rückkoppelung zu einem Oszillator umgerüstet werden kann. Abb.9-1 zeigt das Prinzip. Es muß

1. ein Startsignal mit – wenn auch geringer – Anfangsamplitude den Verstärker durchlaufen; als Startsignal genügt breitbandiges (multifrequentes) Rauschen zum Beispiel der Verstärkereingangsstufe
2. Nach dem Durchlauf wird ein Teil des jetzt verstärkten Signales ausgekoppelt und über ein frequenzselektives Element zum Verstärkereingang rückgeführt; der Rest wird dem Verbraucher als Ausgangssignal zur Verfügung gestellt. Das frequenzselektive Element filtert aus dem Breitbandrauschen die Soll-Oszillatorfrequenz zur Weiterverarbeitung aus. Der Gesamtkreis aus Verstärkung und Rückführung muß dabei so ausgelegt sein, daß der rückgeführte Signalanteil eine größere Amplitude hat als das Startsignal (*Amplitudenbedingung*) und sich in der Phasenlage vom Startsignal nur um ein ganzzahliges Vielfaches von 2π unterscheidet (*Phasenbedingung*). Beide Bedingungen zusammen bilden die *Anschwingbedingungen für Selbsterregung.*

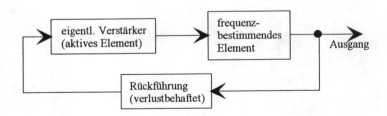

Abb.9-1: Entwicklung eines Oszillators aus einem Verstärker durch Rückkopplung

Nach dem ersten Durchlauf der Schleife steht so am Verstärkereingang ein frequenzgefiltertes Signal mit gleicher Phasenlage, aber höherer Amplitude erneut zur Verstärkung an, und mit jedem folgenden Durchlauf wächst die Amplitude weiter. Auf diese Weise würde sich die Signalamplitude letztlich über alle Grenzen aufschaukeln. Da dies physikalisch nicht möglich ist, muß

3. ein Servomechanismus einsetzen, der die Verstärkung des eigentlichen Verstärkers automatisch zurückregelt, bis der Verstärker nur noch die Verluste (durch die Signalauskopplung zum Verbraucher und in der Rückführungsschleife) ersetzt. Die Amplitude steigt dadurch mit jedem Durchlauf immer weniger und pendelt sich schließlich auf einen stationären Endwert ein. Der Oszillator arbeitet jetzt im *eingeschwungenen Zustand*.

Dieses Wirkprinzip kann vollständig auf den Halbleiterlaser als Schwingungsoszillator für optische Strahlung übertragen werden. Abb.9-2 skizziert eine entsprechende Umsetzung: der optische Verstärker, in unserem Fall ein Halbleitergebiet im Inversionszustand, wird zwischen zwei planparallele teildurchlässige Spiegel gesetzt. Die Spiegel reflektieren das aus dem Halbleiter, d.h. dem Verstärker austretende optische Signal in den Verstärker zurück. In einer technischen Ausführung wirken die durch Spaltung erzeugten Endflächen des Kristalles selbst als Spiegel. Ihre Spiegelwirkung wird gemessen durch den Leistungsreflexionskoeffizienten $R = (n^* - 1)^2/(n^* + 1)^2$ beim Übergang nach Luft. Die in der Optoelektronik eingesetzten Halbleiter haben Brechzahlen $n^* \approx 3,5$; dadurch ist R hinreichend hoch. Ein planparalleles Spiegelsystem wird in der Optik als *Fabry-Perot-Resonator* bezeichnet. Ein nach diesem Muster aufgebauter Halbleiterlaseroszillator heißt deshalb *Fabry-Perot-Laser, FP-Laser*. Es soll bereits hier ausdrücklich darauf hingewiesen werden, daß die Fabry-Perot-Rückführung lediglich <u>eine von vielen</u> Möglichkeiten der Rückführung ist. In Kap.12 werden wir Laserkonzepte besprechen, bei denen die Rückführung nicht als Fabry-Perot-Resonator ausgeformt ist.

9.2 Schwellenbedingung für den Laser im Oszillatorbetrieb; 2.Laserbedingung

Wir berechnen die Intensitätsverhältnisse anhand von Abb.9-2. Startlicht der Intensität S_0 trete in das Inversionsgebiet - die *aktive Zone* - des Halbleiters ein. Das Licht wird beim Durchlaufen der aktiven Zone (Zonenlänge L) gemäß [8.19] verstärkt und tritt mit der Intensität S_1 aus dem aktiven Gebiet aus. An Spiegel 1 wird ein Teil des Lichtes reflektiert, die Intensität des reflektierten Lichtes sei S_2. Das Licht durchläuft wieder die aktive Zone, wird erneut verstärkt und trifft mit der

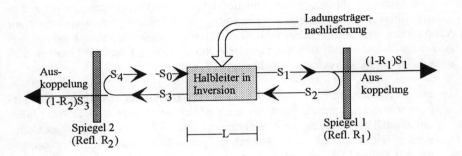

Abb.9-2: Prinzip eines Halbleiterlaseroszillators mit des Fabry-Perot-Resonator

Intensität S_3 auf Spiegel 2. Es wird ein zweites Mal reflektiert und liegt am Ausgangspunkt mit der Intensität S_4 vor. Die Einzelintensitäten $S_1 \ldots S_4$ sind

$$S_1 = S_0 \exp\{(g-\alpha_i)L\}$$
$$S_2 = R_1 S_1 \qquad \text{mit } R_1: \text{ Reflexionskoeffizient von Spiegel 1}$$
$$S_3 = S_2 \exp\{(g-\alpha_i)L\}$$
$$S_4 = R_2 S_3 \qquad \text{mit } R_2: \text{ Reflexionskoeffizient von Spiegel 2}$$

$$\Rightarrow \quad S_4 = S_0\, R_1 R_2 \exp\{(g-\alpha_i)2L\} \qquad\qquad\qquad [9.1]$$

Wenn als Spiegel die nicht weiter bearbeiteten Kristallendflächen genommen werden, ist $R_1 = R_2 =: R$. Wir definieren einen Koeffizienten α_R mit der Maßeinheit cm^{-1} durch:

$$\alpha_R := -\frac{1}{2L}\ln(R_1 R_2) = -\frac{1}{L}\ln(R) \qquad\qquad [9.2a]$$

so daß $\qquad\qquad\qquad R_1 R_2 = \exp(-\alpha_R\, 2L) \qquad\qquad\qquad [9.2b]$

Aus der Sicht eines Nutzers **außerhalb** des Resonators sind die Reflexionen an den Spiegeln Verluste, denn nur die Restintensitäten $(1-R_1)S_1$ bzw. $(1-R_2)S_3$ werden nach außen abgegeben. α_R verschmiert diese Verluste über die scheinbare Länge $2L$ der verstärkenden Zone (beachte: die aktive Zone wird zweimal durchlaufen, ihre scheinbare Länge ist deshalb $2L$ mit L: Resonatorlänge bzw. Kristallänge). Es wird so getan, als ob die Verluste nicht lokalisiert an den Spiegeln auftreten, sondern kontinuierlich im Bereich des verstärkenden Mediums wirken, vergleichbar dadurch mit den in Abschn.8.4 eingeführten intrinsischen Verlusten α_i. α_R wird *längenbezogener Resonatorverlust* genannt. Bei einem GaAs-Halbleiterlaser mit $n^* = 3{,}59$ betragen die Reflexionskoeffizienten der Grenzflächen $R = 0{,}32$. Mit einer typischen Resonatorlänge (Kristalllänge) $L = 400$ µm wird $\alpha_R = 28{,}5$ cm^{-1}.

Gleichung [9.2a] in [9.1] eingesetzt liefert

$$S_4 = S_0 \exp\{[g-(\alpha_i+\alpha_R)]2L\} \qquad [9.3]$$

Wir vergleichen S_4 mit S_0 und erhalten:

Anschwingen $\Leftrightarrow$ $S_4 > S_0$ $\Leftrightarrow$ $g > \alpha_i + \alpha_R := g_{th}$

Damit der Laser anschwingt, muß nach einem geschlossenen Umlauf die Intensität größer sein als zuvor. Diese Forderung entspricht der Amplitudenbedingung des Oszillators. Sie ist erfüllt, wenn der Gewinn g einen Schwellenwert g_{th} überschreitet, den *Schwellenwert des Gewinns für den Laser im Oszillatorbetrieb*. g_{th} ist gegeben durch

$$g_{th} = \alpha_i + \alpha_R = \alpha_i - \frac{1}{L}\ln(R) \qquad [9.4]$$

Die optische Verstärkung g ist abhängig von der Trägerkonzentration. Gl.[9.4] kann deshalb nur erfüllt werden, wenn die Trägerkonzentration im Inversionsgebiet einen Schwellenwert n_{th} erreicht, der bestimmt wird durch

$$g_{th} = g(n = n_{th}) = \alpha_i + \alpha_R \qquad [9.5a]$$

stationärer Zustand $\Leftrightarrow$ $S_4 = S_0$ $\Leftrightarrow$ $g = \alpha_i + \alpha_R := g_{\text{stationär}}$

Das Einschwingverhalten ist abgeschlossen bzw. der stationäre Zustand ist erreicht, wenn bei einem geschlossenen Umlauf die Intensität unverändert bleibt. Dies verlangt, daß der Gewinn g zeitkonstant denjenigen Wert $g_{\text{stationär}}$ einnimmt, der gerade die Verluste bei einem geschlossenen Umlauf deckt:

$$g_{\text{stationär}} = \alpha_i + \alpha_R = \alpha_i - \frac{1}{L}\ln(R) \qquad [9.6]$$

Ein Vergleich mit [9.4] zeigt, daß $g_{stationär}$ identisch ist mit der Verstärkung g_{th} an der Laserschwelle. Also muß auch die zugehörige Trägerdichte $n_{stationär}$ identisch sein mit der Trägerdichte an der Laserschwelle:

$$g_{stationär} \equiv g_{th} \qquad \Leftrightarrow \qquad n_{stationär} \equiv n_{th} \qquad\qquad [9.7]$$

Ergebnis: im eingeschwungenen Zustand hat sich die Trägerdichte auf einen Wert $n_{stationär}$ eingependelt, der identisch ist mit der Dichte n_{th} an der Laserschwelle.

Die obige Betrachtung ist unvollständig, denn sie berücksichtigt noch nicht die Forderung nach phasenrichtiger Rückkoppelung. Aus der Wellenoptik ist bekannt, daß sich in einem optischen Resonator nur diejenigen Lichtwellen halten können, die konstruktiv miteinander interferieren und stehende Wellen bilden. Die Forderung nach konstruktiver Interferenz ist das optische Äquivalent zur Forderung nach phasenrichtiger Rückkoppelung. Im Sonderfalle des Fabry-Perot-Resonators müssen sich dazu an den beiden Spiegelflächen Schwingungsknoten formen und die Wegstrecke zwischen den beiden Spiegeln ein ganzzahliges Vielfaches der halben Materialwellenlänge $\lambda^* = \lambda/n^*$ sein, siehe Abb.9-3a (λ: Vakuumwellenlänge, n^*: Brechzahl). Berücksichtigt man, daß bei der technischen Realisierung die Halbleiterendflächen die Spiegel ersetzen, dann ist der geometrische Spiegelabstand gleich der Kristallänge L, und bei senkrechtem Auftreffen wird die Phasenbedingung ersetzt durch die *Fabry-Perot-Resonanzbedingung*:

$$L = m \cdot \frac{\lambda^*}{2} = m \cdot \frac{\lambda/n^*}{2} \qquad \text{mit } m = 1,2,3... \qquad\qquad [9.8]$$

Die Resonanzbedingung legt fest, daß in einem Fabry-Perot-Laseroszillator nur Licht mit diskreten, durch die Ordnungszahl m indizierbaren Wellenlängen λ_m bzw. Photonenenergien $(hf)_m$ durch Selbsterregung generiert werden kann:

$$\lambda_m = \frac{2\,n^*\,L}{m} \qquad \Leftrightarrow \qquad (hf)_m = m \cdot \frac{hc}{2\,n^*\,L} \qquad ;\ m = 1,2,3... \qquad\qquad [9.9]$$

Die zulässigen Wellen im Abstand $\Delta(hf) := (hf)_{m+1} - (hf)_m = hc/(2n^*L)$ sind die *Frequenzmoden* oder *Longitudinalmoden* des FP-Laserresonators. Die Amplitudenbedingung $S_4 > S_0$ bzw. $g > g_{th}$ und die Phasenbedingung [9.9] werden zusammen häufig als *2.Laserbedingung (Selbsterregungsbedingung)* bezeichnet.

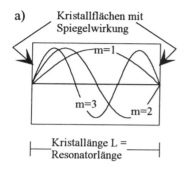

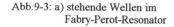

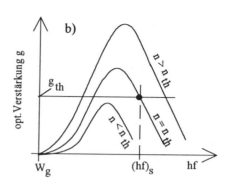

Abb.9-3: a) stehende Wellen im   b) zur Herleitung der Schwellendichte n_{th}
Fabry-Perot-Resonator

Die Fabry-Perot-Resonanzbedingung wirkt auf die Amplitudenbedingung zurück. Bislang haben wir bei der Berechnung der Laserschwelle die Energieabhängigkeit der optischen Verstärkung unberücksichtigt gelassen. Wir wollen erreichen, daß der Laser Photonen mit der speziellen Energie $(hf)_s$ emittiert, wobei natürlich die Energie $(hf)_s$ die Resonanzbedingung [9.9] erfüllen muß. Dann muß Gleichung [9.5a] eigentlich geschrieben werden als (siehe hierzu Abb.9-3b)

$$\alpha_i + \alpha_R = g_{th} = g[n = n_{th}; \; hf = (hf)_s] \qquad [9.5b]$$

Zusammen mit [8.8] ist dies eine Integralgleichung zur Berechnung von n_{th}. Aus ihr kann n_{th} nur mit numerischen Methoden bestimmt werden. Die Rechnung wird extrem vereinfacht, wenn wir die Photonenenergieabhängigkeit von g ignorieren und zusätzlich den tatsächlichen Wert von g an der Energiestelle $(hf)_s$ approximieren durch den Maximalwert g_{max} des jeweiligen Verstärkungsverlaufes. Für g_{max} können wir dann wieder die in [8.18] erfaßte Abhängigkeit von der Trägerdichte einsetzen. Damit erhalten wir analog zu [8.21] die Schwellenkonzentration n_{th} zu

$$n_{th} = n_T + (\alpha_i + \alpha_R)/a \qquad [9.10]$$

Wegen [9.7] besteht dieselbe Konzentration auch im eingeschwungenen Zustand.

Wie beim Laserverstärker stellen wir die zusätzlichen Elektronen wieder durch Stromanregung bereit. Die Rechnung verläuft völlig analog zu der Berechnung in Abschn.8.6 und liefert das Ergebnis:

Durch einen Strom der Dichte $J > J_{th} = \frac{qd}{\tau_n} n_{th}$ mit $n_{th} = n_T + (\alpha_i + \alpha_R)/a$
werden soviele Ladungsträger in das aktive Volumen gepumpt, daß die 2.
Laserbedingung sowohl nach Amplitude als auch nach Phase erfüllt ist und
das Bauelement als Lichtoszillator wirken kann.

Damit bleiben zwei Fragen:
- Wo kommen die Startphotonen her, die die Selbsterregung einleiten?
- Wie regelt sich die Verstärkung selbsttätig auf $g_{\text{stationär}} \equiv g_{th}$ zurück?

Einleitung der Selbsterregung:
In der aktiven Zone sind sowohl die Elektronendichte wie die Löcherdichte größer
als im Gleichgewichtszustand. Deshalb tritt Überschußrekombination auf, die in
lasertauglichen Materialien überwiegend strahlend erfolgt (LED-Strahlung). Ein
Teil der entstehenden LED-Photonen läuft exakt senkrecht auf die Spiegel zu:
diese Photonen wirken als Startphotonen und leiten die Selbsterregung ein. Dabei
ist zusätzlich die Resonanzbedingung zu berücksichtigen: sie selektiert aus dem
spektral breitbandigen LED-Spektrum diejenigen diskreten Photonenenergien bzw.
Wellenlängen aus, die [9.9] erfüllen. In Abb.9-4 sind die zulässigen Photonenenergien durch kurze Striche markiert. Zunächst schwingen alle diese Wellen
simultan an, es bildet sich ein Mehrmoden-Linienspektrum mit Emissionslinien im
Abstand $\Delta(hf)$ aus. Jede Einzellinie hat dabei die durch die Profilfunktion **L** nach
Abschn.8.2 charakterisierte Form. Mit wachsender Intensität wird in heutigen
Laserstrukturen vorzugsweise nur noch diejenige Welle verstärkt, deren spezielle
Energie $(hf)_s$ am dichtesten bei dem Maximum der Verstärkungskurve liegt. Dies
rechtfertigt nachträglich unseren zu Gl.[9.10] führenden Ansatz $g(hf) \rightarrow g_{max}$.

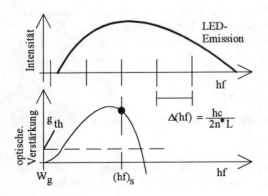

Abb.9-4:
Zum Anschwingen des Lasers

Eine Oszillation kann angefacht
werden von Photonen, deren
Energie gleichzeitig im Emissions-
bereich der LED sowie im Verstär-
kungsbereich $g > g_{th}$ liegt und die
zusätzlich die Fabry-Perot-Phasen-
bedingung erfüllen.

Automatische Verstärkungsrückregelung:

Zur Klärung der automatischen Verstärkungsrückregelung betrachten wir die in Abb.9-5 aufgetragene zeitliche Entwicklung nach Einschalten eines **zeitkonstanten** Pumpstromes der Dichte $J > J_{th}$ zum Zeitpunkt t_0. Die Elektronenkonzentration n im betrachteten Halbleitergebiet steigt an, und es entsteht LED-Strahlung, die teilweise zwischen den Resonatorspiegeln hin- und herreflektiert wird und dabei ständig das Lasermaterial durchläuft. Zum Zeitpunkt t_1 wird $n > n_{th}$, stimulierte Verstärkung überwiegt die Fundamentalabsorption und erhöht bei jedem neuen Durchlauf die Intensität S bzw. die Photonenzahl in einer durch die Resonanzbedingung spezifizierten Strahlung der speziellen Energie W_s. Jedes durch stimulierte Emission erzeugte Photon wird erkauft mit dem Verschwinden eines Ladungsträgerpaares aus der aktiven Zone. Da jedes neu erzeugte Photon seinerseits wieder stimulierte Emission initiieren möchte, wächst mit fortschreitender Zeit der Bedarf an Überschußladungsträgern exponentiell an. Bei zeitkonstanter Trägernachlieferung über einen Strom $J > J_{th}$ wird in jeder Zeiteinheit immer nur dieselbe Anzahl an Überschußladungsträgern ins aktive Gebiet injiziert; die stimulierte Rekombination baut jetzt mehr Ladungsträger ab, als über den Strom nachgeliefert werden. Dadurch sinkt die Elektronendichte n und mit ihr nach Abb.8-4 bzw. Abb.9-4b auch die optische Verstärkung g. Es kommt zu dem skizzierten Einschwingverhalten, bei dem sich n auf den Wert $n_{stationär} = n_{th}$ und g auf $g_{stationär} = g_{th}$ einpendeln. Zu beachten ist, daß die g-Werte zu nehmen sind bei derjenigen Energie $(hf)_s$, die durch die Resonanzbedingung spezifiziert ist, wie es auch in Abb.9-4b angedeutet ist. Das je Zeiteinheit von der Stromdichte $J > J_{th}$ gelieferte Mehr an Trägern erhöht **nicht** die Trägerdichte in der aktiven Zone über $n_{stationär} = n_{th}$ hinaus, sondern wird, über einen Lichtumlauf im Resonator gemittelt, bei diesem Umlauf durch stimulierte Emission gerade wieder aufgezehrt.

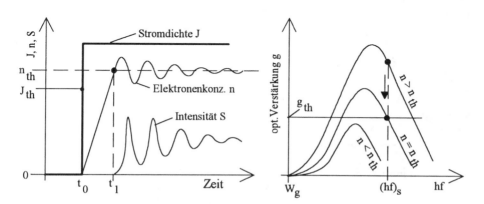

Abb.9-5: links: Einschwingverhalten nach Einschalten eines Pumpstromes
rechts: Rückregelung der optischen Verstärkung g auf den Sättigungswert

9.3 Die Einmoden-Bilanzgleichungen

Die dynamischen Eigenschaften des Lasers im Oszillatorbetrieb ergeben sich aus der Wechselwirkung der Photonen im Resonator mit den durch den Nachlieferstrom bereitgestellten Ladungsträgern. Die bereits in Abschn.8.2 erwähnte Intrabandrelaxation sorgt dafür, daß der Vorrat an nachgelieferten Ladungsträgern **allen** durch die Resonanzbedingung zulässigen Übergängen **gemeinsam** zur Verfügung steht. Wir gehen wieder von einem Grundmaterial aus, das entartet p-dotiert ist. Dann genügt es, sich auf die zeitliche Entwicklung der über den Strom eingebrachten Elektronendichte n zu beschränken, denn die Löcherkonzentration ändert sich durch die hohe Grunddotierung zeitlich nur vernachlässigbar wenig; vergl. Abschn.8.6. Anschwingen soll eine einzige Linie der Energie $W_s = (hf)_s$, wobei W_s natürlich die Resonanzbedingung erfüllen muß (Einmoden-Bilanz). Die Emission und Ladungsträgerinjektion soll wieder in einem definierten aktiven Gebiet der Dicke d erfolgen, genau wie in Abschn.8.6 beschrieben und in Abb.8-6 skizziert. Die Elektronenkonzentration n

- nimmt zu durch Ladungsträgernachlieferung über den Strom
- nimmt ab durch spontane Überschußrekombination
- nimmt ab durch stimulierte Netto-Rekombination

Die Rate der Ladungsträgernachlieferung ins aktive Gebiet ist nach [8.25] durch $G_{Strom} = J/(qd)$ gegeben, die Rate der spontanen Überschußrekombination nach [8.23] durch $\Delta R_{spont} = \Delta n/\tau_n = n/\tau_n$. Da jedes stimuliert erzeugte Photon zum Verlust eines Überschußelektrons führt, ist die durch [8.9] beschriebene Photonenerzeugungsrate $r_{netto} = g \cdot v_{gr} \cdot \rho_{ph}$ dem Betrage nach gleich der Abnahmerate durch stimulierte Emission. Die Elektronenbilanz lautet damit (Erweiterung von [8.26] um den Beitrag der stimulierten Rekombination)

$$\frac{\partial}{\partial t} n(t) = \frac{J(t)}{q\,d} - \frac{n}{\tau_n} - g \cdot v_{gr} \cdot \rho_{ph}(t) \qquad [9.11]$$

Für die Dichte ρ_{ph} der Photonen innerhalb des Resonators mit der speziellen Energie $(hf)_s$ kann man entsprechende Ratengleichungen aufstellen. Sie

- nimmt zu durch stimulierte Netto-Rekombination
- nimmt zu durch spontane Überschußrekombination, sofern die spontan erzeugten Photonen identisch sind mit den stimuliert Erzeugten
- nimmt ab durch intrinsische Verluste und durch Auskoppelverluste

Die Rate der stimulierten Nettorekombination ist gleich der Rate, mit der Photonen durch <u>stimulierte</u> Emission erzeugt werden. Deshalb ist

$$\frac{\partial \rho_{ph}}{\partial t}\bigg|_{stim.Em.} = r_{netto} = g \cdot v_{gr} \cdot \rho_{ph} \qquad [9.12]$$

Die Photonenerzeugung infolge <u>spontaner</u> Überschußrekombination wird zurückgeführt auf die Rekombinationsrate $\Delta R_{spont} = n/\tau_n$. ΔR_{spont} mißt die Änderung der Elektronendichte durch spontane Rekombination, sei sie strahlend oder nichtstrahlend. Nur ein Bruchteil β dieser Vorgänge erzeugt Photonen, die in all ihren Eigenschaften (Energie, Polarisation, Ausbreitungsrichtung etc.) mit den stimuliert erzeugten Photonen übereinstimmen. Die Photonenerzeugungsrate durch <u>spontane</u> Rekombination kann demnach als

$$\frac{\partial \rho_{ph}}{\partial t}\bigg|_{spont.Em.} = \beta \frac{n}{\tau_n} \qquad [9.13]$$

angesetzt werden. β heißt *Einstrahlungskoeffizient der spontanen Rekombination.*

Zur Berechnung der Photonendichteabnahme durch intrinsische Verluste und durch Auskoppelung greifen wir auf Gl. [9.3] zurück. Wir schreiben diese Gleichung um in $\quad S(z) \sim \exp\{[(g-(\alpha_i+\alpha_R)]z\} = \exp(gz)\cdot\exp[-(\alpha_i+\alpha_R)z]$. Hierdurch wird S in zwei Faktoren aufgespalten. Der Faktor $\exp(gz)$ erfaßt die Intensitätszunahme durch stimulierte Rekombination mit dem Verstärkungskoeffizienten g als maßgebender Größe. Entsprechend erfaßt der Faktor $\exp[-(\alpha_i+\alpha_R)z]$ die durch $-(\alpha_i+\alpha_R)$ charakterisierten intrinsischen und Auskoppelverluste. Aus [9.12] wissen wir, daß $g = \frac{1}{v_{gr}\,\rho_{ph}}\left(\partial\rho_{ph}/\partial t\right)\bigg|_{stim.Em.}$ Wir übertragen diese Darstellung auf die Verlust-

koeffizienten und schließen analog, daß $-(\alpha_i + \alpha_R) = \frac{1}{v_{gr}\,\rho_{ph}}\left(\partial\rho_{ph}/\partial t\right)\bigg|_{Verlust}$

so daß

$$\frac{\partial \rho_{ph}}{\partial t}\bigg|_{Verlust} = -(\alpha_i + \alpha_R)\,v_{gr}\,\rho_{ph} \qquad [9.14]$$

Dasselbe Ergebnis erhält man in einer exakten Herleitung aus [9.3] durch Differentiation unter Berücksichtigung von [1.14].

Mit der Abkürzung

$$\tau_{ph} := \frac{1}{v_{gr}\left[\alpha_i + \alpha_R\right]} = \frac{1}{v_{gr}\left[\alpha_i - \frac{1}{L}\ln(R)\right]} \qquad [9.15]$$

läßt sich die Verlustbilanz noch umformen in

$$\left.\frac{\partial \rho_{ph}}{\partial t}\right|_{Verlust} = -\frac{\rho_{ph}}{\tau_{ph}} \qquad [9.16]$$

Die mit [9.15] definierte Größe τ_{ph} heißt *Photonenlebensdauer*. Sie ist ein Maß für die mittlere Zeit, die sich ein Photon innerhalb des Resonators aufhält, bevor es entweder durch intrinsische Verluste α_i verloren geht oder durch Auskopplung α_R den Resonator verläßt.

Beispiel: In einem GaAs-Laseroszillator mit $L = 400\mu m$, $\alpha_i = 25/cm$, $R = 0,32$ ($\Rightarrow$ $\alpha_R = 28,5/cm$) und $n_{gr}^* \approx 4,5$ ist $\tau_{ph} = 2,8ps \ll \tau_n \approx 300ps$.

Die Photonenbilanz lautet damit

$$\frac{\partial}{\partial t}\rho_{ph}(t) = g \cdot v_{gr} \cdot \rho_{ph} + \beta\frac{n}{\tau_n} - \frac{\rho_{ph}}{\tau_{ph}} \qquad [9.17]$$

Die in den Gleichungen [9.11] und [9.17] auftretende Verstärkung g ist keine Konstante, sondern eine sehr komplizierte Funktion der Ladungsträgerdichte: $g = g(n)$. Wie bei der Herleitung von [9.10] erzielen wir eine Vereinfachung, wenn wir g durch den Maximalwert $g_{max} = a \cdot (n-n_T)$ gemäß [8.18] ersetzen. Dann erhalten wir als Bilanzgleichungen

$$\frac{\partial}{\partial t}n(t) = \frac{J(t)}{q\,d} - \frac{n}{\tau_n} - a \cdot (n - n_T) \cdot v_{gr} \cdot \rho_{ph}(t) \qquad [9.18]$$

$$\frac{\partial}{\partial t}\rho_{ph}(t) = a \cdot (n - n_T) \cdot v_{gr} \cdot \rho_{ph} + \beta\frac{n}{\tau_n} - \frac{\rho_{ph}}{\tau_{ph}} \qquad [9.19]$$

In Abschn. 10.3 wird [9.19] modifiziert und durch [10.6] ersetzt werden.

Die beiden *Einmoden-Bilanzgleichungen* [9.18] und [9.19] beschreiben die zeitliche Entwicklung von Elektronendichte und Photonendichte **innerhalb** der laseraktiven Zone. Als nichtlineare gekoppelte Differentialgleichungen lassen sie sich für einen beliebig vorgegebenen Zeitverlauf J(t) der Pumpstromdichte nur numerisch lösen. Abb.9-5 ist das Ergebnis einer solchen Rechnung für einen zum Zeitpunkt $t = t_0$ eingeschalteten Pumpstrom mit $J(t > t_0) = \text{konst} > J_{th}$.

9.4 Stationäre Lösungen der Einmoden-Bilanzgleichungen

Die Bilanzgleichungen können recht einfach für den stationären Zustand $\partial n/\partial t \equiv 0$, $\partial \rho_{ph}/\partial t \equiv 0$ gelöst werden. Als Ergebnis erhalten wir die Dichtewerte von n und ρ_{ph} im eingeschwungenen Zustand $t \to \infty$, wobei der anregende Strom J seinerseits natürlich auch zeitkonstant sein muß. Der Einfachheit halber setzen wir zunächst zusätzlich $\beta = 0$. Physikalisch bedeutet dies, daß die spontane Emission keine LED-Photonen liefert, die dieselben Eigenschaften haben wie die stimuliert erzeugten Photonen. Wollte man das Anschwingen des Lasers berechnen, wäre es nicht statthaft, $\beta = 0$ zu setzen: dann wären keine spontan erzeugten LED-Photonen vorhanden, die beim Erstdurchgang durch das aktive Material verstärkt werden können. Im eingeschwungenen Zustand dagegen - und das ist der Zustand, der hier berechnet werden soll - sind die spontan erzeugten Photonen gegenüber den stimuliert erzeugten vernachlässigbar, so daß die Annahme $\beta = 0$ tolerierbar ist.

Mit $\partial \rho_{ph}/\partial t = 0$ und $\beta = 0$ gehen die Bilanzgleichungen über in

$$0 = \frac{J}{q\,d} - \frac{n}{\tau_n} - a\,(n - n_T)\,v_{gr}\,\rho_{ph} \qquad [9.20]$$

$$0 = a \cdot (n - n_T)\,v_{gr}\,\rho_{ph} - \rho_{ph}/\tau_{ph} = \rho_{ph}\left[a\,(n - n_T)\,v_{gr} - 1/\tau_{ph}\right] \qquad [9.21]$$

Wir unterscheiden zwei Grenzfälle:

1. keine Lasertätigkeit, $\rho_{ph} \equiv 0$:

$\rho_{ph} \equiv 0$ in [9.20] liefert $\qquad\qquad n(J) = \frac{\tau_n}{q\,d}\,J \qquad [9.22]$

Ergebnis: solange keine Lasertätigkeit vorliegt, steigt die Elektronendichte linear mit der Stromdichte des Pumpstromes an. Diese Beziehung ist uns bereits als Gl.

[8.27] bekannt. Mit wachsender Stromdichte wird irgendwann die Schwellenkonzentration n_{th} erreicht ist. Dann setzt Lasertätigkeit ein, die Annahme $\rho_{ph} \equiv 0$ ist nicht mehr korrekt. J_{th} ergibt sich aus [9.22] zu $J_{th} = \dfrac{q\,d}{\tau_n} n_{th}$. n_{th} wurde in [9.10] berechnet. Die Schwellstromdichte J_{th} für den Einsatz als Laseroszillator ist damit

$$J_{th} = \frac{q\,d}{\tau_n}\left\{ n_T + \frac{1}{a}\left[\alpha_i + \alpha_R\right] \right\} = \frac{q\,d}{\tau_n}\left\{ n_T + \frac{1}{a}\left[\alpha_i - \frac{1}{L}\ln(R)\right] \right\} \qquad [9.23]$$

Sie liegt wegen der Auskoppelverluste (Resonatorverluste) α_R höher als die entsprechende Schwelle Gl.[8.28] beim Laserverstärker. J_{th} hängt von der Länge des Resonators ab: je länger der Resonator, desto geringer die Schwellstromdichte. Das Ergebnis ist unmittelbar verständlich: die Leistungsverluste durch Auskopplung, indirekt erfaßt im Reflexionsgrad R, können um so leichter aufgefangen werden, je länger die Laufstrecke des Lichtes im verstärkenden Medium ist.

Leider steht einer Verlängerung des Resonators entgegen, daß die 3-dB-Grenzfrequenz des Lasers mit wachsender Länge abnimmt; wir werden dieses Ergebnis in Abschn.11.5 herleiten. Es muß deshalb ein Kompromiß geschlossen werden zwischen der Forderung nach geringen Einsatzschwellen und hoher Modulierbarkeit.

2. Lasertätigkeit, $\rho_{ph} \neq 0$:

Im Falle $\rho_{ph} \neq 0$ läßt sich [9.21] nur erfüllen, wenn $a(n-n_T)\cdot v_{gr} - 1/\tau_{ph} = 0$ ist. Eingesetzt in [9.20] und nach ρ_{ph} aufgelöst folgt: $\rho_{ph}(J) = \tau_{ph}\cdot[J/(qd) - n(J)/\tau_n]$. Lasertätigkeit setzt eine Stromdichte $J > J_{th}$ voraus. Wir wissen bereits aus Abschn.9.2, daß sich dann die Elektronenkonzentration nicht mehr ändert, sie nimmt zeitkonstant den Wert $n(J > J_{th}) = n_{stationär} \equiv n_{th}$ ein. Somit ist für $J > J_{th}$: $\rho_{ph}(J) = \tau_{ph}\cdot[J/(qd) - n_{th}/\tau_n]$. Wir ersetzen n_{th} mit [9.22] durch $n_{th} = \dfrac{\tau_n}{q\,d} J_{th}$ und erhalten letztlich

$$\left.\begin{array}{l} \rho_{ph}(J) = \dfrac{\tau_{ph}}{q\,d}\left(J - J_{th}\right) \\[2ex] n(J) \equiv n_{th} \end{array}\right\} \qquad \text{für } J > J_{th} = \frac{q\,d}{\tau_n} n_{th} \qquad [9.24]$$

worin wieder $\qquad\qquad\qquad\qquad n_{th} = n_T + (\alpha_i + \alpha_R)/a \qquad$ ist.

<u>Ergebnis:</u> Wenn der Pumpstrom den Wert J_{th} überschreitet, setzt Lasertätigkeit ein. Die erzielbare Photonendichte $\rho_{ph}(J)$ ist proportional zum <u>Überschuß</u> $(J-J_{th})$.

In der obigen Ableitung wurde der Einstrahlkoeffizient $\beta = 0$ gesetzt, d.h. der LED-Beitrag zur Strahlung unterdrückt. Für $\beta \neq 0$ erhält man mit einigem Aufwand und der Abkürzung: $\tilde{n}(J) := J\tau_n/(qd)$

$$n(J) = \frac{1}{2(1-\beta)}\left[n_{th} - \beta\, n_T + \tilde{n}(J) - \sqrt{\left|n_{th} + \beta\, n_T - \tilde{n}(J)\right|^2 - 4\beta\, n_{th}\left(n_T - \tilde{n}(J)\right)}\right] \qquad [9.25]$$

$$\rho_{ph}(J) = \beta\, \frac{1}{a\, v_{gr}\, \tau_n}\, \frac{n(J)}{n_{th} - n(J)} \qquad [9.26]$$

worin n_{th} wieder wie oben gegeben ist. Abb.9-6 zeigt den Verlauf von n und ρ_{th} als Funktion der Stromdichte J. Im Falle $\beta \neq 0$ lassen sich die Schwelldichten J_{th} und n_{th} nur über Asymptoten definieren.

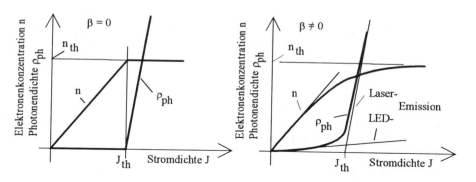

Abb.9-6: Photonendichte ρ_{ph} und Trägerkonzentzration n als Funktion der Stromdichte J des Pumpstromes. Links ohne, rechts mit Spontaneinstrahlung

9.5 Mehrmoden-Bilanzgleichungen

Eine wesentliche Grundannahme bei der Aufstellung der Bilanzgleichungen [9.18] und [9.19] war die Forderung, daß durch stimulierte Emission nur eine einzige Frequenzmode der speziellen Energie W_s entstehen soll. Läßt man diese Voraussetzung fallen, dann muß man für jede mögliche Frequenzmode eine Rategleichung ihrer individuellen Photonendichte nach Art der Gleichung [9.19] aufstellen, wobei aber alle Moden aus derselben Elektronendichte n gespeist werden (sog. *homogene Verbreiterung*). Die Lösung des Gleichungssystems gestaltet sich selbst für den stationären Fall sehr aufwendig. Es zeigt sich, daß die Ergebnisse sehr stark von dem Beitrag der spontanen Emission zur Gesamtemission bestimmt sind. Der Beitrag wird quantitativ erfaßt durch den Einstrahlkoeffizienten β. Da die LED-Strahlung in allen Moden gleich wirksam ist, ist β für alle Moden gleichgroß. Nach sehr aufwendiger Rechnung erhält man das Resultat:

Keine spontane LED-Einstrahlung, $\beta = 0$:
   Man erhält eine Laseroszillation lediglich in **einer** Spektrallinie, und zwar in derjenigen Mode, deren Photonenenergie am dichtesten am Verstärkungsmaximum der g-Kurve liegt.

Mit spontaner LED-Einstrahlung, $\beta \neq 0$:
   Optische Verstärkung erfolgt für alle Moden, die gleichzeitig im Spektralbereich der LED-Emission <u>und</u> innerhalb des Verstärkungsbereiches $g > g_{th}$ liegen, siehe Abb.9-5. Der Laser emittiert jetzt ein Viellinienspektrum (Multimodespektrum) mit Linien im Abstand $\Delta(hf) = hc/(2n^{*}L)$, wie es schematisch in Abb.9-7 gezeigt ist. Jede Einzellinie hat die Form der Profilfunktion, die Hüllkurve über alle Einzellinien zeichnet die spektrale Form der Verstärkungskurve für $g > g_{th}$ nach. Ein genaueres Spektrum wird in Abb.11-2 angegeben.

Je kleiner der Zahlenwert für β, desto stärker dominiert die Mode mit der höchsten Verstärkung, das Emissionsspektrum ähnelt immer mehr dem durch $\beta = 0$ gekennzeichneten Einmodenspektrum. Es ist auch plausibel, daß mit wachsendem Pumpstrom $J > J_{th}$ die Spontaneinstrahlung immer mehr an Einfluß gegenüber der induzierten Emission verliert. Mit steigender Stromdichte J wächst so die zentrale Emissionslinie auf Kosten der anderen Linien, ein ursprünglich mehrmodales Spektrum geht über in ein Einlinienspektrum.

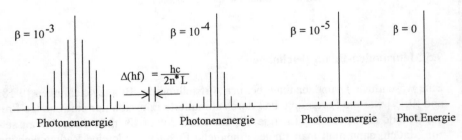

Abb.9-7: Linienspektrum des Lasers (schemaatisch) Parameter: Spontaneinstrahlungsfaktor β

10. Technischer Aufbau von Diodenlasern

10.1 Homostruktur-Diodenlaser, Schichtenfolge p⁺n⁺

Abb.10-1 zeigt den einfachst-möglichen Aufbau eines Halbleiterlasers. Sein Kern-stück ist ein pn-Übergang, bei dem beide Halbleiterbereiche aus demselben Grund-material bestehen (Homostruktur). Beide Bereiche sind entartet dotiert, so daß im thermodynamischen Gleichgewicht das Ferminiveau in beiden Gebieten jeweils innerhalb des zugeordneten Bandes liegt. Zwei Kristallendflächen senkrecht zur Stromflußrichtung sind exakt planparallele Kristallspaltflächen und bilden die Fabry-Perot-Resonatorspiegel. Die beiden verbleibenden Flächen sind sägerauh und haben keine Spiegelwirkung.

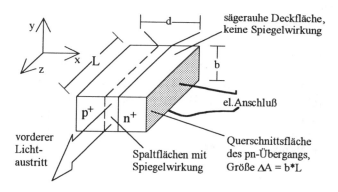

Abb.10-1: Prinzipaufbau eines Diodenlasers. Typische Abmessungen: Länge L ca. 400µm, Breite (x Richtung) ca. 200µm, Höhe (y-Richtung) < 100 µm. Der hintere Lichtaustritt wurde aus Gründen der Übersichtlichkeit weggelassen

Das Energieband-Ortsdiagramm einer solchen Laseranordnung wurde bereits in Abschn.8.7 als Abb.8-7 vorgestellt. Damit der Laser als Lichtoszillator arbeitet, muß durch das Bauelement ein Strom hindurchfließen, dessen Dichte den mit [9.23] berechenbaren Schwellenwert J_{th} überschreitet. In Abschn.8.7 wurde auch gezeigt, daß für einen realen Laser J_{th} zu ersetzen ist durch $\Gamma_{el} \cdot \gamma_n \cdot J_{th}$. Γ_{el} charak-terisiert das Träger-Einschließungsvermögen der aktiven Zone, γ_n ist die in [4.21a] eingeführte Elektroneninjektionseffizienz. Die Schwellenstromdichte des realen p^+n^+-Homostrukturlasers erhalten wir so als Erweiterung von Gl.[9.23] zu

$$J_{th} = \frac{q\,d}{\Gamma_{el}\,\gamma_n\,\tau_n}\,n_{th} = \frac{q\,d}{\Gamma_{el}\,\gamma_n\,\tau_n}\left\{n_T + \frac{1}{a}\left[\alpha_i - \frac{1}{L}\ln(R)\right]\right\} \qquad [10.1]$$

Die verwendeten Formelbuchstaben wurden in Kap.9 erläutert.

Für p^+n^+-Laser aus GaAs ist typisch J_{th} = 60 kA/cm^2. Bei solch hohen Stromdichten wird in den Bahngebieten der Laserdiode derart viel Wärme frei, daß die Diode nur im Pulsbetrieb und bei sehr tiefen Temperaturen betrieben werden kann.

10.2 Heterostruktur-Diodenlaser

Die Weiterentwicklung des Lasers verfolgt zunächst zwei Ziele:

● Reduzierung der Laserschwelle
● Vergrößerung der vom Laser nach außen abgegebenen Leistung.

Aus [10.1] kann man ablesen, daß zur Reduzierung der Schwellstromdichte die geometrische Ausdehnung d der aktiven Zone verringert sowie das Träger-Einschließungsvermögen Γ_{el} der Struktur und die Ladungsträgerinjektionseffizienz (hier: γ_n) vergrößert werden müssen. Weiterhin könnte J_{th} verringert werden durch Verspiegeln der Laserendflächen (Erhöhung von R) oder durch Verlängern des Resonators; in Abschn.11.5 wird gezeigt werden, daß leider beide Maßnahmen das Modulationsverhalten verschlechtern.

Es ist unmittelbar einsichtig, daß die vom Laser abgegebene Leistung proportional zur Nettorekombinationsrate r_{netto} ist. r_{netto} ist ihrerseits proportional zum Produkt aus Elektronendichte n und Photonendichte ρ_{ph} im Resonator, (siehe [9.12] und berücksichtige, daß g durch g_{max} nach [8.18] ersetzt wird). Für eine effektive Lasertätigkeit müssen deshalb in der aktiven Zone nicht nur die Trägerdichte, sondern gleichzeitig auch die Photonendichte möglichst groß gemacht werden.

Viele diese Forderungen werden simultan erfüllt, wenn die Laserdiode als Mehrschichtendiode in Heterostruktur konzipiert wird. Das grundsätzliche Verhalten von Heteroübergängen wurde in Abschn.4.5 diskutiert. Wir greifen auf die dortigen Ergebnisse zurück und benutzen auch die dort eingeführte Nomenklatur. Als Vertreter dieser Systemklasse wählen wir das GaAs-Ga$_{0,7}$Al$_{0,3}$As-Materialsystem. Darin hat GaAs die kleinere Bandlücke {W_g(GaAs) = 1,424eV} und Ga$_{0,7}$Al$_{0,3}$As die größere Bandlücke {W_g(Ga$_{0,7}$Al$_{0,3}$As) = 1,798eV}.

10.2.1 Einfach-Heterostruktur-Diodenlaser; Schichtenfolge Ppn⁺

Abb.10-2 zeigt das prinzipielle, nicht maßstäbliche Energieband-Ortsdiagramm einer Laserdiode in Einfach-Heterostruktur (single heterostructure, SH-Laser), es sollte verglichen werden mit dem Banddiagramm des einfachen p^+n^+-Lasers, Abb.8-7. Der eigentliche Diodenübergang ist der pn^+-Übergang, im Beispiel ausgeführt im Material GaAs. Der n^+-Bereich ist entartet, die p-Schicht nichtentartet dotiert, häufig besteht sie sogar aus kompensiertem Material. An die p-Zone aus GaAs schließt sich die P-Schicht aus $Ga_{0,7}Al_{0,3}As$ an.

Bei Polung in Vorwärtsrichtung werden von der n^+-Schicht Elektronen in die p-Zone injiziert. Verglichen mit dem p^+n^+-Übergang ist hier das Konzentrationsverhältnis N_D/N_A größer und damit die Elektroneninjektionseffizienz γ_n höher. Die eingebrachten Elektronen diffundieren auf die Pp-Grenzfläche zu. Wenn die p-Zone dünner ist als die Weite des p-seitigen Diffusionsgebietes, dann gelangen die Elektronen bis zur Potentialbarriere im Leitungsband an der Pp-Grenze, siehe Abb.10-2. Nur wenige Elektronen haben eine hinreichend hohe Energie, um diese Barriere zu überwinden. Alle anderen können die p-Zone nicht in Richtung der P-Schicht verlassen. Dadurch hat die SH-Schichtenfolge ein höheres (Elektronen)-Einschließungsvermögen Γ_{el} als die Homo-p^+n^+-Struktur. In der p-Zone steigt bei

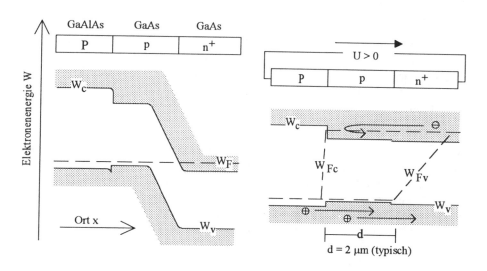

Abb.10-2: Energieband-Ortsdiagramm eines Ppn^+-Einfach-Heterostrukturlasers im thermo-dynamischen Gleichgewicht und im Betriebszustand

nahezu unveränderter Löcherkonzentration die Elektronendichte so stark an, daß das Elektronen-QFN dort bis ins Leitungsbandes angehoben wird und der Abstand der QFN's überall im p-Gebiet größer als dessen Bandlücke wird. Das gesamte p-Gebiet wird dadurch laseraktiv. An der Pp-Grenzfläche ändert sich das Elektronen-QFN sprunghaft und begrenzt hier scharfrandig die aktive Zone. An der pn^+-Grenze steigt das Löcher-QFN allmählich an, bestimmt durch die Löcherdiffusion ins n^+-Gebiet. Wegen der geringen Löcherbeweglichkeit kann diese Grenze wie bei den p^+n^+-Dioden auch als nahezu scharfrandig angenommen werden. (Achtung: der Maßstab in Abb.10-2 ist viel größer als in Abb.8-7; bei gleichem Maßstab ist das Löcher-Diffusionsgebiet in beiden Graphiken etwa gleichgroß). Die Dicke d der aktiven Zone ist damit bei der Diodenherstellung als Dicke der p-Schicht einstellbar. Üblicherweise wird $d \approx L_n$ (L_n: Diffusionslänge der Elektronen) gewählt; dadurch soll erreicht werden, daß im gesamten p-Bereich die Elektronenkonzentration möglichst homogen ist. Und schließlich reduziert der Heteroübergang auch die intrinsischen Verluste α_i und damit die Schwellstromdichte J_{th}, eine Begründung hierfür wird in Abschn.10.3 nachgereicht. Die günstigeren Eigenschaften reduzieren die Schwellstromdichte eines SH-Lasers aus dem GaAs-GaAlAs-Materialsystem auf typisch 15 kA/cm². Dauerbetrieb bei tiefen Temperaturen oder Pulsbetrieb bei Zimmertemperatur ist möglich.

10.2.2 Doppel-Heterostruktur-Diodenlaser; Schichtenfolge PpN

Eine weitere Verbesserung wird erzielt durch einen Diodenaufbau in Doppel-Heterostruktur (double heterostructure, DH-Laser). Abb.10-3 zeigt das Energieband-Ortsdiagramm einer PpN-Schichtenfolge. Das Bild ist wieder als Prinzipskizze und nicht als maßstäbliche Darstellung zu verstehen. Keine der Schichten ist entartet dotiert, d.h. in keiner Schicht liegt das Ferminiveau im thermodynamischen Gleichgewicht innerhalb eines Bandes. Die aktive Schicht ist häufig sogar undotiert oder aus kompensiertem Material.

Eine von außen angelegte Spannung in Vorwärtsrichtung führt zur Ausbildung von Potentialmulden im Leitungs- wie im Valenzband. Im Valenzband fallen Löcher über die Pp-Potentialstufe in die Valenzband-Potentialmulde. Die Potentialbarriere an der pN-Grenze hindert die Löcher daran, ins N-Gebiet einzudiffundieren: hohe Einschließungsfähigkeit des p-Gebietes für Löcher. Im p-Gebiet steigt dadurch die Löcherkonzentration an. Über den pN-Übergang werden Elektronen in die p-Zone injiziert mit einer Injektionseffizienz $\gamma_n \approx 1$. γ_n liegt wesentlich näher bei 1 als beim pn^+-Übergang. Die Elektronen werden ihrerseits wie bei der Einfach-Heterostruktur an der Pp-Grenze abgeblockt und können nicht ins P-Gebiet eindringen: hohe Einschließungsfähigkeit des p-Gebietes für Elektronen. Es lassen sich derart viele Überschuß-Ladungsträger beider Sorten im p-Gebiet anhäufen, daß dort die QFN's

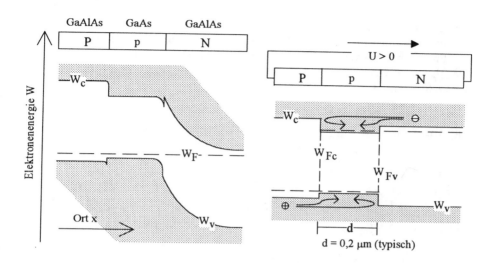

Abb.10-3: Energieband-Ortsdiagramm eines PpN-Doppel-Heterostrukturlasers im thermodynamischen Gleichgewicht und im Betriebszustand

um mehr als die Bandlücke des p-Materials auseinanderrücken: die p-Schicht wird
zur laseraktiven Zone.

Beide Quasiferminiveaus ändern sich sprunghaft an den Rändern der p-Schicht, die
aktive Zone ist beidseitig definiert abgegrenzt. Die Weite d der aktiven Zone entspricht jetzt exakt der Weite der p-Schicht und kann technologisch vorbestimmt
werden. In heutigen DH-Lasern aus dem GaAs-GaAlAs-Materialsystem ist d $\approx$
$0,1...0,2\mu$m und damit um ca. eine Größenordnung kleiner als bei SH-Lasern. Die
DH-Ausführung verringert die internen Verluste noch weiter, die Schwellstromdichte beträgt in jetzt nur noch ca. 1,5 kA/cm^2 (siehe auch das Rechenbeispiel am
Ende des Abschnittes 10.3); Dauerbetrieb bei Zimmertemperatur ist möglich.

10.3 Lichtführung in der aktiven Zone und transversale Eingrenzung

In der bisherigen Diskussion wurde lediglich die Ladungsträgerdichte in der aktiven Zone bewertet. Eingangs von Abschn.10.2 wurde ausgeführt, daß für eine
effektive Lasertätigkeit nicht nur die Elektronendichte, sondern **gleichzeitig** auch
die Photonendichte jeweils in der aktiven Zone möglichst groß gemacht werden

müssen. Man erreicht eine hohe Photonenkonzentration durch Einschluß der Photonen in einen *Lichtwellenleiter*. Wir besprechen im folgenden die Grundidee des Photoneneinschlusses. Dabei erweist es sich als sinnvoll, das Photonenbild zunächst wieder zu verlassen und zum Wellenbild bzw. sogar zum Strahlenmodell des Lichtes zurückzukehren.

Abb.10-4a zeigt den Aufbau eines planaren Lichtwellenleiters, eines sog. *Filmwellenleiters*. Der Wellenleiter besteht aus einer Kernschicht mit Brechzahl n_K^*, eingebettet zwischen zwei Mantelschichten mit den Brechzahlen n_{M1}^* und n_{M2}^*. Die Brechzahl der Kernschicht **muß** höher sein als die beider Mantelschichten: $n_K^* > n_{M1}^*, n_{M2}^*$. Ein einmal in den Kernbereich (!) der Anordnung gelangter oder dort erzeugter(!) Lichtstrahl, der unter unter einem Winkel $\delta < \arccos(n_M^*/n_K^*)$ (gemessen gegen die Grenzfläche) auf eine Kern-Mantel-Grenze auftrifft, wird totalreflektiert: er kann den Kernbereich nicht verlassen, sondern wird in Axialrichtung (z-Richtung in Abb.10-4a) zwangsgeführt. Baut man einen derartigen Wellenleiter in einen Fabry-Perot-Resonator ein, dann können auch zwangsgeführte und nicht-senkecht auf die Spiegelflächen auftreffende Lichtstrahlen stehende Wellen im Resonator bilden. Abb.10-4b skizziert einen möglichen Strahlengang. Die Phasenbedingung der Rückkoppelung ist erfüllt, die entsprechenden Photonen tragen zur Laseroszillation bei. Es ist offenkundig, daß durch diese Maßnahme die Dichte der laseraktiven Photonen deutlich erhöht wird.

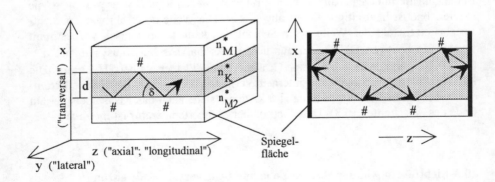

Abb.10-4: Geometrie eines Filmwellenleiters und Ausbildung stehender Wellen nach Einbau des Wellenleiters in einen Resonator. An den mit # markierten Stellen Totalreflexion an der Kern-Mantel-Grenze

Das Strahlenmodell kann nur eine Plausibilitätserklärung liefern. Eine exaktere Analyse muß die Wellennatur des Lichtes bei der Ausbreitung längs eines Wellenleiters berücksichtigen. Ein Wellenfeld im Innern eines Lichtwellenleiters kann sich geometrisch nicht mehr wie im freien Raum fortpflanzen. Wir finden die jetzt möglichen Ausbreitungsformen, indem wir die Maxwell-Gleichungen unter den Randbedingungen der Schichtenstruktur lösen. Es zeigt sich, daß mehrere diskrete Lösungen existieren. Jede Lösung beschreibt eine längs der Schicht (in z-Richtung in Abb.10-4a) fortpflanzungsfähige Welle. Zu jeder Lösung gehört ein für diese spezielle Lösung charakteristisches Feldstärkeprofil des elektrischen Feldes transversal zur Ausbreitungsrichtung (also in x-Richtung in Abb.10-4a). Die einzelnen Lösungen bzw. Feldprofile heißen *Transversalmoden des Filmwellenleiters*; sie dürfen auf keinen Fall verwechselt werden mit den in Abschn.9.2 eingeführten Frequenzmoden eines optischen Resonators. Das Betragsquadrat der Feldstärkeprofile liefert das transversale Intensitätsprofil s(x) der Welle, also die Intensitätsverteilung über dem Querschnitt des Filmwellenleiters. Abb.10-5 zeigt links einige Intensitätsprofile eines unsymmetrischen Filmwellenleiters (d.h. $n^*_{M1} \neq n^*_{M2}$). Die einzelnen Moden werden durch eine Ordnungszahl m = 0,1,2,... markiert. Die Anzahl der Moden hängt bei gegebener Lichtwellenlänge λ von der Dicke d der Kernschicht ab. Mit abnehmender Schichtdicke gibt es immer weniger Lösungen, d.h. sind immer weniger Moden ausbreitungsfähig, bis schließlich nur noch die *Grundmode* m = 0 übrigbleibt. Reduziert man d noch weiter, ist in unsymmetrischen Wellenleitern auch die Grundmode nicht mehr ausbreitungsfähig, es kann kein Licht der Wellenlänge λ mehr transportiert werden.

Auffällig bei allen Moden ist, daß die Intensität nicht auf die Kernschicht beschränkt ist, sondern über die Kernregion hinaus in die Mantelgebiete hineinragt. Das Eindringen in einen Mantelbereich wird geregelt von der Dicke d der Kernschicht im Vergleich zur Lichtwellenlänge λ und von dem Brechzahlunterschied $\Delta n^* = n^*_K - n^*_M$: je größer d/λ und je größer Δn^*, desto weniger überragt die Mode den Kernbereich an der betrachteten Kern-Mantel-Grenze, desto stärker ist das Lichtfeld auf den Kernbereich konzentriert. Man charakterisiert die Lichtkonzentrierung im Kernbereich durch den *Füllfaktor (optical confinement factor)* Γ_{opt} der betreffenden Mode. Γ_{opt} gibt an, welcher Bruchteil der Gesamtintensität dieser Mode im Kernbereich geführt wird. Anschaulich ist Γ_{opt} die Teilfläche unter der Profilkurve im Kernbereich, bezogen auf die Gesamtfläche unter der Profilkurve. Je größer Γ_{opt}, desto fester ist die Lichtwelle im Kernbereich eingeschlossen, und desto wirksamer führt der Leiter die Lichtwelle. Zurückübertragen ins Photonenbild mißt Γ_{opt} den Bruchteil an Photonen, die sich im Kernbereich des Wellenleiters bewegen. Mit wachsendem Brechzahlunterschied Δn^* und mit wachsender

Dicke d der Kernschicht nimmt Γ_{opt} zu. In Abb.10-5 ist für einige Moden eines symmetrischen Filmwellenleiters Γ_{opt} als Funktion der auf die Lichtwellenlänge λ normierten Kernschichtdicke d aufgetragen. Eine gute Näherung für den Füllfaktor der Grundmode ist

$$\frac{1}{\Gamma_{opt}} = 1 + \frac{1}{2\,\pi^2\,(d/\lambda)^2\left(n_K^{*\,2} + n_M^{*\,2}\right)} \qquad\qquad [10.2]$$

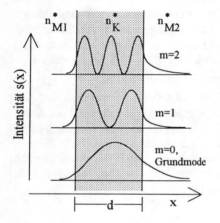 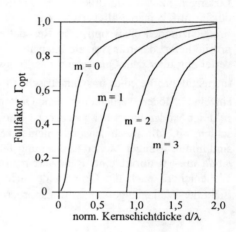

Abb.10-5: Links: Modenfelder in einem unsymmetrischen Filmwellenleiter mit $n^*_{M1} < n^*_{M2} < n^*_K$
Rechts: Füllfaktor verschiedener Moden in einem symmetrischen Wellenleiter mit
Kernbrechzahl $n^*_K = 3,6$ und den Mantelbrechzahlen $n^*_{M1} = n^*_{M1} = 3,4$

Ein Filmwellenleiter der oben beschriebenen Art liegt in jeder Laserdiode vor, allerdings unterscheiden sie sich in ihren Führungseigenschaften je nach Strukturtyp der Diode. Wir besprechen im folgenden die Unterschiede.

Doppelheterostruktur nach Abb.10-3
Es zeigt sich, daß die Materialien, die in realen DH Lasern zur Eingrenzung der aktiven Zone verwendet werden, stets geringere Brechzahlen haben als das laseraktive Material selbst. Beispielsweise findet man für den Brechungsindex von $Ga_{1-x}Al_xAs$ bei $\lambda \approx 900nm$ empirisch folgende Abhängigkeit vom Al-Gehalt x:

$$n^*(x) = 3,59 \cdot \sqrt{1 - 0,23x} \qquad\qquad [10.3]$$

Die Brechzahl nimmt mit wachsendem Al-Anteil ab. Für $x = 0,3$ ergibt sich ein Unterschied $\Delta n^*/n^* \approx -3,5\%$ zur Brechzahl $n^* = 3,59$ von reinem GaAs ($x = 0$).

In DH-Strukturen ist die laseraktive Zone in Stromflußrichtung (x-Richtung) durch die Potentialschwellen zum Material mit der höheren Bandlücke scharfrandig begrenzt. Es bildet sich ein symmetrischer Filmwellenleiter aus mit der aktiven Zone als Kernschicht und den angrenzenden Gebieten als Mantelschichten. Die Dicke der aktiven Zone ist identisch mit der Kernschichtdicke des Filmwellenleiters. In Abb.10-6 ist der Brechzahlenverlauf und das sich daraus ergebende Intensitätsprofil der Grundmode gezeichnet.

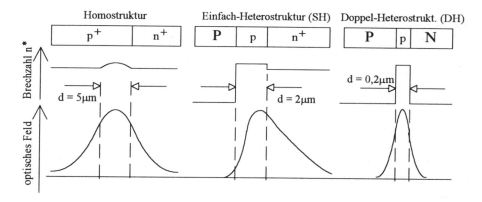

Abb.10-6: Brechzahlprofil und Profil der Grundmode in verschiedenen Laserstrukturen. Zu beachten sind die unterschiedlichen Ortsmaßstäbe

Einfach-Heterostruktur nach Abb.10-2

In einer SH-Struktur hat man den erwünschten Sprung im Brechzahlverlauf nur noch an der Heterogrenze Pp. Aber auch an der Homo-Grenze pn^+ ändert sich der Brechungsindex. Es läßt sich zeigen, daß in einem Halbleiter die Dichten n und p der freien Elektronen und Löcher die Brechzahl n^* des Halbleiters beeinflussen; dabei spielt es keine Rolle, ob die freien Ladungsträger durch Dotierung oder durch Injektion eingebracht werden. Mit ε_0 und ε_r als absoluter und relativer Dielektrizitätskonstante, c als Vakuumlichtgeschwindigkeit und m_n und m_p als die effektiven Massen der Elektronen und Löcher erhält man

$$n^*(n,p) = \sqrt{\varepsilon_r} - \frac{q^2 \lambda^2}{8\,\pi^2\,\varepsilon_o\,c^2\,\sqrt{\varepsilon_r}} \left[\frac{n}{m_n} + \frac{p}{m_p} \right] \qquad\qquad [10.4]$$

Bei Vorwärtspolung eines Homo-pn-Überangs ist der Term in eckigen Klammern im Diffusions- und Raumladungsgebiet etwas kleiner und damit n^* geringfügig ($\Delta n^*/n^* < 10^{-3}$) größer als in den daran angrenzenden Gebieten. Speziell in Ppn^+-Lasern ist die Dicke d der p-Schicht technologisch so eingestellt, daß d vergleichbar ist mit der Diffusionslänge L_n der Elektronen. Dadurch wird im Betriebsfall in der gesamten p-Zone und im Löcherdiffussionsbereich auf der n^+-Seite des pn^+-Übergangs der Brechungsindex kleiner als im neutralen n^+-Gebiet, jedoch erfolgt die Brechzahländerung nicht sprunghaft, sondern graduell. Insgesamt formiert sich jetzt wieder ein allerdings unsymmetrischer Filmwellenleiter. Abb.10-6 zeigt den Brechzahlenverlauf und das resultierende laterale Intensitätsprofil der Grundmode.

Homostruktur nach Abb.8-7
Bei einem Homostrukturlaser fehlt der scharfe Brechzahlsprung an der Heterogrenze. Die aktive Zone wirkt durch den Brechzahlanstieg bei Vorwärtspolung gemäß [10.4] wie ein in x-Richtung verschmierter Filmwellenleiter mit nicht genau zu definierender Weite der Kernschicht und unscharfen Rändern. Abb.10-6 skizziert den qualitativen Brechzahlenverlauf und das Intensitätsprofil der Grundmode.

Wir haben gesehen, daß in allen Diodenlasern eine Wellenleitung in der aktiven Zone auftritt. Die Intensitätsverhältnisse müssen daher den zusätzlichen Anforderungen des Wellenleiters genügen. Das bedeutet:

Es muß sich innerhalb der aktiven Schicht eine spezielle transversale Photonenverteilung ausbilden, und diese Verteilung innerhalb muß immer durch angepaßte Verteilungen außerhalb zu einem zulässigen transversalen Modenprofil ergänzt werden. Nur das Gesamtprofil als Ganzes kann sich längs der Schicht (in z-Richtung) bewegen.

Das Aufteilen des Wellenprofils in zwei Teilbereiche hat Konsequenzen:

1. Der Teil der Welle, der außerhalb der aktiven Zone läuft, "sieht" eine andere Umgebung und erfährt damit andere intrinsische Verluste als der Anteil in der aktiven Zone. In allen bisherigen Gleichungen, die Aussagen über den intrinsischen Verlust enthalten, ist deshalb für den Verlustkoeffizienten α_i anzusetzen:

$$\alpha_i = \Gamma_{opt}\alpha_i^{innen} + (1-\Gamma_{opt})\alpha_i^{außen} \qquad [10.5]$$

Der Koeffizient α_i^{innen} erfaßt alle Verlustmechanismen innerhalb der aktiven Zone mit Ausnahme der Fundamentalabsorption (die ist bereits im Verstärkungskoeffizienten enthalten). $\alpha_i^{außen}$ dagegen muß zusätzlich zu den anderen Verlusten auch die Fundamentalabsorption des Materials außerhalb der aktiven Zone berücksichtigen, denn auch sie schwächt die Intensität des außerhalb der aktiven Zone laufenden Teils der Welle.

2. Nur der durch den Füllfaktor $\Gamma_{opt} < 1$ gekennzeichnete Bruchteil der Photonen läuft im aktiven Gebiet und kann durch stimulierte Emission neue Photonen generieren. Deshalb ist die in den Bilanzgleichungen von Abschn.9.3 stillschweigend gemachte Annahme einer homogenen Photonendichte in der aktiven Zone nicht mehr erfüllt, die Bilanzgleichungen müssen modifiziert werden. Man kann zeigen, daß davon nur die Photonen-Bilanzgleichung [9.19] betroffen ist. Sie muß ersetzt werden durch

$$\frac{\partial}{\partial t}\rho_{ph}(t) = \Gamma_{opt}\,a\cdot(n-n_T)\cdot v_{gr}\cdot\rho_{ph} + \Gamma_{opt}\,\beta\,\frac{n}{\tau_n} - \frac{\rho_{ph}}{\tau_{ph}} \qquad [10.6]$$

In die hierin auftretende Photonenlebensdauer τ_{ph} nach [9.15] ist α_i aus [10.5] einzustellen.

3. Da nur noch ein Teil der Photonen im aktiven Gebiet läuft und verstärkt wird, erhöht sich die Laserschwelle. Eine Neuberechnung ergibt an Stelle von [9.23] für die Schwellstromdichte J_{th}:

$$J_{th} = \frac{q\,d}{\tau_n}\left\{n_T + \frac{1}{a}\left[\alpha_i^{innen} + \frac{1-\Gamma_{opt}}{\Gamma_{opt}}\alpha_i^{außen} - \frac{1}{L\,\Gamma_{opt}}\ln(R)\right]\right\} \qquad [10.7]$$

Strenggenommen muß noch wie in [10.1] J_{th} durch $\Gamma_{el}\gamma_n J_{th}$ ersetzt werden. In einem DH-Laser ist aber in sehr guter Näherung sowohl $\gamma_n = 1$ (über den Strom werden nahezu ausschließlich Elektronen ins p-Gebiet injiziert, siehe die Erläuterungen im Anschluß an [4.28]) als auch $\Gamma_{el} = 1$ (alle injizierten Elektronen rekombinieren im aktiven Bereich), so daß J_{th} in der durch [10.7] gegebenen Form völlig zufriedenstellend beschrieben wird.

In DH Lasern wird die Wellenlänge der Lichtemission durch das Material mit der kleineren Bandlücke festgelegt; das Material mit der größeren Bandlücke bildet die Mantelschichten des Wellenleiters. Die nicht im Kernbereich liegenden Anteile des transversalen Photonenprofils laufen demnach in einem Halbleiter mit größerer Bandlücke, als es der Emissionswellenlänge entspricht, und können deshalb dort nicht durch Fundamentalabsorption geschwächt werden. Da α_i^{innen} prinzipiell die Fundamentalabsorption nicht enthält, sind in DH-Lasern die intrinsischen Verlustkoeffizienten vergleichbar: $\alpha_i^{innen} \approx \alpha_i^{außen}$. In SH-Strukturen dagegen laufen die außerhalb liegenden Lichtanteile an der Homo-Grenze in einem Material mit gleicher Bandlücke wie in der aktiven Zone. Fundamental-Reabsorption dieses Anteils ist möglich, so daß jetzt $\alpha_i^{außen} > \alpha_i^{innen}$ ist. Bei reinen Homo-Laserstrukturen tritt Fundamental-Reabsorption in beiden Mantelbereichen des Wellenleiters auf. Die unterschiedlichen Verlustbeiträge sind mit ein Grund für die in Abschn. 10.2 erwähnten unterschiedlichen Schwellstromdichten der verschiedenen Strukturen.

Beispiel:
DH-Laser mit einer aktiven Zone der Dicke d = 0,2 µm aus undotiertem GaAs zwischen Heteroschichten aus $Ga_{0,7}Al_{0,3}As$. Der Laser emittiert Licht der Wellenlänge $\lambda \approx 870$ nm entsprechend dem Bandabstand $W_g = 1,424$ eV des GaAs. Die Brechzahl des GaAs ist $n_K^* = 3,59$, die des GaAlAs nach [10.3] $n_M^* = 3,51$. Mit diesen Werten ist der Füllfaktor nach [10.2] $\Gamma_{opt} \approx 0,4$. Mit L = 400 µm, R = 0,32, $\alpha_i^{innen} \approx \alpha_i^{außen} = 25$ cm^{-1} wird der Term in eckigen Klammern in [10.7] zu $[\ldots] = 126$ cm^{-1}. Bei $n_T = 2,5 \cdot 10^{17}$ cm^{-3} und mit a = $2,4 \cdot 10^{-16}$ cm^2 wird in [10.7] der Term in geschweiften Klammern $\{\ldots\} = 5,2 \cdot 10^{17}$ cm^{-3}. Bei einer Elektronenlebensdauer $\tau_n = 1$ ns im undotierten GaAs erhalten wir die Schwellenstromdichte $J_{th} = 1,7$ kA/cm^2. Wenn die aktive Zone die Breite b = 150 µm hat, ist die Querschnittsfläche $\Delta A = L \cdot b = 6 \cdot 10^{-4}$ cm^2; daraus berechnen wir die Schwellenstromstärke zu $I_{th} = J_{th} \cdot \Delta A \approx 1$ A.

Laut [10.7] nimmt die Schwellstromdichte linear mit der Weite d der aktiven Zone ab (das von Elektronen zu füllende Volumen wird immer geringer). Eine kleinere Weite reduziert nach Abb. 10-5b aber gleichzeitig auch den Füllfaktor Γ_{opt} und vergrößert nach [10.7] dadurch wieder die Schwellstromdichte, denn nur der durch Γ_{opt} erfaßte Teil der Photonen trägt zur stimulierten Emission bei. Es gibt deshalb eine optimale Weite für die aktive Zone. In DH-Lasern aus dem GaAs-GaAlAs-Materialsystem liegt sie bei $d_{optimal} \approx 0,15$ µm. In einer derart dünnen Schicht ist in transversaler Richtung nur die Grundmode ausbreitungsfähig.

10.4 Laterale Eingrenzung: Gewinnführung und Indexführung; Streifenlaser

DH-Laser haben in der bislang besprochenen Geometrie eine aktive Zone mit stark unterschiedlichen Abmessungen (transversal 0,2μm, lateral dagegen 150μm). Dies zieht einige gravierende Nachteile nach sich. Die wichtigsten sind:

- Die aktive Zone wirkt als Filmwellenleiter, in dem sich in transversaler Richtung nur die Grundmode, in lateraler Richtung aber eine Vielzahl von Moden ausbilden kann. Die Anzahl der Lateralmoden kann sich durch äußere (z.B. thermische) Einflüsse ändern. Dadurch kann es zu Instabilitäten im Emissionsverhalten kommen.
- Die Emissionsfläche ist linienförmig. Für die meisten Anwendungen, z.B. für den Einsatz in der optischen Nachrichten- und Sensortechnik, ist eine Liniengeometrie äußerst unvorteilhaft.

Zur Abhilfe muß die aktive Zone durch eine weitere Eingrenzung in lateraler (y-) - Richtung so weit reduziert werden, daß auch lateral möglichst wenige, im Idealfall nur eine einzige Mode ausbreitungsfähig sind. Man gelangt so zum *Streifenlaser*. Nach dem Wirkprinzip der seitlichen Wellenführung unterscheidet man *gewinngeführte Streifenlaser (gain guided laser)* und *indexgeführte Streifenlaser (index guided laser)*. Beide Varianten gibt es in einer Vielzahl technischer Ausführungen.

Abb.10-7 zeigt rechts den sog. *BH-Laser* als typischen Vertreter der indexgeführten Streifenlaser. Einer der metallischen Anschlußkontakte ist als Streifenkontakt (Streifenbreite typisch 3 μm), der Gegenanschluß als Flächenkontakt ausgeführt. Weiterhin wird beidseitig eine Blockierschicht eingebaut. Das Blockiermaterial hat eine im Vergleich zur aktiven Zone höhere Bandlücke und eine geringere Brechzahl. Die aktive Zone ist jetzt allseitig in einem Fremdmaterial "vergraben" und hat ebenfalls nur noch eine Breite (in y-Richtung) von 2-3 μm. Man bezeichnet einen derartigen Laseraufbau deshalb als *vergrabene Heterostruktur (buried heterostructure, BH-Laser)*.

Durch die höhere Bandlücke des Blockiermaterials entstehen im Energieband-Ortsdiagramm auch in y-Richtung Potentialwälle, die ein laterales Ausdiffundieren der injizierten Ladungsträger verhindern. Der Stromfluß ist auf einen kleinen Kanal begrenzt, die Pumpstromstärke ist reduziert. Weit bedeutsamer als die Ladungsträgereingrenzung ist es, daß sich wegen der höheren Brechzahl der aktiven Zone im Vergleich zur Blockierschicht ein echter, durch Brechzahlsprünge definierter Wellenleiter bildet. In Abb.10-7 ist das laterale Brechzahlprofil $n^*(y)$ skizziert. Dadurch werden die Photonen auch lateral auf engem Raum eingeschlossen. Dieser Wellenleiter ist stets existent, selbst wenn der Laser stromlos - *passiv* - ist, man spricht von *passiver Wellenführung*.

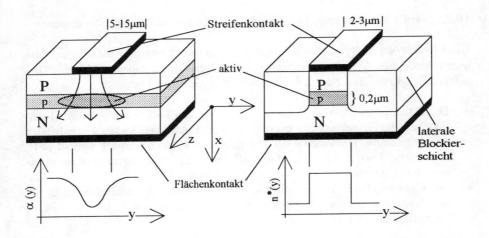

Abb.10-7: PrinzipiellerAufbau von DH-Streifenlasern
        links: Verstärkungsführung (aktive Führung) rechts: Indexführung (passive Führung).
        Zur Vereinfachung sind Substrat- und Kontaktierschichten jeweils weggelassen.

Abb.10-7 zeigt links den grundsätzlichen Aufbau eines gewinngeführten Streifenlasers. Er unterscheidet sich vom BH-Laser zunächst nur dadurch, daß die seitlichen Blockierschichten und damit auch die passive Wellenleitung fehlen; die Kontaktstreifenbreite ist hier typisch 5 -15 µm. Dennoch tritt auch hier eine Wellenführung ein, die aber auf einem völlig anderen Prinzip beruht. Da die aktive Schicht
nur wenige µm vom Kontaktstreifen entfernt ist, ist die Strompfadbreite in der aktiven Zone näherungsweise gleich der Kontaktstreifenbreite. Innerhalb des Strom-
pfades (in y-Richtung in Abb.10-7) ist die Stromdichte inhomogen, sie hat ihr
Maximum in der geometrischen Mitte und klingt von dort nach beiden Seiten hin
ab. Dadurch ist auch die Trägerkonzentration n in der aktiven Schicht in y-Richtung inhomogen: n = n(y). Ihr Maximum hat die Trägerdichte in der Mitte unter
dem Kontaktstreifen, von dort ausgehend wird sie in lateraler Richtung nach beiden Seiten hin kleiner.

Nach [10.4] senkt eine höhere Trägerdichte die Brechzahl n^* ab. n^* ist deshalb
minimal in der Mitte unter dem Kontaktstreifen und wird zum Rand hin größer.
Man sollte also eigentlich eine "Anti-Wellenführung" erwarten. Jedoch erzeugt die
inhomogene Trägerdichte n(y) gleichzeitig auch eine in y-Richtung variierende
optische Verstärkung g(y). Nach den zu [8.19] führenden Aussagen eingangs des
Abschn.8.5 ist eine lateral ortsabhängige Verstärkung g(y) gleichwertig zu einer
lateral ortsabhängigen optischen Dämpfung $\alpha(y) = \alpha_i - g(y)$; das prinzipielle Verhalten von $\alpha(y)$ ist in Abb.10-7 skizziert. Dem axialen Verlauf des Kontakt-

streifens folgend formiert sich so innerhalb der aktiven Zone ein grabenartiges Dämpfungsprofil. Es läßt sich zeigen, daß eine Dämpfungsabsenkung in einem Kernbereich dieselbe Auswirkung hat wie eine Brechzahlanhebung: sie ermöglicht Lichtführung in Laufrichtung des Kerns (z-Richtung). Auf diese Weise wird die tatsächliche Brechzahlabsenkung durch die gleichzeitige Dämpfungsabsenkung überkompensiert, und ein Teilgebiet der aktiven Zone wird insgesamt zu einem Streifenwellenleiter. Der Streifen entsteht aber erst beim Betrieb der Diode und folgt dem axialen Verlauf des Gewinnkoeffizienten. Man spricht deshalb von *aktiver* bzw. *gewinngeführter* Wellenleitung.

10.5 Materialauswahl für Heterostruktur-Streifenlaser

Streifenlaser in der bislang beschriebenen Heterostrukturausführung setzen voraus, daß es zu einem als aktive Komponente geeigneten Halbleiter eine passende Materialklasse mit größerer Bandlücke, aber kleinerer Brechzahl gibt, in die die aktive Komponente eingebettet werden kann. Die verfügbare Auswahl wird stark eingeschränkt durch den Zwang zur Gitteranpassung aller Halbleiterschichten an ein geeignetes Substratmaterial. Für den Dauerstrichbetrieb bei Zimmertemperatur ausgelegt sind DH- und BH-Laser in den in der nachfolgenden Tabelle 3 aufgeführten Legierungssystemen. Auch aus anderen Materialsystemen werden kommerziell Laser mit BH-Aufbau angeboten, die aber nur bei sehr tiefen Temperaturen betrieben werden können. Hierzu zählen vor allem die *Bleisalzlaser* mit $(Pb_xS_{1-x})Se$ oder $(Pb_xSn_{1-x})Te$ als aktivem und PbS bzw. PbTe als begrenzendem Material. Sie emittieren je nach Zusammensetzung im nahen bis mittleren Infrarot ($3\mu m$ … $25\mu m$). Ein großer Vorteil dieser Laser ist, daß sie über äußere Parameter wie z.B. über die Temperatur in ihrer Emissionswellenlänge abgestimmt werden können.

Tabelle 3: Legierungssysteme für die Herstellung von DH- und BH-Lasern

Emissionswellen-länge (in nm)	aktive Schicht	im DH-Aufbau beidseitig eingebettet in	Substrat
680	$Ga_{0,52}In_{0,48}P$	$(Ga_{0,3}Al_{0,7})_{0,52}In_{0,48}P$	GaAs
750 - 870	GaAlAs	GaAlAs	GaAs
900	GaAs	GaAlAs	GaAs
920 - 1670	InGaAsP	InP	InP
2000 - 2300	GaInAsSb	GaAlAsSb	GaSb

11. Kenngrößen und Eigenschaften von Diodenlasern

11.1 Elektro-optische Kennlinie, differentieller Wirkungsgrad

In den Abschnitten 9.3 und 9.4 wurden die Bilanzgleichungen des Halbleiterlasers aufgestellt und für den stationären Zustand gelöst. Als Ergebnis erhielten wir die Photonendichte ρ_{ph} als Funktion der Stromdichte J; sie wurde in Abb.9-6 graphisch dargestellt. Dieses Ergebnis ist zwar korrekt, aber nicht praxisgeeignet, denn ρ_{ph} ist die Photonendichte <u>innerhalb</u> des Halbleiterresonators und als solche experimentell nicht unmittelbar zugänglich. Wir gehen deshalb von der Beschreibung $\rho_{ph} = \rho_{ph}(J)$ über auf eine Darstellung $P_{opt} = P_{opt}(I)$; darin ist P_{opt} die außen meßbare optische Leistung und I die Stärke des Pumpstromes durch den Laser.

Ausgangspunkt der Überlegungen ist die Gleichung [9.14], sie gibt die zeitliche Änderung der internen Photonendichte durch die intrinsischen Verluste α_i **und die** Auskoppelverluste α_R an. Wir spalten die Gesamtverluste auf

$$\left(\partial \rho_{ph}/\partial t\right)\Big|_{Verluste} = \left(\partial \rho_{ph}/\partial t\right)\Big|_{intrinsisch} + \left(\partial \rho_{ph}/\partial t\right)\Big|_{Auskopplung}$$

$$= \left(-\alpha_i\, v_{gr}\, \rho_{ph}\right) \qquad + \qquad \left(-\alpha_R\, v_{gr}\, \rho_{ph}\right) \qquad\qquad [11.1]$$

und ersetzen weiter die zu einem Zeitpunkt t innerhalb des Resonators befindliche Photonendichte $\rho_{ph}(t)$ durch die im Resonator gespeicherte optische Energie $W_{opt}(t)$. In der Geometrie von Abb.8-6 ist das Volumen ΔV des Resonators gleich dem Volumen $\Delta A \cdot d$ der aktiven Zone; in ihm befinden sich $\Delta V \cdot \rho_{ph}(t) = d \cdot \Delta A \cdot \rho_{ph}$ Photonen. Jedes Photon hat die Energie hf. Die gesamte gespeicherte Energie ist damit $W_{opt}(t) = hf \cdot \rho_{ph}(t) \cdot d \cdot \Delta A$, so daß $\rho_{ph}(t) = W_{opt}(t)/[hf \cdot d \cdot \Delta A]$ wird. Einsetzen in obige Beziehung ergibt:

$$-\alpha_R\, v_{gr}\, \rho_{ph} = \left(\partial \rho_{ph}/\partial t\right)\Big|_{Auskopplung} = \frac{1}{hf\, d\, \Delta A} \cdot \left(\partial W_{opt}/\partial t\right)\Big|_{Auskopplung} \qquad [11.2]$$

Gl. [11.2] erfaßt die Energie<u>abnahme</u> je Zeiteinheit <u>innerhalb</u> des Resonators. Ihr Negatives muß dann die Energie<u>zunahme</u> je Zeiteinheit <u>außerhalb</u> des Resonators, also die stimuliert emittierte optische Leistung P_{opt} sein:

$$P_{opt} = -\left(\partial \rho_{ph}/\partial t\right)\Big|_{Auskopplung} = \alpha_R\, v_{gr}\, hf\, d\, \Delta A\, \rho_{ph} \qquad [11.3]$$

Im stationären Laserbetrieb $J > J_{th}$ kann ρ_{ph} aus [9.24] übernommen werden:

$$P_{opt} = \frac{hf}{q} \alpha_R \, v_{gr} \, \tau_{ph} \, \Delta A \left(J - J_{th} \right) \qquad \text{für } J > J_{th} \qquad [11.4]$$

Das Produkt $v_{gr} \cdot \tau_{ph}$ wird mit [9.15] ersetzt durch $1/(\alpha_i + \alpha_R)$. Nach der Geometrie von Abb. 8-6 fließt der Pumpstrom über die Fläche ΔA zu, das Produkt $J \cdot \Delta A$ liefert die Strom<u>stärke</u> I des Pumpstromes. Allerdings müssen wir wieder gemäß [8.29] J erweitern zu $\Gamma_{el}\gamma_n J$. Außerdem muß beachtet werden, daß nicht jeder der über den Heteroübergang fließenden Ladungsträger auch <u>stimuliert</u> rekombiniert; er kann auch spontan oder nichtstrahlend rekombinieren. Wir erfassen alle diese Einflußgrößen in einem *internen Wirkungsgrad* η_{int}, so daß

$$P_{opt} = \frac{hf}{q} \frac{\alpha_R}{\alpha_i + \alpha_R} \eta_{int} \left(I - I_{th} \right) \qquad \text{für } I > I_{th} \qquad [11.5]$$

Als weitere Kenngröße wird ein *differentieller Wirkungsgrad* η_d definiert durch

$$\eta_d := \frac{\text{Änderung der je Zeiteinheit } \textbf{stimuliert} \text{ erzeugten Photonen}}{\text{Änderung der Anzahl der je Zeiteinheit eingebrachten Ladungsträger}}$$

$$[11.6]$$

$$= \frac{\partial \left(P_{opt} / hf \right)}{\partial (I / q)} = \frac{q}{hf} \frac{\partial P_{opt}}{\partial I}$$

Geometrisch ist η_d die Steigung der Laserkennlinie und beschreibt den Wirkungsgrad des Bauelementes <u>im Laserbetrieb</u> (also bei Pumpströmen $I > I_{th}$). Die Differentiation von [11.5] liefert $\frac{\partial P_{opt}}{\partial I} = \frac{hf}{q} \frac{\alpha_R}{\alpha_i + \alpha_R} \eta_{int}$, so daß mit α_R aus [9.2a]

$$\eta_d = \frac{\alpha_R}{\alpha_i + \alpha_R} \eta_{int} = \frac{\eta_{int}}{1 + \alpha_i / \alpha_R} = \frac{\eta_{int}}{1 - \frac{\alpha_i L}{\ln(R)}} \qquad [11.7]$$

und $\qquad P_{opt} = \frac{hf}{q} \eta_d \left(I - I_{th} \right) = \frac{hc}{q \lambda} \eta_d \left(I - I_{th} \right) \qquad \text{für } I > I_{th} \qquad [11.8]$

Es ist illustrativ, die Ergebnisse Gl.[11.8] des Lasers und Gl.[7.10] der LED miteinander zu vergleichen. Typische Zahlenwerte für die Laserwirkungsgrade sind $\eta_{int} = 0,65 \ldots 0,9$ und $\eta_d = 0,5 \ldots 0,8$; die höheren Werte gelten für den BH-Laser.

Bemerkungen:

1. Gleichung [11.5] ergab sich durch die Wahl von [9.24] für den stationären Endwert von ρ_{ph}. Hätte man die exaktere Beziehung [9.26] benutzt, müßte das Ergebnis entsprechend aufwendiger formuliert werden.

2. In obiger Herleitung wird mit P_{opt} die <u>Gesamt</u>leistung, d.h. die Abstrahlung über <u>beide</u> Laserspiegel erfaßt. Gelegentlich wird als optische Leistung auch nur die Leistung aus einer der beiden Spiegelflächen angegeben. Behält man die Schreibweise von [11.4] und [11.5] bei, meint aber mit P_{opt} nur die Emission aus <u>einer</u> der Spiegelflächen, so halbiert sich η_d bzw. η_{int}.

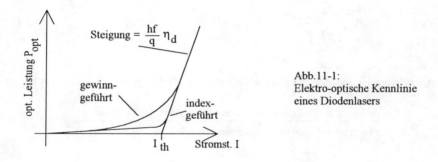

Abb.11-1:
Elektro-optische Kennlinie
eines Diodenlasers

Abb.11-1 zeigt schematisch die elekto-optischen Kennlinien je eines indexgeführten und eines gewinngeführten BH-Lasers. Die stärkere Verrundung beim gewinngeführten Laser ist auf den wesentlich höheren Anteil an spontaner Rekombination (siehe Abschn.9.5) zurückzuführen. Die Kennlinien unterscheiden sich der Form nach nicht von der in Abb.9-6 angegebenen Kennlinie $\rho_{ph} = \rho_{ph}(J)$.

11.2 Optisches Spektrum und Kohärenz

Das optische Spektrum eines Lasers mit Fabry-Perot-Resonator wurde bereits in Abschn.9.5 grundsätzlich diskutiert; es besteht aus einzelnen Linien im Abstand $\Delta\lambda$ bzw. $\Delta(hf)$. Der Linienabstand wird durch die Fabry-Perot-Resonanzbedingung [9.9] bestimmt und weiter unten genauer berechnet. Die spektrale Breite $\delta\lambda$ jeder Einzellinie liegt in der Größenordnung $\delta\lambda \cong 10^{-4}$ nm. Abb.11-2 zeigt die Spektren eines gewinngeführten und eines indexgeführten Streifenlasers. Bei indexgeführten Lasern dominiert eine der Linien derart, daß das Spektrum wie ein Einmodenspek-

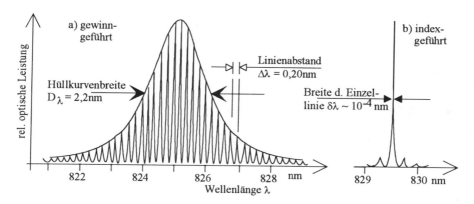

Abb.11-2: Gemessene Spektren von Streifenlasern mit FP-Resonator

trum erscheint (es in Wirklichkeit aber nicht ist). Bei gewinngeführten Lasern ist die Vielmodenstruktur offenkundig. Ursache ist die im Vergleich zum indexgeführten Laser viel stärkere spontane Einstrahlung. Die Hüllkurve über alle Linien fährt dem Verlauf der Verstärkungskurve g = g(hf) oberhalb der Laserschwelle nach; ihre spektrale Breite D_λ beträgt typisch einige nm.

Bereits in Abschn.9.2 wurde der energetische Linienabstand aus der Fabry-Perot-Resonanzbedingung $(hf)_m = \frac{hc}{2L} \frac{m}{n^*}$ berechnet. Die dortige Herleitung ist allerdings nicht ganz korrekt, denn sie berücksichtigt nicht, daß n^* wellenlängen- bzw. frequenzabhängig ist: $n^* = n^*(f)$. Für den exakten energetischen Abstand $\Delta(hf)$ muß man ansetzen:

$$\Delta(hf) = (hf)_{m+1} - (hf)_m = \frac{hc}{2L}\left[\frac{m+1}{n^*(f_{m+1})} - \frac{m}{n^*(f_m)}\right] \qquad [11.9]$$

Mit Hilfe einer Potenzreihenentwicklung wird $n^*(f_{m+1})$ auf $n^*(f_m)$ zurückgeführt:

$$n^*(f_{m+1}) = n^*(f_m) + (f_{m+1} - f_m)\frac{\partial n^*}{\partial f} = n^*(f_m) + \frac{\partial n^*}{\partial f}\Delta f = n^*(f_m) + \frac{\partial n^*}{\partial f}\frac{\Delta(hf)}{h}$$

Wir setzen dieses Ergebnis oben ein, lösen nach $\Delta(hf)$ auf und erhalten nach etwas Rechnung bei Vernachlässigung des quadratischen Termes $[\Delta(hf)]^2$:

$$\Delta(hf) = \frac{hc}{2L\left[n^* + f \cdot \left(\partial n^* / \partial f\right)\right]} = \frac{hc}{2L\, n_{gr}^*} \qquad [11.10a]$$

n_{gr}^* ist der mit [1.11] definierte Gruppenbrechungsindex. Mit [7.9a] ergibt sich der Wellenlängenabstand $|\Delta\lambda|$ zweier Linien zu (λ ist die zentrale Wellenlänge)

$$|\Delta\lambda| = \lambda^2 \Big/ \left[2L\, n_{gr}^*\right] \qquad [11.10b]$$

Beispiel: Das Vielmodenspektrum von Abb.11-2 ist das Spektrum eines gewinngeführten DH-Lasers mit GaAlAs als aktiver Schicht. Der gemessene Modenabstand
beträgt $|\Delta\lambda|$ = 0,20nm, die zentrale Wellenlänge $\lambda\approx$825nm. Für dieses Material ist
$n_{gr}^* \approx 4,5$ (bei $\lambda\approx$825nm).Daraus errechnet sich die Resonatorlänge zu L $\approx$ 380μm

Das emittierte Laserlicht ist eine elektromagnetische Welle mit einer Frequenz f
und einer Nullphasenlage ϕ. Der Zahlenwert der Nullphasenlage besteht nur über
eine begrenzte Zeit τ_{coh} hinweg, nach Ablauf dieser Zeit ändert sich ϕ sprunghaft.
Die Zeitspanne τ_{coh} wird als *Kohärenzzeit* bezeichnet, sie kann in den gebräuchli-
cheren Begriff der *Kohärenzlänge* l_{coh} = c·τ_{coh} umgerechnet werden. Anschaulich
gibt l_{coh} den maximalen Wegunterschied an, den zwei aus derselben Lichtquelle
stammende Teilstrahlen haben dürfen, damit sie noch interferenzfähig sind.

Die Kohärenzlänge l_{coh} läßt sich aus der spektralen Breite $\delta\lambda$ einer einzelnen La-
serlinie bzw. aus der Breite D_λ der Hüllkurve berechnen. Allgemein gilt

$$l_{coh} = \lambda^2/\delta\lambda \qquad \text{bzw.} \qquad l_{coh} = \lambda^2/D_\lambda \qquad [11.11]$$

Die Strahlung eines indexgeführten Lasers, der bei λ = 825nm nur eine einzelne
Linie der Breite $\delta\lambda$ = 10^{-4}nm emittiert, hat eine Kohärenzlänge von $l_{coh} \approx$ 7m; für
einen gewinngeführten Laser mit D_λ = 2,2nm ist $l_{coh} \approx$ 300μm.

11.3 Abstrahlcharakteristik und Polarisation

Abb.11-3 skizziert die Abstrahlung eines BH-Lasers. Die Abstrahlung erfolgt
divergent in einen vergleichsweise großen Raumbereich. Ursache ist die Beugung

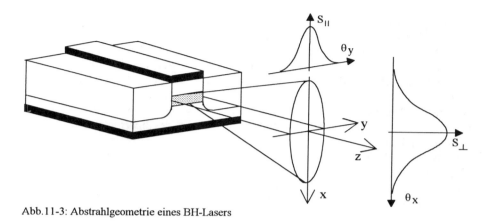

Abb.11-3: Abstrahlgeometrie eines BH-Lasers

der Lichtwellen bei der Auskopplung. Im Laserinneren werden die Lichtwellen durch die Lichtleiterführung (Abschn.10.3) auf etwa den Querschnitt der aktiven Zone eingegrenzt. Beim Lichtaustritt wirkt der Lichtleiterquerschnitt wie eine rechteckförmige Austrittsblende mit stark unterschiedlicher Kantenlänge (beim BH-Laser z.B. 0,2μm parallel, aber 2μm senkrecht zur Stromflußrichtung, siehe Abb.10-7). Die unterschiedlich großen Abmessungen bewirken die unterschiedlich starke Divergenz des emittierten Strahles: je kleiner die Kantenlänge, desto divergenter der Strahl. In einiger Entfernung von der Austrittsfläche erscheint der Strahl deshalb als elliptischer Fleck. Die Intensitätsverteilung innerhalb des Fleckes ist

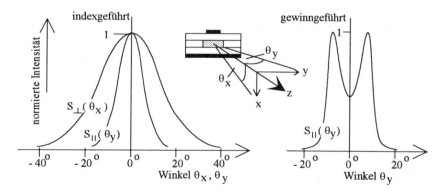

Abb.11-4: Typische Winkelverteilung der Abstrahlung

für gewinngeführte und indexgeführte Streifenlaser unterschiedlich. Abb.11-4 zeigt typische Winkelverteilungen. Auffällig sind beim gewinngeführten Laser die "Ohren" in der Abstrahlung $S_\parallel$ (parallel zur Schichtenfolge im Laser). Sie haben ihre Ursache in der aktiven Führung der Lichtwelle durch die lokale Dämpfungserniedrigung (siehe Abschn10.4). Man kann zeigen, daß sich bei aktiver Führung die Phasenfront der im Lichtleiter geführten Welle vorwölbt. Die Wölbung ist um so stärker, je geringer die lokale Dämpfung ist. Im Streifenlaser mit aktiver Wellenführung variiert die Dämpfung über dem Querschnitt des lichtführenden Kanals, siehe das linke untere Teilbild in Abb.10.7. Die im aktiven Streifen geführte Welle hat jetzt in Richtung der x-Achse eine gering gewölbte nahezu ebene, aber in y-Richtung eine stark gewölbte sphärische , insgesamt eine zylindrisch gewölbte Phasenfront. Die Beugung der gekrümmten Front beim Lichtaustritt verursacht das Abstrahlprofil $S_\parallel$ in y-Richtung, während die Abstrahlung der ebenen Front das übliche $S_\perp$-Profil in x-Richtung liefert.

Diodenlaser strahlen üblicherweise linear polarisiertes Licht ab. Der Grund dafür liegt in der Polarisationsabhängigkeit des Reflexionsfaktors R der Kristall-Austrittsfläche. Die Polarisationsabhängigkeit ihrerseits kann mit dem Zickzackmodell der Strahlenausbreitung in der aktiven Zone (Abb.11-4) plausibel gemacht werden. Der Lichtstrahl trifft in dieser Vorstellung nicht senkrecht auf den Endspiegel auf, der Auftreffwinkel hängt von der Kernschichtgeometrie ab. Bei schrägem Auftreffen ist der Reflexionsfaktor allerdings polarisationsabhängig. Für diejenigen Auftreffwinkel, die sich bei nichtquadratischen Querschnitten des lichtführenden Kanals einstellen, sind die Reflexionsfaktoren so stark unterschiedlich, daß nur eine Polarisation (die mit dem höheren Reflexionsgrad) anschwingt. Bei quadratischen Querschnitten geht der Effekt verloren. In üblichen Diodenlasern mit ihren rechteckförmigen lichtleitenden Kanälen ist das abgestrahlte Licht deshalb linear polarisiert. Der Polarisationsvektor zeigt dabei in Richtung der längeren Rechteckseite (in dem hier gewählten Koordinatensystem also in y-Richtung).

11.4 Temperaturverhalten

Die Eigenschaften der Diodenlaser sind stark temperaturabhängig. Abb.11-5 zeigt links die elektrooptische Kennlinie bei verschiedenen Temperaturen. Die Schwellstromstärke I_{th} wird mit steigender Temperatur T größer, und der differentielle Wirkungsgrad η_d sinkt, so daß die Kennlinien flacher verlaufen. Empirisch wurde eine exponentielle Abhängigkeit festgestellt:

$$I_{th}(T) = I_0 \cdot \exp(T/T_0) \qquad\qquad [11.12]$$

T_0 ist eine materialspezifische charakteristische Temperatur; je kleiner T_0, desto empfindlicher reagiert der Laser auf Temperaturänderungen. Gefunden wurde

für Laser aus dem GaAlAs-Materialsystem: $T_0 = 120K \ldots 230K$
für Laser aus dem InGaAsP-Materialsystem: $T_0 = 60K \ldots 80K$

Ursache für das schlechtere Temperaturverhalten der InGaAsP-Laser ist die mit wachsender Temperatur stark zunehmende Auger-Rekombination als Konkurrenz zur stimulierten Rekombination. Dadurch erhöhen sich die intrinsischen Verluste.

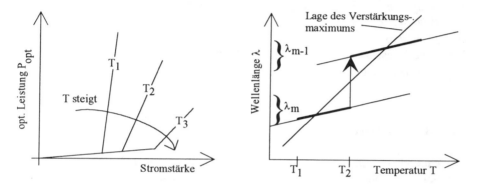

Abb.11-5: links: Änderung der elektro-optischen Kennlinie mit der Temperatur (schematisch)
rechts: zur Erklärung des Modenspringens

Die Temperatur beeinflußt auch das Emissionsspektrum. Mit steigender Temperatur dehnt sich der Kristall aus, die Resonatorlänge wird größer. Gleichzeitig wächst die Brechzahl. Dadurch verschieben sich gemäß [9.9] die Einzellinien zu höheren Wellenlängen. Der Bewegung der Einzellinien ist eine gleichgerichtete Bewegung der gesamten Hüllkurve überlagert. Ursache für die Hüllkurvenverschiebung ist die Abnahme der Bandlückenenergie mit wachsender Temperatur. Hierdurch ändert sich der Einsatzpunkt, bei dem die Verstärkungskurve positiv wird (siehe z.B. Abb.9-3b), und in Folge werden die Verstärkungskurve als Ganzes und damit die Hüllkurve zu geringeren Energien (höheren Wellenlängen) hin versetzt.

Für die Driften können Temperaturkoeffizienten angegeben werden

$$\left.\frac{\partial\lambda}{\partial T}\right|_{\text{Hülle}} \approx \begin{cases} 0,24\,\text{nm}\,/\,\text{K} \\ 0,30\,\text{nm}\,/\,\text{K} \end{cases}, \qquad \left.\frac{\partial\lambda}{\partial T}\right|_{\text{Linie}} \approx \begin{cases} 0,12\,\text{nm}\,/\,\text{K} \\ 0,08\,\text{nm}\,/\,\text{K} \end{cases} \qquad \begin{cases} \text{bei GaAlAs - L.} \\ \text{bei InGaAsP - L.} \end{cases}$$

Weil die Temperaturkoeffizienten für Hülle und Einzellinie unterschiedlich groß sind, kommt es bei Temperaturänderung zu *Modensprüngen* (*mode hopping*). Wir diskutieren die Modensprünge anhand von Abb.11-5. Dargestellt sind die Wellenlängen der Longitudinalmoden des FP-Resonators. Der Einfachheit halber untersuchen wir einen indexgeführter Laser; er emittiere bei der Temperatur T_1 eine einzige Linie bei der Wellenlänge $\lambda_m(T_1)$. Bei Temperaturerhöhung verschiebt sich die Linie zu höheren Werten, die Abbildung zeigt die Linienbewegung. In stärkerem Maße wird auch die Hüllkurve bzw. das Verstärkungsmaximum verschoben, bis schließlich bei einer Temperatur T_2 das Maximum der Verstärkung dichter bei der (größeren) Wellenlänge $\lambda_{m-1}(T_2)$ als bei der (kleineren) Wellenlänge $\lambda_m(T_2)$ liegt. Die Emission springt dann auf die Wellenlänge $\lambda_{m-1}(T_2)$, die Strahlung bei $\lambda_m(T_2)$ verschwindet.

11.5 Modulationsverhalten

Die emittierte Strahlungsleistung eines Lasers läßt sich über den Strom modulieren. Zur Berechnung der Modulationseigenschaften müssen die nichtlinearen Bilanzgleichungen [9.18] und [9.19] bzw. [10.6] für den jeweiligen Modulationsfall gelöst werden. Wir wählen eine harmonische Modulation $I(t) = I' + \hat{\imath} \cdot \sin(\omega t)$. Von I' und $\hat{\imath}$ verlangen wir:

$$I' > I_{th} \quad \text{und} \quad \hat{\imath} < |I' - I_{th}| \qquad\qquad [11.13]$$

d.h. der (zeitkonstante) Anteil I' soll einen Arbeitspunkt auf dem <u>Laserteil</u> der Kennlinie einstellen, und die Modulationsamplitude $\hat{\imath}$ soll so klein sein, daß die Laserschwelle zu keinem Zeitpunkt unterschritten wird. Zur Bestimmung der Modulationsübertragung gehen wir zunächst von den meßbaren Größen optische Leistung P_{opt} und Pumpstromstärke I zurück zu den resonatorinternen Größen Stromdichte J, Photonendichte ρ_{ph} und Elektronendichte n. Wir setzen an[§]

[§] Nach unseren Voraussetzungen kann der Pumpstrom niemals unter die Laserschwelle fallen. Wir haben mehrfach betont, daß bei Strömen oberhalb der Laserschwelle die Elektronendichte n zeitkonstant den Wert n_{th} einnimmt. Diese Aussage gilt aber nur für den eingeschwungenen Zustand, während hier gerade das Einschwingverhalten von Bedeutung ist. Deshalb darf [11.15] nicht durch $n(t) \equiv n_{th}$ ersetzt werden.

$$J(t) = J' + \hat{j}\,\sin(\omega t) \qquad \text{mit} \quad J' > J_{th} \text{ und } \hat{j} < |J' - J_{th}| \qquad\qquad [11.14]$$

$$n(t) = n' + \hat{n}\,\sin(\omega t + \psi) \qquad \text{mit} \quad \hat{n} << n' \qquad\qquad\qquad\qquad [11.15]$$

$$\rho_{ph}(t) = \rho'_{ph} + \hat{\rho}_{ph}\,\sin(\omega t + \varphi) \text{ mit} \quad \hat{\rho}_{ph} << \rho'_{ph} \qquad\qquad\qquad [11.16]$$

Eingesetzt in die Bilanzgleichungen erhalten wir ein Gleichungssystem, das die zeitabhängigen Produkte $[\hat{n}\,\sin(\omega t + \psi)][\hat{\rho}_{ph}\,\sin(\omega t + \varphi)]$ enthält. Nach Voraussetzung sind $\hat{n} << n'$ und $\hat{\rho}_{ph} << \rho'_{ph}$; die angesprochenen Produkte können deshalb vernachlässigt werden (*Kleinsignalmodulation*). Das bislang nichtlineare Gleichungssystem wird hiermit linear und kann mit einem der üblichen Lösungsverfahren gelöst werden. Zurückübertragung in die meßbaren Größen ergibt in der Näherung schwacher spontaner Einstrahlung (d.h. $\beta = 0$)

$$P_{opt}(t) = P'_{opt} + \hat{p}_{opt}\,\sin(\omega t + \varphi) \qquad\qquad\qquad [11.17]$$

mit
$$P'_{opt} = \frac{hf}{q}\,\eta_d\,(I' - I_{th}) \qquad\qquad\qquad [11.18]$$

$$\hat{p}_{opt} = \hat{p}_{opt}(\omega) = \frac{hf}{q}\,\eta_d\,H(\omega)\cdot\left(\hat{i} - I_{th}\right) \qquad\qquad [11.19]$$

Eine Auftragung von $\hat{p}_{opt}$ über $(\hat{i} - I_{th})$ liefert die *Modulationsübertragungskennlinie*; [11.19] zeigt, daß $\hat{p}_{opt}$ frequenzabhängig ist mit dem *Amplitudengang* $H(\omega)$

$$H(\omega) := \frac{\omega_0^{\,2}}{\sqrt{\left(\omega_0^{\,2} - \omega^2\right)^2 + \omega^2\,\bar{\gamma}^2}} \qquad\qquad [11.20]$$

ω_0 und $\bar{\gamma}$ sind Abkürzungen für

$$\omega_0^{\,2} := \frac{1 + \Gamma_{opt}\,n_T\,a\,v_{gr}\,\tau_{ph}}{\tau_{ph}\,\tau_n}\cdot\left(\frac{I'}{I_{th}} - 1\right) \qquad\qquad [11.21]$$

$$\bar{\gamma} := \frac{1}{\tau_n}\left[1 + \Gamma_{opt}\,n_{th}\,a\,v_{gr}\tau_{ph}\cdot\left(\frac{I'}{I_{th}} - 1\right)\right] \qquad\qquad [11.22]$$

Γ_{opt}, n_T, n_{th}, a, v_{gr}, τ_{ph} und τ_n wurden in den Abschnitten 9.3 und 10.3 eingeführt. Häufig wird gesetzt: $\Gamma_{opt}n_T a v_{gr}\tau_{ph} = \Gamma_{opt}n_{th}a v_{gr}\tau_{ph} = 1$; diese Näherung ist aber nicht zulässig.

Der Amplitudengang [11.20] ist der eines Tiefpasses 2.Ordnung mit ω_0 als Kennkreisfrequenz und $\bar{\gamma}$ als Dämpfungskonstanten. Beide Größen enthalten den Stromquotienten I'/I_{th} als Parameter. In Abb.11-6 ist H über $\omega = 2\pi f_{mod}$ aufgetragen, Parameter ist I'/I_{th}. Die dargestellten Kurven wurden berechnet für $\tau_n = 1ns$, $\tau_{ph} = 1ps$ und $\Gamma n_T a v_{gr} \tau_{ph} = \Gamma n_{th} a v_{gr} \tau_{ph} = 4$. Man erkennt deutlich eine Resonanzüberhöhung bei einer Kreisfrequenz $\omega_{res} = \sqrt{\omega_0^2 - \frac{1}{2}\bar{\gamma}^2} \approx \omega_0$. Sie verschiebt sich proportional zu $\sqrt{I'/I_{th} - 1}$ zu höheren Frequenzwerten.

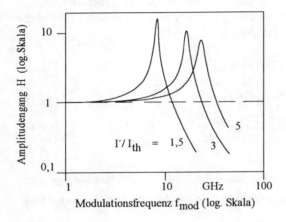

Abb.11-6:
Nach Gl.[11.20] berechneter Amplitudengang des Lasers. Parameter: Stromverhältnis I'/I_{th}. Die Resonanzstellen $\omega_{res}/2\pi$ liegen bei den Frequenzen 8 GHz, 15,9 GHz und 22,5 GHz

Die Resonanzstelle $\omega_{res} \approx \omega_0$ kann als Abschätzung für die (optische) Grenzfrequenz der Übertragung angesehen werden. Nach [11.21] ist ω_0 und damit die Modulationsbandbreite um so größer, je größer der Quotient I'/I_{th} und je kleiner die Photonenlebensdauer τ_{ph} ist. Ein kleines τ_{ph} wiederum erfordert gemäß [9.15] eine kleine Resonatorlänge L und/oder einen kleinen Reflexionsgrad R der Endspiegel. Wie bereits mehrfach erwähnt, steigt leider unter diesen Voraussetzungen die Laserschwelle an (siehe z.B. Gl.[9.23] oder Gl.[10.7]), so daß letztlich ein Kompromiß geschlossen werden muß zwischen geringer Laserschwelle und guten Modulationseigenschaften.

Durch einen Arbeitspunkt I' hoch über der Laserschwelle I_{th} (großes I'/I_{th}) wird nicht nur die Grenzfrequenz erhöht, sondern es steigt außerdem nach [11.22] die Dämpfung $\bar{\gamma}$ an, die Resonanzüberhöhung $H(\omega = \omega_{res})$ wird geringer, der Frequenzbereich um die Resonanzstelle herum kann mitgenutzt werden.

Abb.11-7 zeigt links ein RLC-Netzwerk, in das der Strom i(t) = î sin(ωt) hinein-
fließt. Die Amplitude $\hat{i}_{RL}$ des Zweigstromes $i_{RL}(t)$ ist frequenzabhängig, sie läßt
sich berechnen zu $\hat{i}_{RL} = \hat{i}\cdot H(\omega)$. Der hier auftretende Amplitudengang H(ω) ist
mathematisch identisch mit dem durch [11.20] bis [11.22] beschriebenen Amplitudengang, wenn man 1/(LC) = ω_0^2 und R/L = $\bar{\gamma}$ setzt. Fügt man in den RL-Zweig
einen elektrooptischen Wandler mit einer frequenz<u>unabhängigen</u> Wandlerkennlinie
$p_{opt} \sim i_{RL}$ ein, dann entspricht dessen Lichtemission völlig der eines Lasers, über
dessen pn-Übergang der Modulationsstrom i(t) fließt. Das angegebene Netzwerk
stellt somit ein Kleinsignalersatzschaltbild für die Strom-Licht-Wandlung in einer
Laserdiode dar. Diese Betrachtungsweise ist vor allem deshalb interessant, weil sie
den Bau und die Dimensionierung von Kompensationsnetzwerken ermöglicht, mit
denen der Amplitudengang des Lasers geglättet und dadurch der ausnutzbare Mo-
dulationsbereich erhöht werden kann.

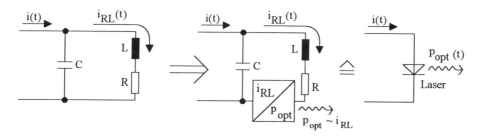

Abb.11-7: Elektrisches Ersatzschaltbild der Stom/Licht-Wandlung in einem Laser

Der über den pn-Übergang fließende Strom ist insbesondere bei hohen Frequenzen
nicht identisch mit dem im Außenkreis fließenden Strom. Ein frequenzabhängiger
Anteil des Treiberstromes wird über die Diffusions- und Sperrschichtkapazität des
Übergangs abgeleitet, siehe hierzu Abb.4-6 und die Diskussion in Abschn.4.3.
Diodenlaser können heute so hergestellt werden, daß die oben beschriebene Strom-
Licht-Wandlung und nicht Kapazitäten den Gesamtamplitudengang dominieren.

Für den allgemeinen Fall einer nichtharmonischen Modulation oder einer Modulation, die die Kleinsignalnäherung nicht mehr erfüllt, müssen die Bilanzgleichungen
numerisch gelöst werden. Die Intensitätsentwicklung beim Einschalten des Lasers
wurde bereits in Abb.9-4 vorgestellt: Man entnimmt dem Bild, daß der Laser nur
verzögert reagiert: nach dem Einschalten des Pumpstromes zum Zeitpunkt t_0
dauert es bis zum Zeitpunkt $t_1 = t_0 + T_v$, bevor die Intensität ansteigt. Die *Verzögerungszeit* T_v läßt sich aus den Bilanzgleichungen einfach berechnen: da der

Laser zwischen t_0 und t_1 noch kein Licht emittiert, kann in [9.18] die Photonendichte $\rho_{ph}(t) \equiv 0$ gesetzt werden. Gleichung [9.18] reduziert sich dadurch auf

$$\frac{\partial n}{\partial t} = \frac{J(t)}{q\,d} - \frac{n(t)}{\tau_n} \qquad [11.23]$$

Für die Pumpstromdichte nehmen wir an: $\quad J(t) = \begin{cases} J_0 < J_{th} & \text{für } t < t_0 \\ J_1 > J_{th} & \text{für } t > t_0 \end{cases}$.

Durch die Diode wird also ein Unterlegstrom (Vorstrom) der Dichte J_0 gezogen, auf den zum Zeitpunkt t_0 ein Signal der Höhe $(J_1 - J_0)$ aufgesetzt wird. Gleichung [11.23] hat unter diesen Bedingungen die Lösung

$$n(t) = \frac{\tau_n}{q\,d}\left[J_1 - (J_1 - J_0) \cdot \exp\left(-\frac{t - t_0}{\tau_n} \right) \right] \qquad [11.24]$$

Wenn die Trägerkonzentration den Schwellenwert n_{th} erreicht hat, setzt stimulierte Emission ein. Das ist zum Zeitpunkt $t = t_1$ der Fall. Einsetzen ergibt:

$$n_{th} = \frac{\tau_n}{q\,d}\left[J_1 - (J_1 - J_0) \cdot \exp\left(-\frac{t_1 - t_0}{\tau_n} \right) \right] = \frac{\tau_n}{q\,d}\left[J_1 - (J_1 - J_0) \cdot \exp\left(-\frac{T_v}{\tau_n} \right) \right] \qquad [11.25]$$

Mit $J_{th} = q d / \tau_n \cdot n_{th}$ und nach Übergang auf die Stromstärke I erhalten wir T_v zu

$$T_v = \tau_n \cdot \ln\left(\frac{I_1 - I_0}{I_1 - I_{th}} \right) = \tau_n \cdot \ln\left(1 + \frac{I_{th} - I_0}{I_1 - I_{th}} \right) \qquad [11.26]$$

Bei vorgegebenem Endwert I_1 ist T_v um so kürzer, je kleiner $(I_{th} - I_0)$ ist. Dies ist anschaulich verständlich: durch den schon vorher fließenden Unterlegstrom ist ein Teil der für eine Inversion benötigten Elektronen bereits in der aktiven Zone vorhanden. Je kleiner der Abstand $(I_{th} - I_0)$, desto dichter liegt die schon vorhandene Elektronenkonzentration bei der Schwellenkonzentration n_{th}, und desto weniger Zeit wird benötigt, um die noch fehlenden Elektronen nachzuliefern. Eine schnelle Reaktion des Lasers bei Pulsmodulation des Stromes erreicht man also durch einen Vorstrom möglichst knapp unterhalb der Laserschwelle.

11.6 Strom-Spannungs-Kennlinie

Wir legen das statische Diodenersatzschaltbild Abb.4-5 zugrunde. Ohne den Parallelwiderstand ist der über die Sperrschicht fließende Strom I identisch mit dem Strom im Außenkreis (siehe [4.24]), und die Spannungen U über der Sperrschicht und U_A im Außenkreis unterscheiden sich bei Gleichstromanregung nur um den Spannungsabfall $R_s I$ am Serienwiderstand.

<u>Unterhalb</u> der Laserschwelle verhält sich die Sperrschicht wie eine Shockley-Diode mit einer durch [4.22] beschriebenen Strom-Spannungs-Kennlinie. Mit dem Strom steigt die Spannung U über der Sperrschicht an, bis der Wert $U \approx W_g/q := U_{th}$ erreicht ist. Diesen Wert kann U nicht überschreiten: sobald $U \approx W_g/q$ geworden ist, ist der Abstand der Quasiferminiveaus größer als die Bandlücke W_g der aktiven Zone, und stimulierte Rekombination überwiegt. Zwar kann der Strom über den in diesem Moment erreichten Wert I_{th} hinaus erhöht werden, aber alle zusätzlich eingebrachten Ladungsträger werden in stimuliert emittierte Photonen umgesetzt. Deshalb steigt die Trägerdichte in der aktiven Zone nicht weiter an (vergl. Abb.9-6), die Quasiferminiveaus ändern ihre Lage nicht, und trotz des höheren Stromes bleibt U unverändert. Durch den Spannungsabfall an R_s ist die außen anliegende Spannung dann $U_{th,A} = U_{th} + R_s \cdot I_{th}$. Zusammengefaßt erhalten wir

$$U_A(I) = U_T \ln\left[(I/I_s) + 1\right] + R_s I \qquad \text{für } I < I_{th} \qquad [11.27a]$$

$$U_A(I) = U_{th} + R_s I = U_{th,A} + R_s(I - I_{th}) \approx W_g / q + R_s I \qquad \text{für } I > I_{th} \qquad [11.27b]$$

Unterhalb I_{th} steigt die Spannung logarithmisch, oberhalb I_{th} linear mit dem Strom an. In Abb.11-1 ist die Strom-Spannungs-Kennlinie aufgezeichnet.

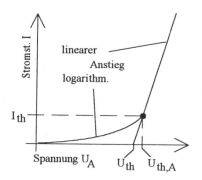

Abb.11-8:
Elektrische Kennlinie eines
Halbleiterlasers

12. Weiterführende Laserkonzepte

12.1 DBR-Laser und DFB-Laser

Bei einem Diodenlaser mit FP-Resonator ist die Kristallänge L auch die Resonatorlänge. Nach [11.10b] legt L den Wellenlängenabstand $|\Delta\lambda|$ der Longitudinalmoden fest. In GaAlAs-Lasern zum Beispiel ist üblicherweise L ≈ 400μm, so daß $|\Delta\lambda|$ ≈ 0,2nm wird. Dieser Abstand ist so gering, daß im Wellenlängengebiet positiver optischer Verstärkung sehr viele Moden liegen; vergl. Abb.9-3b. Als Folge emittiert der Laser ein je nach Einstrahlkoeffizient mehr oder weniger ausgeprägtes Viellinienspektrum, siehe Abb.11-2. Wenn dagegen der Resonator so gestaltet wird, daß innerhalb des Spektralbereiches positiver Verstärkung nur eine einzige Wellenlänge die Oszillatorbedingung nach phasenrichtiger Rückkoppelung erfüllt, dann kann ein derartiger Laser prinzipiell nur diese einzige Linie emittieren.

Abb.12-1 zeigt eine Lichtwelle, die einen in z-Richtung gelegten lichtleitenden Film bzw. Streifen entlangläuft. Die Führung längs des Filmes wird wieder bewirkt durch Brechzahlunterschiede zwischen Kernbereich und Mantelbereichen. Als Besonderheit variiert in dem Wellenleiter die Dicke d des Kernbereiches periodisch mit einer Periodenlänge Λ: $d(z) = d_0 + \hat{d} \cdot \sin(2\pi z/\Lambda)$. Die Welle "sieht" mit ihren in

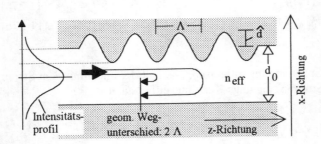

Abb.12-1:
Zur Erklärung der
Bragg-Reflexion

den Mantelbereich hineinragenden Ausläufern die periodische Störung. Wellentheoretisch läßt sich zeigen, daß es dadurch zu Lichtstreuung kommt, wobei Stärke und Laufrichtung des Streulichtes abhängen von der Tiefe $\hat{d}$ der Störung und von dem Verhältnis λ^*/Λ von Lichtwellenlänge λ^* zur Störperiode Λ (λ^*: Lichtwellenlänge in Materie). Insbesondere kann gezeigt werden: wenn

$$\Lambda = m \cdot \lambda^*/2 \quad \Leftrightarrow \quad \lambda^* = \lambda_m^* = \frac{1}{m} \cdot 2\Lambda \qquad \text{mit} \quad m = 1,2,3,\dots \qquad [12.1]$$

dann erfolgt die Streuung genau in Rückwärtsrichtung, das Streulicht läuft der Welle entgegen. Gleichung [12.1] wird *Bragg-Bedingung* genannt. Weiterhin erkennt man in Abb.12-1 unmittelbar: zwischen je zwei rücklaufenden Lichtwellen, die an im Abstand Λ aufeinanderfolgenden Störstellen gestreut wurden, besteht ein Wegunterschied δ = 2Λ; zusammen mit [12.1] ergibt δ = 2Λ = mλ* ein ganzzahliges Vielfaches der Lichtwellenlänge im Ausbreitungsmaterial. Das bedeutet:

Alle an aufeinanderfolgenden Störstellen in Rückwärtsrichtung gestreuten Lichtwellen interferieren konstruktiv miteinander. Die Grenzflächenstörung wirkt insgesamt wie ein Spiegel mit hohem Reflexionsvermögen, selbst wenn die Streuintensität jeder Einzelstörung nur gering ist. Man nennt einen so aufgebauten Spiegel einen *Bragg-Reflektor*.

Abb.12-2a zeigt den integrierten Einbau je eines Bragg-Reflektors an den Enden des aktiven Streifens einer BH-Laserdiode. Die Kristallendflächen sind entspiegelt, damit sie nicht als FP-Reflektoren wirken; die Reflexion des stimuliert erzeugten Lichtes erfolgt an den Bragg-Reflektoren. Die Reflektoren sind aufgeteilt ("distributed") auf die Endbereiche des Kristalls, deshalb bezeichnet man derartige Laser als DBR-Laser (*distributed Bragg reflector*). Man kann wie in Abb.12-2b die periodische Gitterstörung auch in unmittelbarer Nähe zur aktiven Zone und über die ganze Kristallänge hinweg einbauen, so daß die Rückwirkung ("feedback") gleichmäßig längs des ganzen Lichtwellenleiterstreifens verteilt ist. Ein solcherart aufgebauter Laser wird DFB-Laser (*distributed feedback Bragg [reflector]*) genannt. In DFB-Lasern kommt es zu einer intensiven Koppelung und damit zu starkem Energieaustausch zwischen den in der aktiven Zone hin- und herlaufenden Wellen. Beiden Bragg-Reflektor-Lasertypen ist gemeinsam, daß bei vorgegebenem Λ nur die durch die Bragg-Bedingung selektierten Wellen zu stehenden Wellen führen können. Gleichung [12.1] ersetzt so die FP-Resonanzbedingung [9.9] für die Oszillationsanfachung.

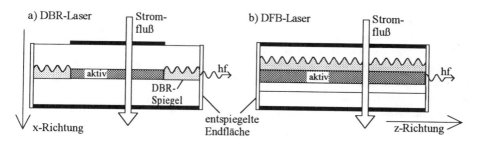

Abb.12-2: DBR- und DBF-Laser. Schematisch

Hauptvorteil der DFB- und DBR-Laser ist die starke Wellenlängenselektivität der Bragg-Reflektoren. Ein Beispiel soll dies verdeutlichen:

In einem DBR-Laser mit $In_{0,73}Ga_{0,27}As_{0,58}P_{0,42}$ als aktivem Material sei $\Lambda = 1,3\mu m$. Nach [12.1] wird dann nur Licht reflektiert, das in diesem Material die Wellenlänge $\lambda_m^* = \frac{1}{m} \cdot 2 \cdot 1,3\mu m$ besitzt. Bei einer Brechzahl $n^* = 3,5$ des InGaAsP sind die zugehörigen Vakuumwellenlängen $\lambda_m = n^* \lambda_m^* = \frac{1}{m} \cdot 9,1\mu m$. Für die Ordnungszahlen $m = 6; 7; 8$ berechnen wir daraus Bragg-Wellenlängen $\lambda_6 = 1,517\mu m$; $\lambda_7 = 1,300\mu m$; $\lambda_8 = 1,138\mu m$. Damit der Laser anschwingen kann, muß zunächst spontanes LED-Licht generiert werden. Die LED-Strahlung einer InGaAsP-IRED erfolgt in einem ca. 70nm breiten Spektralbereich (siehe [7.9b]) um die zentrale Wellenlänge $\lambda = 1,31\mu m$ (siehe Tabelle 1 in Abschn.7.2), also im Spektralbereich von $1,240\mu m$ bis $1,380\mu m$. In diesen Bereich fällt nur die Bragg-Wellenlänge λ_7; bereits λ_6 und λ_8 liegen deutlich außerhalb. Nur die Wellenlänge λ_7 kann die zum Anschwingen benötigten Startphotonen liefern: der Laser emittiert ein Einlinienspektrum mit $\lambda \equiv \lambda_7 = 1,31\mu m$.

Berechnungen zeigen, daß bei Ordnungszahlen $m > 2$ Strahlungsverluste auftreten. Man ist deshalb bemüht, die Periodenlänge Λ so zu wählen, daß nur die Bragg-Wellenlängen λ_1 oder λ_2 im Spektralbereich der LED-Emission liegen. Daraus resultieren Periodenlängen $\Lambda = 1 \cdot \lambda^*/2 = \lambda/(2n^*)$ im Sub-Mikrometerbereich; für InGaAsP-Laser mit $\lambda = (1,31 \pm 0,07)\mu m$ z.B. ist $\Lambda = 0,2\mu m$ typisch. Solch feine Strukturen lassen sich nicht mehr mit konventioneller Photolithographie herstellen. Man setzt stattdessen Laserstrahlinterferenzbelichtung ein.

12.2 MQW-Laser und GRINSCH-Laser

Bettet man eine Halbleiterschicht zwischen zwei Schichten mit **gleichem** Dotierungstyp, aber höherer Bandlücke ein (doppelt-isotype Heteroanordnung), so entstehen im Valenz- wie im Leitungsband je ein Potentialtopf (siehe Abb.12-3 und vergleiche mit Abb.4-8). Die Topfbreite ist gleich der Dicke der Schicht mit der kleinen Bandlücke, die Topftiefe liegt durch die Bandlückenunterschiede fest. Mit heutiger Technologie ist es möglich, Topfbreiten bis herab zu wenigen nm herzustellen, sie erreicht die Größenordnung der *de Broglie-Wellenlängen* der Ladungsträger in den Bändern. Bei derart schmalen Topfbreiten versagt das einfache Bild eines Ladungsträgers als ein "Teilchen"; jetzt muß der Träger durch eine quantenmechanische Wellenfunktion beschrieben werden, aus der dann wiederum die

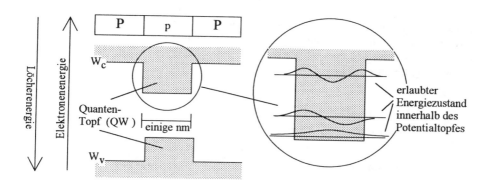

Abb.12-3: Quantentöpfe in einer isotypen DH-Anordnung. In der Vergrößerung sind schematisiert einige Wellenfunktionen eingetragen.

Eigenschaften des Trägers ableitbar sind. Ein Potentialtopf dieser Art wird als *Quantentopf* (*quantum well, QW*) bezeichnet.

Mit quantenmechanischen Rechenmethoden läßt sich zeigen, daß Ladungsträger in einem Quantentopf nur diskrete Energiewerte mit vergleichsweise großem energetischen Abstand zwischen den einzelnen Energiezuständen einnehmen können. Die genauen Lagen der Energieniveaus innerhalb des Quantentopfes hängen ab von der Topftiefe und der Topfbreite. Die zugehörigen spektralen Zustandsdichten sind keine stetigen Parabelfunktionen wie in Abb.3-2, sondern Treppenfunktionen.

Da technologisch hergestellte Potentialtöpfe nicht unendlich tief sind, dehnen sich die Wellenfunktionen über das Gebiet des eigentlichen Topfes hinaus aus (die Situation ist formal vergleichbar mit dem in Abschn.12.3 beschriebenen Überlaufen der optischen Intensität über den Kernbereich eines Filmwellenleiters hinweg). Das Betragsquadrat einer Wellenfunktion ist ein Maß für die Aufenthaltswahrscheinlichkeit des beschriebenen Quantenteilchens; ein Herausragen der Wellenfunktion über den Topfbereich bedeutet physikalisch eine wenn auch geringe Aufenthaltswahrscheinlichkeit des Teilchens außerhalb des Topfes.

In Abb.12-4 links ist eine Schichtenfolge mit mehreren gleichartigen Quantentöpfen nebeneinander skizziert: man spricht von *Mehrfach-Quantentöpfen (multiple quantum well, MQW)*. Die Bewegungsmöglichkeiten eines Ladungsträgers in einer derartigen Anordnung hängen jetzt außer von der Topftiefe auch noch vom Topfabstand ab. Wenn der Abstand zwischen je zwei benachbartenTöpfen so gering wird, daß die zugehörigen Wellenfunktionen überlappen, dann können Ladungsträger von Topf zu Topf wandern bzw. *tunneln*. Auf diese Weise "sehen" die Träger mehrerer nebeneinanderliegender Töpfe einander und wechselwirken miteinander. Es entstehen energetisch sehr schmale "Minibänder", die sich durch die Anordnung hindurchziehen.

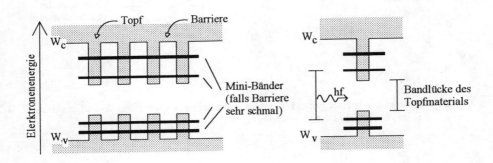

Abb.12-4: Vielfach-Quantentöpfe und Mini-Bänder

Zwischen den zugelassenen diskreten Energiezuständen der Löcher und denen der Elektronen sind Übergänge unter Photonenbeteiligung möglich, sie entsprechen den Fundamentalübergängen von Kap.6. Es ist von entscheidender Bedeutung, daß die energetischen Lagen der erlaubten Niveaus von rein geometrischen Parametern mitbestimmt werden, die technologisch einstellbar sind:

Durch die Wahl der Schichtbreiten und Schichtabstände können die für die Ladungsträger zugelassenen Energieniveaus so positioniert werden, daß die Energien vorwählbar sind, bei denen Fundamentalübergänge stattfinden (band gap engineering). Insbesondere ist die Energie hf der emittierten Photonen **nicht** identisch mit der Bandlücke W_g desjenigen Materials, aus dem der Quantentopf besteht, siehe hiezu Abb.12-4 rechts.

Die äußerst geringe energetische Breite der Niveaus wirkt sich entsprechend auf die spektrale Breite der erlaubten Übergänge aus.

Abb.12-5 zeigt den Aufbau eines *Mehrfach-Quantentopf-Lasers* (MQW-Laser) für $\lambda \approx 1,3\mu m$. Er besteht aus 5 quantentopfbildenden InGaAs-Schichten, eingebettet zwischen Barrieren aus InGaAsP. Die Breite der Quantentöpfe beträgt ca.

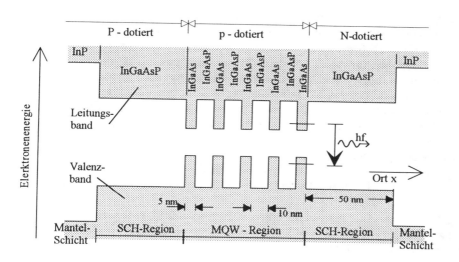

Abb.12-5: MQW-Laser für die Wellenlänge 1,3µm

5nm, der Topfabstand (Barrierebreite) ca. 10nm. Bei diesen Topfabständen ist der Überlapp der Wellenfunktionen zwischen benachbarten Töpfen vernachlässigbar, es bilden sich noch keine Minibänder aus. Bei Polung der Diode in Flußrichtung wird die MQW-Region von Ladungsträgern überschwemmt. Diese fallen in die Quantentöpfe, wo sie nur noch durch Wellenfunktionen beschreibbar sind. Wegen der im Vergleich zur thermischen Energie großen Potentialtopftiefe (typisch mehrere hundert meV) können die Träger die Töpfe nur schwer wieder verlassen, sie reichern sich in ihnen an. Formal bedeutet dies ein hohes Träger-Einschließungsvermögen Γ_{el} (hohes carrier confinement in den Töpfen) und damit eine nur geringe Schwellstromdichte bis zur Inversionserzeugung. Der Laserübergang erfolgt zwischen dem tiefsten Energieniveau im Leitungsband-Potentialtopf zum höchsten Niveau des gegenüberliegenden Valenzband-Potentialtopfes, wobei alle nebeneinanderliegenden Topfpaare gleichzeitig aktiv sind. Bei dünneren Barriereschichten erfolgt die stimulierte Rekombination zwischen zwei Minibändern. Der Resonator kann entweder als FP-Reonator oder als DBR-Resonator ausgeführt werden.

Ein Nachteil der MQW-Laser und in noch viel stärkerem Maße der Laser mit nur einem einzigen Potentialtopf (*SQW-Laser, single quantum well*) ist die äußerst geringe Dicke d der aktiven Zone im Vergleich zur Lichtwellenlänge λ. Aus dem extrem kleinen d/λ resultiert ein sehr kleiner optischer Füllfaktor Γ_{opt} trotz des relativ großen Brechzahlenunterschiedes zwischen aktiver Zone und Anschlußmaterial, vergl. [10.2]. Um Γ_{opt} zu vergrößern, werden die die MQW-Region abschließenden Regionen (in Abb.12-5 als SCH-Regionen bezeichnet) ihrerseits wieder eingebettet zwischen Schichten aus einem Material mit noch kleinerer Brechzahl; in Abb.12-5 sind das die InP-Schichten. Diese Schichten bilden den Mantel eines Lichtwellenleiters, die SCH-Regionen zusammen mit der MQW-Region dessen Kern. Hierdurch wird die geometrische Ausdehnung der Grundmode in x-Richtung verringert und so Γ_{opt} vergrößert. Der Gesamtaufbau wird als *SCH-Aufbau* (SCH: separate confinement heterostructure) bezeichnet, weil die Aufgabe des Ladungsträgereinschlusses (carrier confinement) und die der Lichtführung (optical confinement) von unterschiedlichen Regionen der Gesamtstruktur übernommen werden.

Γ_{opt} kann noch weiter gesteigert werden, wenn man jede SCH-Region intern in eine Vielzahl von Schichten mit von Schicht zu Schicht abnehmender Brechzahl unterstrukturiert. Abb.12-6 skizziert einen Laser, bei dem in der SCH-Region die Bandlücke treppenartig von 0,97eV (Bandlücke des InGaAsP in der Zusammensetzung als Barriereschicht) auf 1,35eV (Bandlücke des InP) angehoben wird; simultan dazu nimmt der Brechungsindex stufenweise ab. Die Führung der Lichtwelle wird wieder von der SCH-Region übernommen, während die Ladungssträger weiterhin auf das Potentialtopf-Gebiet konzentriert bleiben. Laser mit diesem Aufbau werden GRINSCH-Laser (graded index separate confinement heterostructure) genannt.

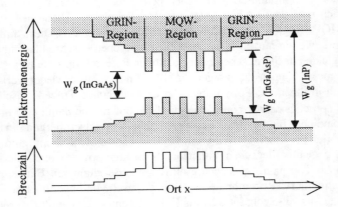

Abb.12-6: GRINSCH-Aufbau zur Verbesserung der optischen Wellenführung
       oben: Bandstruktur
       unten: transversales Brechzahlprofil. Die allmähliche beidseitige Absenkung der
       Brechzahl ergibt einen in x-Richtung relativ weiten optischen Kanal mit guter
       Wellenführung, d.h. hohem optischen Füllfaktor

In Tabelle 4 sind einige Materialkombinationen für MQW-Laser zusammenge-stellt.

Tabelle 4   Materialkombinationen für MQW-Laser

Emissionswellenlänge (in nm)	MQW: aktive Schicht	MQW: Barriereschicht
670	GaInP	GaAlInP
870	GaAs	GaAlAs
980	InGaAs	GaAlAs
1310	InGaAsP	InGaAsP
1550	InGaAsP	InGaAsP
2100 - 2300	GaAlAsSb	InGaAsSb

Bemerkenswert ist der Laser mit Emission bei 980nm. Die Qantentöpfe sind aus InGaAs mit GaAlAs als Barriere. InGaAs und GaAlAs haben unterschiedliche Gitterkonstanten und können deshalb unter normalen Umständen nicht fehlerarm aufeinander abgeschieden werden (es entstehen zuviele Versetzungen und damit tiefliegende Rekombinationszentren an der Materialgrenze). Bei den nur einige nm dicken Schichten in einem MQW-Laser können sich aber viele dreidimensionale Versetzungen nicht ausbilden, sie benötigen mehr Volumen, als in der dünnen Schicht zur Verfügung steht. Daher sind Schichtenfolgen möglich, in denen die Gitterkonstanten der Materialien um bis zu 2% differerien können.

Abschließend soll erwähnt werden, daß intensiv an MQW-Lasern aus ZnSe mit geringer CdSe-Beimischung als laseraktivem Material und ZnSSe als Barriere gearbeitet wird; als Substratmaterial wird GaAs eingesetzt. Die Besonderheit liegt in der Emissionswellenlänge $\lambda \approx 508nm$, "blaugrün". Über die mit dem Material ZnSe verbundenen technologischen Schwierigkeiten wurde bereits in Abschn.7.2 berichtet. ZnSe-Laser haben zur Zeit (Mitte 1994) bei Zimmertemperatur eine Lebensdauer von wenigen Sekunden, sind also noch weit vom praktischen Einsatz entfernt. Wegen der Schwierigkeiten bei der Kontaktierung des p-dotierten ZnSe benötigen die Laser eine Betriebsspannung von 4,4V, wobei der Hauptanteil am p-Kontakt abfällt.

12.3 Oberflächenemittierende Laser (VCSEL)

Alle bisher diskutierten Lasertypen sind Kantenemitter: der Resonator ist in der Ebene der den Laser aufbauenden Halbleiterschichten (senkrecht zur Stromflußrichtung) angeordnet, das Licht verläßt den Halbleiter aus einer Seitenfläche. Die Abb.12-7 zeigt einen Laser für die Wellenlänge $\lambda = 980$nm, bei dem die Strahlung senkrecht zur Schichtenstruktur **(in Stromflußrichtung)** durch eine der Deckflächen hindurch ausgekoppelt wird. Laser dieses Typs werden *oberflächenemittierende Laser* (*vertical cavity surface emitting laser*, VCSEL) genannt. Sie benötigen oberhalb wie unterhalb der aktiven Zone Reflektoren, damit sich <u>vertikal</u> zur Schichtenstruktur ein Resonator ausbilden kann.

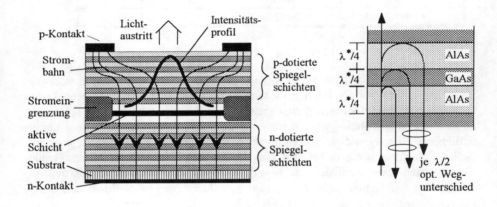

Abb.12-7: links: Aufbau einer VCSEL-Diode   rechts: Funktionsprinzip der Interferenzspiegel

Die Resonatorkonstruktion und ihr Funktionsprinzip geht ebenfalls aus Abb.12-7 hervor. An die aktive Zone (ein einzelner Quantentopf aus InGaAs, eingebettet zwischen Barrieren aus GaAlAs) schließen sich beidseitig Schichten aus abwechselnd GaAs und AlAs an. Auf der einen Seite sind alle diese Schichten n- dotiert, auf der anderen Seite p-dotiert. Die Dicke jeder Einzelschicht beträgt exakt $\lambda^*/4$; darin ist $\lambda^* = \lambda/n^*$ die Lichtwellenlänge in dem jeweiligen Material mit der Brechzahl n^*. Insgesamt werden auf der n- wie auf der p-Seite je ca. 20 GaAs/AlAs-Doppelschichten aufgebracht. Dadurch entstehen beidseitig dielektrische Spiegel, deren Spiegelprinzip nachfolgend kurz erläutert wird.

GaAs und AlAs haben unterschiedliche Brechzahlen. An der GaAs/AlAs-Grenze werden die Lichtwellen teilreflektiert, der Reflexionsfaktor beträgt allerdings nur magere 0,5%. Wir betrachten zwei aufeinanderfolgende Reflexionen. Durch die $\lambda^*/4$-Dicke jeder Einzelschicht ist der <u>optische</u> Wegunterschied der beiden reflektierten Wellen genau $n^* \cdot 2 \cdot \frac{\lambda^*}{4} = \frac{\lambda}{2}$, der Phasenunterschied damit gerade π. Bei einer der beiden Reflexionen entsteht bei senkrechtem Einfall ein zusätzlicher Phasensprung von π ("Reflexion am festen Ende"), so daß der Gesamt-Phasenunterschied 2π beträgt. Ergebnis: die beiden reflektierten Wellen interferieren konstruktiv miteinander. Diese Aussage gilt für je zwei aufeinanderfolgende Reflexionsstellen. Trotz des geringen Reflexionsfaktors bei jeder Einzelreflexion führt die konstruktive Interferenz zu insgesamt erheblichen Reflexionsgraden (bis über 99% je nach Anzahl der Schichten).

Der hohe Reflexionsgrad wird benötigt, weil bei diesem Aufbau der Spiegelabstand (= Resonatorlänge) nur noch einige μm (typisch < $10\mu m$) beträgt. Nach [9.2a] nehmen die Resonatorverluste mit abnehmender Resonatorlänge zu, die Schwellstromdichte steigt. Die hohen Verluste durch die geringe Länge müssen durch entsprechend hohe Reflexionsgrade kompensiert werden, um hinreichend geringe Schwellstromdichten zu erzielen. Die hohen Reflexionsfaktoren ihrerseits ergeben nur geringe ausgekoppelte Leistungen; der differentielle Wirkungsgrad beträgt nur noch wenige Prozent.

Trotz dieses Nachteils sind oberflächenemittierende Laser (VCSEL) beachtenswerte Alternativen zu konventionellen Lasern. Gemäß [11.10b] ist der Wellenlängenabstand $|\Delta\lambda|$ zweier Frequenzmoden umgekehrt proportional zur Resonatorlänge. Bei hinreichend kurzem Resonator wird $|\Delta\lambda|$ so groß, daß wie beim Bragg-Reflektor nur eine einzige Wellenlänge im optischen Verstärkungsbereich liegt: VCSEL's emittieren ein Einmodenspektrum. Die Lichtaustrittsfläche ist kreisförmig und nicht linienförmig, der Lichtfleck deshalb ebenfalls kreisförmig und nicht elliptisch wie bei den anderen Lasertypen. Wegen der vergleichsweise großen Lichtaustrittsfläche ist die Abstrahlung zudem weit weniger divergent als bei den kantenemittierenden Streifenlasern. Da die Strahlung "nach oben" ausgekoppelt wird, können viele Einzellaser monolithisch zu einem Feld (array) integriert werden, wobei jeder Einzellaser nur noch eine Fläche von ca. $20 \times 20 \mu m^2$ einnimmt. Alle diese Eigenschaften prädestinieren VCSEL's als Sender in optischen Nachrichtenübertragungssystemen und als Lichtquelle in der Lichtwellenleiter-Sensorik.

13. Nachweis optischer Strahlung mit dem Sperrschicht-Photoeffekt: pn-Photodiode

Strahlungsdetektoren haben die Aufgabe, optische Strahlung in ein anderweitig nachweisbares Signal umzuwandeln. Beruht die Umwandlung auf einer Wechselwirkung zwischen dem Photonensystem des Strahlungsfeldes und dem Elektronensystem eines Festkörpers, dann bezeichnet man den Detektor als *Photonendetektor* oder kürzer *Photodetektor*. Die Gruppe der Photodetektoren läßt sich nach dem ausgenutzen Wirkprinzip wieder in verschiedene Kategorien unterteilen. Wir beschäftigen uns in diesem Buch ausschließlich mit *Photodioden*. Photodioden sind Detektoren, die den *Sperrschicht-Photoeffekt* ausnutzen und als Strahlungsnachweis einen elektrischen Strom, den *Photostrom* I_{ph}, oder eine elektrische Spannung, die *Photospannung* U_{ph} generieren.

13.1 pn-Übergänge mit zusätzlicher Paargeneration in der RLZ

In Abb.13-1 ist ein Plattenkondensator skizziert, der stationär an eine Spannungsquelle angeschlossen ist. Die angelegte Spannung sei negativ in Bezug auf den angegebenen Zählpfeil: $U < 0$. In dem Raum zwischen den Platten befinde sich an der Stelle x eine frei bewegliche z.B. negative Ladung $Q < 0$. Q influenziert auf jeder Platte positive Gegenladungen $Q_1 > 0$ und $Q_2 > 0$. Es ist unmittelbar einsichtig: je näher Q einer der beiden Platten kommt, desto größer ist die auf <u>diese</u> Platte influenzierte Gegenladung. Die Stärken der Gegenladungen sind so abhängig vom Ort x der influenzierenden Ladung: $Q_1 = Q_1(x)$, $Q_2 = Q_2(x)$. Weiterhin müssen sich die Ladungen gegenseitig kompensieren, also $Q_1 + Q_2 = -Q$ sein. Daraus lassen sich die Gegenladungen berechnen. Für die gezeigte Geometrie erhält man

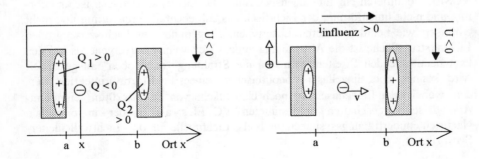

Abb.13-1: Ladungsbewegung im Feld eines Kondensators führt zu einem Influenzstrom

$$Q_1(x) = -Q\,\frac{b-x}{b-a} \qquad \text{und} \qquad Q_2(x) = -Q\,\frac{x-a}{b-a} \qquad\qquad [13.1]$$

Die Quellenspannung erzeugt imKondensator ein Feld, das die Ladung Q in Bewegung setzt; sie läuft mit der Geschwindigkeit $v = \partial x/\partial t$ in +x-Richtung. Dadurch ändert sich ihr Ort. Entsprechend müssen sich Q_1 und Q_2 ändern, und zwar muß Q_1 abnehmen, $\partial Q_1/\partial t < 0$, und Q_2 muß zunehmen, $\partial Q_2/\partial t > 0$. Die Ladungsänderung geschieht dadurch, daß im äußeren Leiterbügel positive Ausgleichsladungen von einer Platte zur anderen fließen, mit anderen Worten: es fließt ein Strom im Kurzschlußbügel. Seine Stromstärke $i_{\text{influenz}}(t)$ ergibt sich vorzeichenrichtig aus [13.1] in Bezug auf den angegebenen Zählpfeil zu:

$$i_{\text{influenz}}(t) = \frac{\partial Q_2}{\partial t} = \frac{\partial}{\partial t}\left(-Q\,\frac{x-a}{b-a}\right) = \frac{-Q}{b-a}\,\frac{\partial x}{\partial t} = \frac{-Q}{b-a}\,v(t) \qquad [13.2]$$

In der gezeichneten Geometrie bewegt sich im Feld der Spannung U < 0 eine negative Ladung Q < 0 in (+x)-Richtung, so daß v > 0 ist. Eine positive Ladung Q > 0 würde sich in demselben Feld (-x)-Richtung bewegen, und v wäre negativ. In beiden Fällen ist (−Q·v) positiv, so daß beide Varianten zusammengefaßt werden können zu

$$i_{\text{influenz}}(t) = \frac{1}{b-a}\cdot|Q|\cdot|v(t)| \; > 0 \qquad\qquad \text{für } U < 0 \qquad [13.3]$$

Ergebnis:

Im Außenkreis fließt ein Strom, **wenn und solange** die Ladung Q sich bewegt. Insbesondere fließt der Strom nicht erst, wenn Q auf einer der Platten angekommen ist. Man bezeichnet diesen Strom als *Influenzstrom*. Unabhängig vom Typ der Ladung ist bei U < 0 die Stromstärke im Außenkreis stets positiv (jeweils in Bezug auf die angegebenen Zählpfeile) und ein Maß für den Betrag der Geschwindigkeit, mit der sich Q bewegt: $i_{\text{influenz}} \sim |v|$.

Der Stromfluß endet, sobald die (negativ angenommene) Ausgangsladung auf der Platte x = b angekommen ist. Wenn sich Q ursprünglich am Ort x_0 befand, dann hat Q insgesamt die Stecke $b-x_0$ zurückgelegt. Bei einer Laufgeschwindigkeit v(t) benötigt Q dafür die Zeit τ. Da sich v ständig ändert (der Ladungsträger wird im Feld beschleunigt), erhält man τ aus $v = \partial x/\partial t$ als Lösung der Integralgleichung $b - x_0 = \int_0^\tau v(t)\,dt$. Der Influenzstrom ist somit ein Strom**puls** mit im Laufe der Zeit anwachsender Amplitude (weil v größer wird) und Dauer τ.

Nach diesen Vorüberlegungen betrachten wir einen pn-Übergang im thermodynamischen Gleichgewicht, wie er in Abschn.4.1 besprochen wurde. Wir verlangen:

1. die beiden Enden des Halbleiterkristalls sind durch einen externen Leiterbügel
   elektrisch kurzgeschlossen
2. im Ortsbereich der RLZ wird aufgrund irgendeiner, nicht näher spezifizierten
   Einwirkung ein Elektron aus dem Valenz- ins Leitungsband angehoben.

Aufgrund der 2.Forderung ist ein einzelnes zusätzliches Elektron im Leitungsband
und ein einzelnes zusätzliches Loch im Valenzband entstanden. Elektron wie Loch
sind in ihren jeweiligen Bändern frei beweglich. Nach Voraussetzung wurden die
Träger im Ortsbereich der RLZ generiert. In diesem Bereich besteht ein elektrisches Feld E und übt eine Kraft auf die Zusatzladungsträger aus. Der Vektor der
Feldstärke ist vom n-Gebiet zum p-Gebiet gerichtet, das Feld treibt so das Elektron
$(Q = -q)$ auf die n-Seite, das Loch $(Q = +q)$ auf die p-Seite des Übergangs. Ent-
scheidend für uns ist, daß sich die Ladungsträger **bewegen** (Driftbewegung im
Feld), wobei die Driftgeschwindigkeit mit der Feldstärke durch

$$v_{drift} = \mu \cdot E \qquad\qquad [13.4]$$

verknüpft ist. μ ist die Trägerbeweglichkeit. Bei gleicher Feldstärke haben die
Träger wegen ihrer unterschiedlichen Beweglichkeiten auch ungleiche Driftge-
schwindigkeiten. Abb.13-2a illustriert den beschriebenen Zustand.

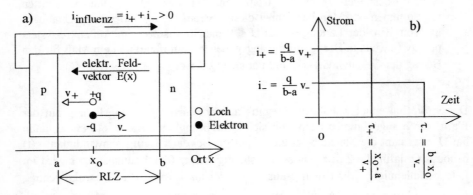

Abb.13-2: a) Influenzstrom durch Paarerzeugung in der RLZ einer Diode
          b) Zeitverhalten des Influenzstromsignales

Die pn-Sperrschicht wirkt elektrotechnisch wie eine Kapazität. Die dargestellte Situation ist vergleichbar mit einem aufgeladenen Plattenkondensator, zwischen dessen Platten sich von außen eingebrachte Ladungsträger bewegen. Entsprechend gilt die oben gefundene Aussage:

> Solange Zusatzladungsträger durch die RLZ driften, fließt im Außenkreis ein Influenzstrom der Stärke $i_{influenz}$. Die Stromstärke ist positiv zu nehmen, $i_{influenz} > 0$, wenn der Zählpfeil für $i_{influenz}$ am Kurzschlußbügel in die angegebene Richtung zeigt (vergleiche hierzu die Richtung der Trägerbewegung und die Zählpfeilrichtungen in Abb.13-1 und Abb.13-2a). Beachte, daß dadurch der Zählpfeil für $i_{influenz} > 0$ am Bauelement selbst von der n- zur p-Seite weist: das ist entgegen der an Dioden üblichen Zählpfeilrichtung!

Das Stromsignal $i_{influenz}$ setzt sich additiv aus den Beiträgen der Löcherbewegung (Ladung $Q = +q$) und der Elektronenbewegung (Ladung $Q = -q$) zusammen. Wir gehen davon aus, daß im Bereich der RLZ die Driftgeschwindigkeiten für beide Trägersorten unterschiedlich, aber konstant sind, und setzen: $|v_{drift}(Loch)| = v_+$, $|v_{drift}(Elektron)| = v_-$. In Abschn.14.3 werden wir diskutieren, wie dies in Einklang zu bringen ist mit [13.4] und der Tatsache, daß das Feld in der RLZ nicht homogen ist. Jetzt besteht $i_{influenz}$ aus einer Überlagerung von <u>zwei</u> Pulsen unterschiedlicher, aber zeitkonstanter Amplitude $i_+ = \frac{q}{b-a} v_+$ bzw. $i_- = \frac{q}{b-a} v_-$ sowie unterschiedlicher Dauer $\tau_+ = (x_0-a)/v_+$ bzw. $\tau_- = (b-x_0)/v_-$. Abb.13-2b zeigt den Aufbau des Stromsignales. Für das zeitliche Integral des Gesamtstrompulses aus den Bewegungen <u>beider</u> Ladungsträger erhalten wir mit [13.3]

$$\underset{\text{gesamte Pulsdauer}}{\int} i_{influenz}(t)\,dt = \int_0^{\tau_+} i_+\,dt + \int_0^{\tau_-} i_-\,dt = \frac{q}{b-a}\int_0^{\tau_+} v_+\,dt + \frac{q}{b-a}\int_0^{\tau_-} v_-\,dt \qquad [13.5]$$

$$= \frac{q}{b-a}\left[(x_0 - a) + (b - x_0)\right] = q$$

d.h. das Elektron-Loch-**Paar** trägt mit **einer** Elementarladung zum Influenzstrom bei. Insbesondere ergibt sich daraus, daß der genaue Enstehungsort des Trägerpaares innerhalb der RLZ keine Rolle spielt.

Wird nicht nur einmalig ein Elektron-Loch-Paar erzeugt, sondern werden die Paare mit einer Rate G generiert, dann überlagern sich die Einzelpulse zu einem Gesamt-

Influenzstrom. In einer Zeitspanne Δt, die sehr viel größer ist als die Zeitdauer eines einzelnen Strompulses sein soll, werden in der RLZ insgesamt N_{Paar} Paare erzeugt. Da jedes Trägerpaar mit <u>einer</u> Ladung q zum Gesamt-Influenzstrom beiträgt, muß in Erweiterung von [13.5] für Zeitintegral des Influenzstromes über die gesamte Zeitspanne Δt hinweg gelten: $\int_{\Delta t} i_{influenz}(t)\,dt = q\,N_{Paar}$. Daraus läßt sich eine mittlere Influenzstromstärke $I_{influenz}$ ableiten zu

$$I_{influenz} := \frac{1}{\Delta t} \int_{\Delta t} i_{influenz}(t)\,dt = \frac{1}{\Delta t} q\,N_{Paar} \qquad [13.6]$$

Wir ändern die Ausgangsbedingungen etwas ab und legen eine Vorspannung U **in Sperrichtung** an den Übergang an. Dadurch steigt in der RLZ zwar der Betrag des elektrischen Feldes, aber die Richtung der Trägerbewegung zusätzlich in die RLZ eingebrachter Ladungsträger bleibt erhalten. Die Influenzstromstärke ist somit positiv, wenn an der Diode der $I_{influenz}$ zugeordnete Zählpfeil von n nach p zeigt!

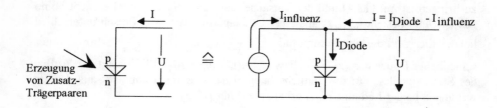

Abb.13-3: Ersatzschaltbild einer Diode mit Zusatz-Paarerzeugung ind der RLZ

Weiterhin fließt infolge der Vorspannung jetzt über den Übergang ein Shockley'-scher Diodenstrom I_{Diode} nach Gl.[4.22]. Diodenstrom und Influenzstrom überlagern sich zu einem Gesamtstrom I. Elektrotechnisch gesehen wirkt $I_{influenz}$ so, als ob wie in Abb.13-3 parallel zum pn-Übergang eine Stromquelle geschaltet ist, die einen Quellenstrom $I_{influenz}$ liefert. Beziehen wir wie üblich den Gesamtstrom I auf einen am realen Bauelement von p nach n zeigenden Zählpfeil, siehe linkes Teilbild in Abb.13-3, dann folgt aus dem rechten Teilbild

$$I(U) = I_{Diode}(U) - I_{influenz} = I_s\left[\exp\left(\frac{U}{U_T}\right) - 1\right] - I_{influenz} \qquad [13.7]$$

13.2 Der Sperrschicht-Photoeffekt: Photostrom und Photospannung

In Abschn.13.1 wurde nicht spezifiziert, durch welchen Mechanismus die zusätzlichen Elektron-Loch-Paare in der RLZ erzeugt werden. Eine (unter vielen) Möglichkeiten ist die Erzeugung durch Lichteinstrahlung. Bereits in Abschn.6.2 wurde ausgeführt, daß ein Halbleiter mit der Bandlücke W_g Photonen der Energie $hf \geq$ $(hf)_g := W_g$ bzw. Strahlung der Wellenlänge

$$\lambda \leq \lambda_g := \frac{hc}{W_g} = \frac{1.2398\,eV\,\mu m}{W_g} \qquad [13.8]$$

absorbieren kann (Fundamentalabsorption). $(hf)_g$ bzw. λ_g bezeichnen wieder die Lage der Absorptionskante des Halbleiters. Durch die Fundamentalabsorption werden Elektronen aus dem Valenz- ins Leitungsband angehoben. Erfolgt die Absorption im Bereich der RLZ, dann führt sie zu einem Influenzstrom, der jetzt als *Photostrom* I_{ph} bezeichnet wird: $I_{influenz} \rightarrow I_{ph}$. Abb.13.4 verdeutlicht die Entstehung des Photostromes. Der durch die Vorspannung hervorgerufene Diodenstrom wird umbenannt in *Dunkelstrom* I_{dunkel}: $I_{Diode} \rightarrow I_{dunkel}$, denn dieser Strom fließt auch dann, wenn kein Licht eingestrahlt wird. [13.7] geht so über in

$$I(U) = I_{dunkel}(U) - I_{ph} = I_s\left[\exp\left(\frac{U}{U_T}\right) - 1\right] - I_{ph} \qquad [13.9]$$

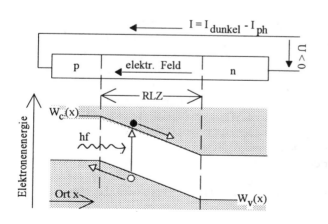

Abb.13-4:
Sperrschicht-Photo-
effekt in einer Energie-
band-Ortsdiagramm-
Darstellung

Zu beachten sind wieder die Zählpfeile, auf die sich die Strom- und Spannungsangaben beziehen: wie bereits in Abb.13-4 gezeigt weisen sie wie üblich am Bauelement selbst von der p-Seite zur n-Seite.

I_{ph} wird auf eine noch näher zu bestimmende Weise von der Wellenlänge und der
optischen Leistung des auftreffenden Lichtes abhängen. Strahlungsdetektoren, die
nach dem eben beschriebenen Wirkprinzip funktionieren, heißen *Photodioden*. Das
Wirkprinzip selbst wird als *Sperrschicht-Photoeffekt* bezeichnet.

Nach der obigen Herleitung ist der Photostrom I_{ph} die Meßgröße, über die die optische Strahlung nachgewiesen wird. Gemäß [13.9] erhält man I_{ph} unmittelbar durch
Messung des Stromes im Kurzschlußfall: $I_{ph} = I(U=0)$. Als *Photospannung* U_{ph}
bezeichnet man im umgekehrten Fall die Spannung über der Diode im Leerlauffall:
$U_{ph} = U(I=0)$. Aus [13.9] ergibt sich für U_{ph}:

$$U_{ph} = U_T \ln\left[1 + I_{ph}/I_s\right] \qquad\qquad [13.10]$$

Die Photospannung kann niemals größer werden als die Diffusionsspanung U_D der
Diode. Um dies einzusehen, müssen wir bis zu den Ausgangsüberlegungen von
Abschn.13.1 zurückkehren. In der Anordnung nach Abb.13-4 bestand eine leitende
Verbindung zwischen den Halbleiterenden. Wird die Verbindung geöffnet, kann
kein Photostrom fließen; trotzdem werden die im Feldbereich der RLZ durch Fundamentalabsorption generierten Trägerpaare weiterhin getrennt und zu den Enden
der RLZ getrieben. Die Zusatzladungsträger erzeugen ihrerseits ein elektrisches
Feld, das dem in der RLZ bereits vorhandenen "eingebauten" Feld überlagert wird.
Da die Elektronen auf die n-Seite, die Löcher auf die p-Seite gezogen werden, ist
das Zusatzfeld dem eingebauten Feld entgegengerichtet, die Gesamtfeldstärke ist
geringer als zuvor. Mit dem reduzierten Feld verknüpft ist ein verringerter Potentialunterschied über der RLZ bzw. eine erniedrigte Energiebarriere zwischen p-
und n-Seite. Die reduzierte Barriere kann von einigen Trägern überwunden werden,
sie diffundieren auf die jeweilige Gegenseite. Dort sind sie Überschuß-Minoritäts-
träger und rekombinieren. Auf diese Weise stellt sich schließlich ein Gleichgewichtszustand ein, in dem die Nachlieferung durch die Lichteinstrahlung gerade
durch die erhöhte Rekombination ausgeglichen wird. Im stationären Endzustand
beträgt die Energiebarriere nur noch $qU = q(U_D - U_{ph})$, und über den Enden des
Halbleiters kann die äußere Spannung U_{ph} abgegriffen werden. Der äußerst mögliche Fall ist erreicht, wenn $U_{ph} = U_D$ geworden ist. Dann wird das eingebaute Feld
vom Zusatzfeld gerade kompensiert. Die Gesamtfeldstärke wird $= 0$, auf jetzt weiter erzeugte Zusatzladungsträger wirkt keine trennende Kraft mehr, sie rekombinieren bereits am Entstehungsort.

13.3 pn-Photodioden

Die einfachst mögliche Realisierung eines auf dem Sperrschicht-Photoeffekt beruhenden Strahlungsdetektors ist die in Abb.13-5 skizzierte *pn-Photodiode*. In einem Halbleiter mit pn-Übergang ist die Kontaktierung auf einer Seite als Ringkontakt ausgeführt, so daß diese Fläche, im Beispiel die p-seitige Oberfläche, mit Licht bestrahlt werden kann. Die Diode ist über einen Lastwiderstand R_L an eine Spannungsquelle mit negativer Quellenspannung $U_q < 0$ angeschlossen; über dem pn-Übergang selbst liegt dann die ebenfalls negative Spannung U. Dieser spezielle Betriebszustand heißt *Photodiodenbetrieb* (*photoconductive mode*) des Detektors.

Bei Beleuchtung mit einer optischen Leistung P_{opt} generiert die Photodiode einen Photostrom I_{ph}. Wir definieren als *spektrale Empfindlichkeit* $\Re_i(\lambda)$ der Diode den Quotienten aus I_{ph} und P_{opt}:

$$\Re_i(\lambda) := I_{ph}/P_{opt} \qquad [13.11]$$

$\Re_i(\lambda)$ ist eine Kenngröße der Photodiode und wird in Datenblättern als Graphik angegeben. Wir werden $\Re_i(\lambda)$ in Abschn.13.5 genauer untersuchen und insbesondere analysieren, unter welchen Voraussetzungen $\Re_i(\lambda)$ nicht von der außen angelegten Spannung abhängt.

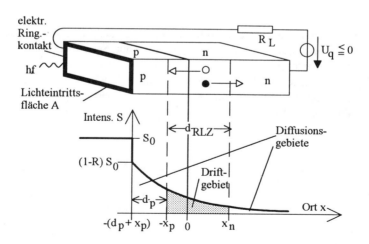

Abb.13-5: Prinzipaufbau einer pn-Photodiode

Aus den Gleichungen [13.9] und [13.11] erhalten wir als elektrische Kennlinie der
pn-Photodiode

$$I(U) = I_s \left[\exp\left(\frac{U}{U_T} \right) - 1 \right] - \Re_i \, P_{opt} \qquad\qquad [13.12]$$

Abb.13-6 stellt die Kennlinie für verschiedene Werte von P_{opt} graphisch dar. Eingetragen sind jeweils auch der Photostrom I_{ph} und die Photospannung U_{ph} bei gegebener optischer Leistung, jeweils als Schnittpunkte mit den Koodinatenachsen.

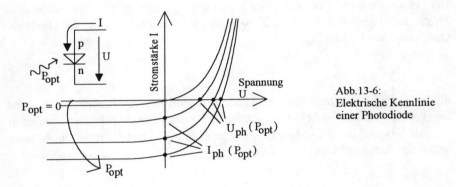

Abb.13-6:
Elektrische Kennlinie
einer Photodiode

Bei einer realen Photodiode müssen weitere in [13.12] nicht enthaltene Eigenschaften berücksichtigt werden. Insbesondere sind dies der Serienwiderstand R_s und -
bei Hochfrequenzbetrachtungen - die Sperrschichtkapazität $C_j(U)$. Abb.13-7 zeigt
ein statisches Ersatzschaltbild einer pn-Photodiode. Es wurde entwickelt aus dem
statischen Ersatzschaltbild Abb.4-5 einer realen in Sperrichtung gepolten Diode
und dem Bild Abb.13-3 einer idealen Diode mit Zusatz-Paarerzeugung.

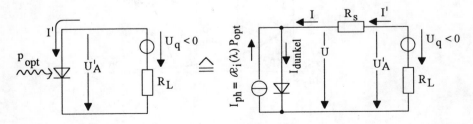

Abb.13-7: Statisches elektrisches Ersatzschaltbild einer Photodiode

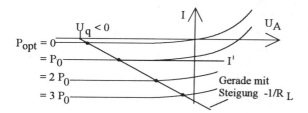

Abb.13-8:
Kennlinienfeld mit
Eintragung der Last-
geraden; Arbeitspunkt
der Photodiode

Das meßtechnisch ausnutzbare Ausgangssignal der Diode ist der im Außenkreis fließende Strom I' bzw. der durch I' verursachte Spannungsabfall an R_L. Man erhält I', indem man in das elektrische Kennlinienfeld Abb.13-6 der Diode die Lastgerade aus R_L und U_q einträgt. Abb.13-8 zeigt das Ergebnis. Mathematisch ergibt sich I' aus dem Ersatzschaltbild Abb.13-7 als Lösung der Gleichung

$$I' = I_s \left\{ \exp\left[\frac{U_q - (R_s + R_L)I'}{U_T} \right] - 1 \right\} - \Re_i \cdot P_{opt} \qquad [13.13]$$

pn-Photodioden werden zur Strahlungsdetektion eingesetzt, und viel Wert wird gelegt auf einen möglichst linearen Zusammenhang zwischen P_{opt} und I'. Einen Zusammenhang $I' = c_1 + c_2 P_{opt}$ erhält man, wenn $\Re_i$ bei vorgegebener Wellenlänge eine Konstante und $U_q \gg (R_s + R_L) \cdot I'$ ist, also für $(R_s + R_L) \to 0$. R_L sollte deshalb möglichst gering sein; in der Praxis wird häufig anstelle von R_L ein Operationsverstärker als Strom-Spannungs-Wandler eingesetzt.

13.4 Der externe Wirkungsgrad (Quantenausbeute)

Die Beziehungen [13.12] und [13.13] konnten hergeleitet werden, ohne daß der genaue Zusammenhang zwischen der auftreffenden optischen Leistung P_{opt} und dem hierdurch verursachten Photostrom I_{ph} (die *elektrooptische Kennlinie*) bekannt sein mußte. Wir tragen diesen Zusammenhang jetzt nach.

Wir gehen aus von einem Aufbau nach Abb.13-5. Wenn auf die lichtempfindliche Fläche innerhalb der Zeitspanne Δt insgesamt N_{ph} Photonen der Energie hf auftreffen, dann entspricht dies einer optischen Einstrahlleistung

$$P_{opt} = hf \cdot N_{ph} / \Delta t \qquad [13.14]$$

Das Licht dringt in den Halbleiter ein, wird im Halbleiterinnern absorbiert und erzeugt Elektron-Loch-Paare sowohl in der felderfüllten RLZ als auch in den feldfreien an die RLZ angrenzenden Gebieten. Wurde ein Photon im Raumgebiet der RLZ absorbiert, dann befinden sich die erzeugten Träger unmittelbar im Einflußbereich der Feldkraft des RLZ-Feldes; sie driften auf getrennte Seiten der RLZ und influenzieren dabei wie vorhin beschrieben einen Photostrom, den *Driftphotostrom* I_{ph}^{drift}. Wurde ein Photon dagegen außerhalb der RLZ absorbiert, dann wirkt auf die erzeugten Träger zunächst keine Feldkraft ein. Angetrieben durch das Konzentrationsgefälle im feldfreien Gebiet diffundieren die Träger aber als Paar (!) auf den nächstgelegenen RLZ-Rand zu. Je weiter der Weg dorthin, desto wahrscheinlicher rekombiniert das Paar, bevor es die RLZ erreicht. Einige Paare jedoch gelangen bis zum RLZ-Rand und geraten dort in den Einflußbereich des Feldes. Das Feld trennt das Paar: der jeweilige Minoritätsträger wird auf die andere Seite gezogen, sein Majoritätspartner bleibt zurück. Die Bewegung des Minoritätsträgers durch die RLZ influenziert wieder einen Photostrom, den *Diffusionsphotostrom* I_{ph}^{diff}. Diffusionsphotostrom und Driftphotostrom zusammen bilden den Gesamtphotostrom $I_{ph} = I_{ph}^{drift} + I_{ph}^{diff}$.

Nicht alle auftreffenden Photonen erzeugen somit Trägerpaare, die letztlich zum Gesamtphotostrom beitragen. Wir erfassen dies in einem *externen Wirkungsgrad (Quantenausbeute)* η_{ext}:

$$\eta_{ext} := \frac{\text{Anzahl } N_{Paar} \text{ der je Zeiteinheit } \Delta t \text{ in den Einflußbereich der RLZ gelangenden Paare}}{\text{Anzahl } N_{ph} \text{ der je Zeiteinheit } \Delta t \text{ auf die Oberfläche auftreffenden Photonen}}$$

[13.15]

Nach [13.14] ist $N_{ph} = P_{opt} \cdot \Delta t / (hf)$, und nach [13.6] ist $N_{Paar} = I_{ph} \cdot \Delta t / q$, so daß

$$\eta_{ext} = \frac{I_{ph} / q}{P_{opt} / (hf)} = \frac{hf}{q} \frac{I_{ph}}{P_{opt}} = \frac{hc}{q} \frac{1}{\lambda} \frac{I_{ph}}{P_{opt}}$$

[13.16]

Wir erhalten durch Auflösen nach I_{ph} (vergleiche hiermit Gl.[7.10] bei der LED und Gl.[11.8] beim Laser)

$$I_{ph} = \frac{q}{hf} \eta_{ext} P_{opt} = \frac{q}{hc} \lambda \eta_{ext} P_{opt}$$

[13.17]

und daraus mit [13.11] die spektrale Empfindlichkeit $\mathfrak{R}_i(\lambda)$ zu

$$\mathfrak{R}_i(\lambda) = \frac{q}{hf}\,\eta_{ext} = \frac{q}{hc}\,\lambda\,\eta_{ext} \qquad\qquad [13.18]$$

[13.18] taugt lediglich zur meßtechnischen Bestimmung von η_{ext} bzw.von $\mathfrak{R}_i$, weil aus ihr nicht hervorgeht, von welchen Parametern η_{ext} seinerseits abhängt. Im folgenden berechnen wir η_{ext} aus dem geometrischen Aufbau der Diode und leiten daraus Konzepte für die Auslegung und den Betrieb der Dioden ab.

Den Berechnungen wird die Geometrie und Schichtenfolge nach Abb.13-5 zugrundegelegt. Der pn-Übergang befindet sich an der Stelle x = 0, die RLZ mit der Dicke d_{RLZ} erstreckt sich von $-x_p$ bis $+x_n = -x_p + d_{RLZ}$. Die nicht vom Feld erfüllte Strecke im p-Gebiet habe die Dicke d_p, so daß die beleuchtete Halbleiteroberfläche an der Stelle $-(x_p + d_p)$ liegt. Das auftreffende Licht habe die Intensität S_0. Mit R als Reflexionskoeffizienten wird der Anteil $R \cdot S_0$ reflektiert, und $S_0 \cdot (1-R)$ ist die Intensität im Kristallinnern unmittelbar an der Oberfläche. Das Licht dringt in den Halbleiter ein, seine lokale Intensität S(x) nimmt nach einem Beer'schen Gesetz analog zu Gl.[6.1a] ab. Durch unsere Wahl des Koordinatenursprungs erhalten wir

$$S(x) = (1-R) \cdot S_0 \cdot \exp\{-\alpha_{fund}(\lambda) \cdot [x+(x_p+d_p)]\} \qquad \text{für } x \geq -(x_p+d_p) \qquad [13.19]$$

Die Absorptionskonstante α_{fund} mißt die zu Elektron-Loch-Paaren führende Fundamentalabsorption des Halbleitermaterials (siehe Abschn.6.2). In Abb.6-3 wurde α_{fund} als Funktion der Wellenlänge λ für einige wichtige optoelektronische Halbleitermaterialien aufgetragen.

Eine zu [13.19] identische Abhängigkeit beschreibt wegen [6.1b] die lokale Photonendichte $\rho_{ph}(x)$ im Halbleiter.

Wir gehen aus von einer zeitlich konstanten Bestrahlung (stationärer Zustand). Wenn zwischen den Orten x und $x+\Delta x$ die Intensität um ΔS abnimmt, dann verringert sich entsprechend die Photonendichte um $\Delta\rho_{ph}$, d.h. zwischen den Orten x und $x+\Delta x$ ändert sich die Anzahl der Photonen je Volumeneinheit um $\Delta\rho_{ph}$. Die Abnahme kann nur erfolgen innerhalb der Zeitspanne $\Delta t = \Delta x/v$, die die Photonen zum Durchlaufen der Strecke Δx mit der Geschwindigkeit v benötigen. Konsequenz: bei zeitkonstanter Beleuchtung ist $\Delta\rho_{ph}/\Delta t = v\cdot\Delta\rho_{ph}/\Delta x$ die lokale Photonen-Abnahme-merate zwischen den Stellen x und x+Δx. Ursache der Intensitäts- bzw. Photonen-dichteänderung ist nach Voraussetzung die Fundamentalabsorption. Jeder Absorptions-vorgang erzeugt ein Elektron-Loch-Paar, das Negative der Photonenabnahme-rate ist somit die Rate, mit der zwischen x und x+Δx Trägerpaare generiert wer-den. Daraus leiten wir eine absorptionsinduzierte Zusatz-Generationsrate $G_{opt}(x)$ über die thermische Gleichgewichtsgeneration hinaus ab:

$$G_{opt}(x) = -\frac{\partial\rho_{ph}(x)}{\partial t} = -v\frac{\partial\rho_{ph}(x)}{\partial x} \qquad [13.20]$$

Nach [1.14] ist $S(x) = hf\cdot\rho_{ph}(x)\cdot v$, so daß

$$v\frac{\partial\rho_{ph}}{\partial x} = \frac{1}{hf}\frac{\partial S}{\partial x} \quad\Rightarrow\quad G_{opt}(x) = -\frac{1}{hf}\frac{\partial S}{\partial x} \qquad [13.21]$$

Aus .Gl.[13.19] berechnen wir: $\partial S/\partial x = (1-R)S_0(-\alpha)\cdot\exp\{\cdots\} = -\alpha\cdot S(x)$. (Hier wie im folgenden wird der Index "fund" an α weggelassen, um die Schreib-weise zu vereinfachen). Damit geht [13.21] über in

$$G_{opt}(x) = \frac{\alpha}{hf}S(x) \qquad [13.22]$$

Die lokale Generation $G_{opt}(x)$ erzeugt Trägerpaare sowohl in der felderfüllten RLZ als auch in den feldfreien an die RLZ angrenzenden Gebieten. Weiter oben wurden die dadurch zustandekommenden Influenzströme als Driftphotostrom (Absorption und damit Generation innerhalb der RLZ) und als Diffusionsphotostrom (Absorp-tion und damit Generation außerhalb der RLZ) identifiziert. Zusammen bilden sie den Gesamtphotostrom.

Der Driftphotostrom I_{ph}^{drift} ist einfach zu berechnen: **alle** in der RLZ erzeugten Träger bewegen sich im Feld der RLZ und influenzieren den Driftphotostrom. Bei zeitkonstanter Beleuchtung muß man deshalb lediglich die optische Generation im Raumbereich der RLZ aufsummieren bzw. aufintegrieren und erhält die Gesamt-zahl N_{Paar}^{drift} der innerhalb der RLZ in der Zeitspanne Δt generierten Trägerpaare:

$$N_{Paar}^{drift}\Big/\Delta t = \underset{\substack{\text{Volumen}\\\text{der RLZ}}}{\int G_{opt}\,dV} = \underset{\substack{\text{Weite}\\\text{der RLZ}}}{\int G_{opt}\,A\,dx} = A \int_{-x_p}^{x_n} \frac{\alpha}{hf} S(x)\,dx$$

[13.23]

$$= \frac{\alpha}{hf} A\,(1-R)\,S_0\,e^{-\alpha\,(x_p+d_p)} \int_{-x_p}^{x_n} e^{-\alpha\,x}\,dx$$

Nach Ausführen der Integration und mit $x_n = -x_p + d_{RLZ}$ ist das Ergebnis:

$$N_{Paar}^{drift}\Big/\Delta t = \frac{A}{hf}\,(1-R)\,S_0\,e^{-\alpha\,d_p}\left[1 - e^{-\alpha\,d_{RLZ}}\right]$$

[13.24]

$A\cdot S_0$ ist die auftreffende optische Leistung P_{opt}(beachte [1.12]), und nach [13.6] ist $N_{Paar}^{drift}/\Delta t = I_{ph}^{drift}/q$. Damit erhalten wir aus [13.24] den Driftphotostrom:

$$I_{ph}^{drift} = \frac{q}{hf}\,(1-R)\,P_{opt}\,e^{-\alpha\,d_p}\left[1 - e^{-\alpha\,d_{RLZ}}\right]$$

[13.25]

Nicht ganz so einfach läßt sich der Diffusionsphotostrom I_{ph}^{diff} berechnen. Zunächst muß bestimmt werden, wievielen der je Zeiteinheit außerhalb der RLZ erzeugten Träger es gelingt, eine der RLZ-Grenzen zu erreichen. Erst wenn man diese Anzahl N_{Paar}^{diff} kennt, kann man I_{ph}^{diff} wie oben berechnen. I_{ph}^{diff} besteht aus zwei Teilbeiträgen: aus dem Beitrag der Elektronendiffusion aus dem oberflächennahen p-Gebiet (dem Raumgebiet $-(x_p+d_p) \leq x \leq -x_p$ in Abb.13-5) in Einstrahlungsrichtung **vor** der RLZ und auf den Beitrag der Löcherdiffusion aus dem n-Gebiet $x \geq x_n$ **hinter** der RLZ. Im allgemeinen liegt der pn-Übergang dicht unter der Oberfläche, die davorliegende feldfreie Schicht der Dicke d_p ist sehr dünn. Wir vernachlässigen deshalb den Beitrag der dort erzeugten Träger, zumal die exakte Formel sehr aufwendig ist; sie kann z.B. in dem Buch "Optoelektronik II" von Winstel/Weyrich (siehe Literaturverzeichnis) nachgelesen werden. Für den Beitrag der Löcherdiffusion aus dem Gebiet $x \geq x_n$ kann man herleiten:

$$I_{ph}^{diff} = \frac{q}{hf}\,(1-R)\,P_{opt}\,e^{-\alpha\,d_p}\,e^{-\alpha\,d_{RLZ}}\,\frac{\alpha\,L_p}{1+\alpha\,L_p}$$

[13.26]

Aus [13.25] und [13.26] bestimmen wir den Gesamt-Photostrom I_{ph} zu:

$$I_{ph} = I_{ph}^{driftf} + I_{ph}^{diff} = \frac{q}{hf}(1-R)P_{opt}\, e^{-\alpha\, d_p}\left[1 - \frac{e^{-\alpha\, d_{RLZ}}}{1+\alpha\, L_p}\right] \qquad [13.27]$$

Ein Vergleich mit [13.16] liefert den externen Wirkungsgrad:

$$\eta_{ext} = (1-R)\,e^{-\alpha\, d_p}\left[1 - \frac{e^{-\alpha\, d_{RLZ}}}{1+\alpha\, L_p}\right] \qquad [13.28]$$

Ein hoher Wirkungsgrad wird demnach erreicht durch

- möglichst wenig Reflexion (R klein),
- $\alpha \cdot d_p$ möglichst klein (Lage des pn-Übergangs möglichst dicht unter der Lichteintrittsfläche),
- $\alpha \cdot d_{RLZ}$ möglichst groß (Weite d_{RLZ} der RLZ möglichst groß). Da die RLZ-Weite abhängig ist von der Vorspannung (siehe [4.16]), ist auch der externe Wirkungsgrad vorspannungsabhängig: $\eta_{ext} = \eta_{ext}(U_q)$.

Die Weite der RLZ ist zunächst durch die Dotierung festgelegt, siehe Abschn.4.2. Große Weiten erreicht man, wenn beide Seiten des Übergangs niedrig dotiert sind (p^- und n^--Dotierung). Bei vergleichbarem Dotiergrad erstreckt sich nach [4.5] die RLZ gleichweit in die beiden Halbleitergebiete hinein, und der Übergang müßte entsprechend tief unter die Halbleiteroberfläche gelegt werden. Technologisch ist das schwierig zu bewerkstelligen. Hinzu kommt, daß auf geringdotierten Halbleiterschichten keine guten ohm'sche Kontakte aufgebracht werden können. Praxisgerechter ist deshalb eine pn-Dotierung mit sehr ungleichem Dotiergrad oder gar eine p^+n- oder pn^+-Dotierfolge. Die RLZ befindet sich dann nahezu ausschließlich in dem gering dotierten Gebiet, die hochdotierte Seite kann entsprechend dünn gemacht werden. Der pn-Übergang und mit ihm die gesamte RLZ liegen dicht unter der Oberfläche, die Einstrahlung erfolgt durch die hochdotierte Zone hindurch.

Zahlenbeispiel:
In einer Silizium-Photodiode sei die p-Seite mit $N_A = 10^{17}$ cm^{-3} Akzeptoren und die n-Seite mit $N_D = 10^{15}$ cm^{-3} Donatoren dotiert. Die RLZ hat dann nach [4.6] im thermodynamischen Gleichgewicht die Weite $d_{RLZ,0} \approx 1\mu m$. Die RLZ selbst erstreckt sich überwiegend in den n-Bereich hinein, so daß die Dicke d_p der feldfreien p-Zone nahezu identisch ist mit der Dicke der p-Schicht. In diesem Material ist bei der Lichtwellenlänge $\lambda = 850$nm die Absorption $\alpha \approx 650$/cm. Liegt der pn-Über-

gang 0,5μm tief unter der Lichteintrittsfäche, dann ist nach dem eben Gesagten auch $d_p \approx 0{,}5\mu m$; mit $R = 0{,}31$ erhält man aus [13.28] den externen Wirkungsgrad ohne Berücksichtigung des Diffusionsphotostromes ($L_p = 0\mu m$) zu $\eta_{ext} = 4\%$. Mit einer Löcherdiffusionslänge $L_p = 100\mu m$ steigt η_{ext} auf 58%.

Der externe Wirkungsgrad ist abhängig von der Wellenlänge des auftreffenden Lichtes, weil α wellenlängenabhängig ist. Maßgebend für den genauen Verlauf $\eta_{ext}(\lambda)$ ist aber nicht nur der Materialeinfluß, sondern auch der geometrische Aufbau der Diode (Lage und Weite der RLZ). In Abb.13-9 ist für Silizium der Beitrag

$$\eta_s := 1 - \frac{e^{-\alpha\, d_{RLZ}}}{1 + \alpha\, L_p}$$

zu η_{ext} (sog. *Sammelwirkungsgrad*) für mehrere Kombinationen von RLZ-Weite d_{RLZ} und Diffusionslänge L_p als Funktion der Lichtwellenlänge λ aufgetragen. Der Fall $L_p = 0$ mißt den reinen Driftstrombeitrag zu η_s. Für Wellenlängen dicht unterhalb der Absorptionskante bei $\lambda_g = 1{,}12\mu m$ ist α so klein bzw. die Eindringtiefe so groß (Si ist ein indirekter Halbleiter!), daß die meisten Träger außerhalb der RLZ und des Diffusionsbereiches erzeugt werden: η_s ist nur klein. Für reale Photodioden aus Si (und entsprechendes gilt für Photodioden aus anderen indirekten Halbleitern) nimmt deshalb η_{ext} für $\lambda \approx \lambda_g$ stark ab.

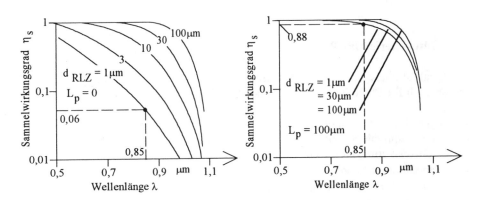

Abb.13-9: Sammelwirkungsgrad von Silizium-Photodioden für verschiedene Werte der Raumladungszonen-Länge d_{RLZ} und der Löcher-Diffusionslänge L_p

Die RLZ kann vergrößert werden und damit der Wirkungsgrad gesteigert werden, wenn eine Sperrspannung $U_q < 0$ angelegt wird. Im Beispiel oben kann mit einer Sperrspannung von ca. -6V die RLZ-Weite auf $d_{RLZ} = 3\mu m$ ausgedehnt werden.

Dadurch steigt η_{ext} auf 12% ohne bzw. auf 60% mit dem Beitrag der Löcherdiffusion. Zudem dehnt sich auch der im hochdotierten p-Gebiet liegende Teilbereich
der RLZ aus, formal wird d_p immer kleiner. Es ist aber zu beachten, daß bei dem
Betrage nach zu hoher Spannung die RLZ schließlich bis zur Halbleiteroberfläche
bzw. zum Anschlußkontakt durchreicht (d_p = 0). Dann zieht das hohe elektrische
Feld Minoritätsladungsträger aus dem Kontakt in die RLZ, der Minoritätsträger-
strom steigt stark an. Die angelegte Spannung darf deshalb einen vorgegebenen
Maximalwert nicht überschreiten.

Die Tatsache, daß η_{ext} über die RLZ-Weite von der Spannung über dem pn-
Übergang abhängt, hat nicht nur Vorteile. Eine Spannung über dem pn-Übergang
entsteht auch ohne äußere Quelle allein durch den Spannungsabfall U'_A, den der
Außenstrom I' über dem Lastwiderstand verursacht (siehe Abb.13-7). Variiert die
eingestrahlte optische Leistung P_{opt}, dann ändert sich zunächst I', daraufhin U'_A
bzw. die Spannung U' über dem pn-Übergangs selbst und schließlich η_{ext}. Indirekt
ist damit η_{ext} und letztlich auch $\mathfrak{R}_i$ abhängig von P_{opt}. Ein linearer Zusammenhang zwischen P_{opt} und dem meßtechnisch ausnutzbaren Strom I'_A, wie er in
Abschn.13.3 ausgearbeitet wurde, ist dann auch bei kleinen Lastwiderständen R_L
nicht mehr gegeben. Allerdings ist Abhilfe möglich: man muß die Diode so hoch in
Sperrichtung vorspannen, daß die durch variierende Einstrahlleistung hervorgerufene Spannungsschwankung klein ist gegen die Vorspannung.

13.5 Gütekriterien für Photodioden

Die Qualität eines jeden Detektors wird erfaßt in einer Reihe von Güteparametern.
Die speziell für Photodioden wesentlichen Parameter sind

- Signal/Rausch-Verhältnis (signal-to-noise ratio) "S/N"
- Rauschäquivalente optische Leistung (noise equivalent power) "NEP"
- Nachweisvermögen (detectivity) D^*
- Demodulationsbandbreite bzw. 3-dB-Grenzfrequenz ω_{3dB}
- externer Wirkungsgrad (Quantenausbeute) η_{ext}
- spektrale Empfindlichkeit (spectral responsivity) $\mathfrak{R}_i(\lambda)$

Die Kriterien Signal/Rausch-Verhältnis, rauschäquivalente optische Leistung und
Nachweisvermögen befassen sich mit dem Eigenrauschen der Photodiode und
analysieren den Rauschbeitrag der Photodiode in optischen Empfängern. Wir besprechen diese Kriterien in einem eigenen Kapitel (Kap.16).

Der Güteparameter "Demodulationsbandbreite" bewertet die Leistungsfähigkeit des Detektors als Licht/Strom-Wandler in einem optischen Nachrichtenübertragungssystem. Bei analogmodulierter optischer Nachrichtenübertragung wird eine zeitkonstante Leistung P'_{opt} überlagert mit einer Wechselleistung $p_{opt}(t) = \hat{p}_{opt} \sin(\omega t)$. Die Photodiode wandelt die auftreffende Gesamtleistung $P_{opt}(t) = P'_{opt} + \hat{p}_{opt} \sin(\omega t)$ um in den Photostrom $I_{ph}(t) = I'_{ph} + \hat{i}_{ph} \sin(\omega t + \varphi)$ mit einer von der Modulations(kreis)frequenz ω abhängigen Amplitude $\hat{i}_{ph}$ des Wechselanteils: $\hat{i}_{ph} = \hat{i}_{ph}(\omega)$. Die Frequenzabhängigkeit von $\hat{i}_{ph}$ kann in die Form

$$\hat{i}_{ph}(\omega) = \hat{i}_{ph}(\omega=0) \cdot H(\omega) \qquad [13.29]$$

gebracht werden; $H(\omega)$ bildet den *Amplitudengang* der Demodulation bzw. der Photodiode. Formal kann $H(\omega)$ auch als Amplitudengang der spektralen Empfindlichkeit $\mathfrak{R}_i$ aufgefaßt werden. Mit Hilfe von $H(\omega)$ wird die Demodulationsbandbreite festgelegt; leider sind zwei verschiedene Definitionen gebräuchlich:

- Als **optische** 3-dB-Bandbreite bezeichnet man diejenige Kreisfrequenz ω_{3dB}^{opt}, für die H den Wert H= 1/2 einnimmt.
- Als **elektrische** 3-dB-Bandbreite bezeichnet man diejenige Kreisfrequenz ω_{3dB}^{el}, für die H den Wert H= $1/\sqrt{2}$ einnimmt.

Die optische 3-dB-Bandbreite entpricht so einer elektrischen 6-dB-Bandbreite. Leider wird der Zusatz "optisch" bzw. "elektrisch" häufig weggelassen. Dies führt zu Mißverständnissen und muß vermieden werden. Ursache für die verschiedenen Definitionen sind unterschiedliche Bewertungsmaße. Nach [13.11] ist der Photostrom ein Maß für die **optische** Leistung. Wenn für H=1/2 der Photostrom i_{ph} auf die Hälfte seines Gleichsignalwertes zurückgegangen ist, hat die **optische** Leistung um 3 dB abgenommen. Läßt man andererseits den Photostrom durch einen Lastwiderstand R_L fließen, dann wird in diesem eine **elektrische** Leistung umgesetzt, die zu i_{ph}^2 proportional ist. Bei H= $1/\sqrt{2}$ ist i_{ph}^2 auf die Hälfte zurückgegangen, die **elektrische** Leistung an R_L hat um 3 dB abgenommen.

Der externe Wirkungsgrad (Quantenausbeute) erfaßt, wieviele der auftreffenden Photonen ausgenutzt werden können und zum Photostrom beitragen; die spektrale Empfindlichkeit gibt Auskunft über die zu erwartende elektrische Signalstärke bei gegebener optischer Eingangsleistung. Beide Parameter wurden bereits oben eingeführt ([13.15] und [13.11]). Zwischen ihnen besteht nach [13.18] der Zusammenhang

$$\mathfrak{R}_i(\lambda) = \begin{cases} \dfrac{q}{hc}\,\eta_{ext}\,\lambda & \text{für} \quad \lambda \le \lambda_g = hc/W_g \\[2mm] 0 & \text{für} \quad \lambda > \lambda_g \end{cases} \qquad [13.30]$$

Bei einer idealen Photodiode ist $\eta_{ext} = 1$, alle erzeugten Trägerpaare tragen zum Photostrom bei. In einer idealen Diode wächst damit $\mathfrak{R}_i(\lambda)$ linear mit wachsender Wellenlänge an, bis λ die Schwelle bei λ_g überschreitet und eine Detektion durch Fundamentalabsorption prinzipiell nicht mehr möglich ist. Die Abbruchkante von $\mathfrak{R}_i$ gibt so die spektrale Einsatzgrenze der Diode an. Die Abhängigkeit $\mathfrak{R}_i(\lambda) \sim \lambda$ kann anschaulich erklärt werden: mit abnehmender Wellenlänge bzw. zunehmender Photonenenergie treffen bei <u>gleicher</u> optischer Leistung weniger Photonen je Zeiteinheit auf die Halbleiteroberfläche auf und können auch nur weniger Träger-paare generieren: die Stromstärke nimmt ab, $\mathfrak{R}_i$ wird kleiner.

Bei realen Photodioden ist $\eta_{ext} \neq 1$ und zudem wellenlängenabhängig. In Abb.13-10 werden $\mathfrak{R}_i(\lambda)$ für ideale ($\eta_{ext} = 1$) und reale Photodioden miteinander verglichen. Es soll an dieser Stelle nochmals daran erinnert werden, daß in realen Dioden der genaue Verlauf $\eta_{ext}(\lambda)$ nicht eine Frage einzig des Detektormaterials ist. Mit Gl. [13.28] wurde gezeigt, daß η_{ext} durch die <u>Kombination</u> aus Materialauswahl <u>und</u> geometrischer Auslegung der Diode festgelegt wird. Insofern sind die dargestellten Kurven irreführend: der gezeigte Verlauf ist nicht ausschließlich materialtypisch, sondern auch spezifisch für einen bestimmten geometrischen Aufbau der Diode.

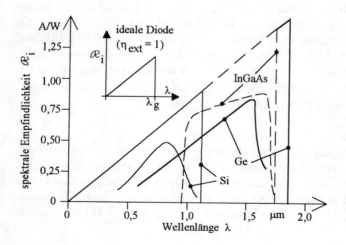

Abb.13-10:
Spektrale Empfind-
lichkeit $\mathfrak{R}_i$ idealer
und realer Photo-
dioden. Bei idealen
Dioden steigt $\mathfrak{R}_i$
linear mit λ an und
geht bei λ_g abrupt
auf Null zurück

14. Solarzelle und pin-Photodiode

14.1 Solarzelle (Photoelement)

Wird das Bauelement nach Abb.13-5 **ohne** äußere Vorspannung (U_q = 0V) betrieben, aber mit einem Lastwiderstand R_L beschaltet, dann spricht man vom *Photoelementbetrieb* (*photovoltaic mode*) der Diode; das Bauelement selbst wird als *Solarzelle* oder *Photoelement* bezeichnet. In diesem Betriebszustand verusacht der Diodenstrom einen Spannungsabfall am Lastwiderstand. Es stellen sich eine Stromstärke I' und eine Spannung U'_A ein, die bei vorgegebener optischer Einstrahlleistung allein durch den Widerstandswert R_L festgelegt werden; I' und U'_A bilden zusammen den Arbeitspunkt der Solarzelle. Elektrotechnisch erhält man den Arbeitspunkt als Schnittpunkt der Diodenkennlinie nach Abb.13-6 mit der Lastgeradenkennlinie von R_L. Abb.14-1 zeigt das elektrische Ersatzschaltbild der Solarzelle, ihre Kennlinie bei Beleuchtung und die Konstruktion des Arbeitspunktes.

Der Arbeitspunkt liegt im 4.Quadranten des Kennlinienfeldes (I' < 0, U'_A > 0), die Solarzelle arbeitet also als aktiver Zweipol und liefert elektrische Energie, die in R_L verbraucht wird. Insgesamt kann die elektrische Leistung $P_{el} = U'_A \cdot I'$ entnommen werden, graphisch entspricht diese Leistung der Fläche eines Rechteckes mit Kantenlängen U'_A und I'. P_{el} hängt von der Wahl von R_L ab; bei gegebener optischer Leistung, d.h. bei gegebener Solarzellenkennlinie wird der Maximalwert $P_{el,max}$ bei einem ausgesuchten Wert von R_L erreicht. Der Quotient $P_{opt}/P_{el,max}$ ist der *Leistungswirkungsgrad*; in heutigen Silizium-Solarzellen beträgt er ca. 10%.

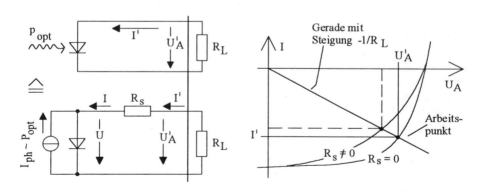

Abb.14-1: Diode im Photoelementbetrieb (Solarzelle)
rechts: Kennlinie mit eingetragener Lastgeraden   links: Ersatzschaltbild

Bei realen Solarzellen muß der Einfluß des inneren Serienwiderstands R_s berücksichtigt werden. Abb.14-1 zeigt, daß R_s die ideale, durch [13.12] gegebene Kennlinie verflacht; dadurch wird die entnehmbare Leistung geringer. R_s ist um so größer, je länger die Bahngebiete außerhalb der RLZ und je geringer die Dotierungen sind. Andererseits ist für eine Solarzelle der Beitrag des Diffusionsphotostromes zum Gesamtphotostrom unverzichtbar, er erhöht drastisch den externen Wirkungsgrad (siehe das Zahlenbeispiel am Ende des Abschnittes 13.4) und damit auch den Leistungswandlungswirkungsgrad der Solarzelle. In der Praxis kann deshalb das Bahngebiet auf der niedriger dotierten Seite des Übergangs nicht unter etwa das Doppelte der Diffusionslänge der dortigen Minoritäten verkürzt werden. Eine Solarzelle aus Si ist folglich typisch 200µm dick, der pn-Übergang selbst liegt einige Zehntel µm unter der Oberfläche der Lichteintrittsseite. Der elektrische Kontakt auf der Lichteintrittsseite ist in Kammstruktur ausgeführt, hierdurch wird R_s weiter reduziert.

14.2 pin-Photodioden

Photodioden werden sehr häufig in optischen Nachrichtenübertragungssystemen eingesetzt. Für diesen Einsatzbereich werden Photodioden mit möglichst hoher Demodulationsbandbreite bei gleichzeitig hoher Linearität und hohem externen Wirkungsgrad benötigt.

Die Auswertung von [13.27] und die Besprechung zu Abb.13-9 haben gezeigt, daß in einfachen pn-Strukturen der Driftphotostrom allein nicht genügt, um einen hohen externen Wirkungsgrad zu erzielen; man ist auf den Beitrag des Diffusionsphotostromes angewiesen. Hauptursache hierfür ist die nur sehr geringe Ausdehnung der RLZ. Die Photonen werden im wesentlichen außerhalb der RLZ absorbiert und können nur über den Diffusionsphotostrom zum Wirkungsgrad beitragen. Läßt man deshalb wie in der Solarzelle den Diffusionphotostrom zu, so erkauft man sich den hohen Wirkungsgrad mit einem drastisch verschlechterten Zeitverhalten, denn: der Photostrom fließt, wenn und solange Ladungsträger durch die RLZ driften. Außerhalb der RLZ generierte Träger diffundieren zunächst zur RLZ und tragen erst dann zum Photostrom bei. Die Diffusion ist ein sehr langsamer Vorgang, über eine geraume Zeit hinweg kommen immer noch weitere Träger aus den Diffusionsgebieten am RLZ-Rand an. Durch diese Nachzügler klingt der Photostrom auch nach Abschalten der Beleuchtung nur vergleichsweise langsam ab, die Demodulationsbandbreite ist entsprechend gering. pn-Photodioden können somit nur relativ langsamen Lichtschwankungen folgen, sie sind als Wandler in optischen Übertragungssystemen nur bedingt geeignet.

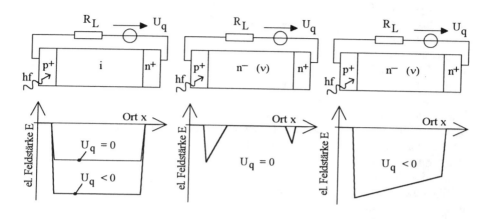

Abb.14-2: Ideale pin-Diode (links) und reale $p^+n^-n^+$-Diode (Mitte und rechts).
Aufbau und Feldverteilung mit und ohne angelegte Sperrspannung

Abhilfe schafft der in Abb.14-2 gezeigte Aufbau in *pin-Struktur*: zwischen hochdotierten p- und n-leitenden Gebieten liegt eine intrinsische, i-leitende, Zone. Die Bezeichnung *pin* beschreibt also die Schichtenfolge. In realen Strukturen ist die Mittelzone nicht wirklich intrinsisch, sondern entweder schwach p- oder schwach n-leitend; die exakte Namensgebung wäre also $p^+n^-n^+$ oder $p^+p^-n^+$. Anstelle von p^- und n^- sind für geringdotierte Schichten auch die Bezeichnungen π und ν sehr verbreitet. Wir nennen im folgenden wie allgemein üblich alle diese Strukturen pauschal "pin-Dioden" und die n^- bzw. n^+-Schicht pauschal "i-Zone". pin-Dioden werden an negativer Vorspannung $U_q < 0$ und mit Lastwiderstand R_L betrieben (Photodiodenbetrieb).

In einem wirklich intrinsischen Halbleiter gibt es keine Raumladungen, weil keine Träger zur Verfügung stehen, die abgezogen werden können. Wäre also die Mittelzone tatsächlich intrinsich, dann würden die Diffusionsspannung und eine eventuelle Sperrspannung ausschließlich über der i-Zone abfallen und dort ein homogenes elektrisches Feld bewirken, wie es in Abb.14-2 angezeigt ist. In realen Strukturen dagegen ist der Feldverlauf von den Dotiergraden und der Dicke der i-Schicht abhängig. Abb.14-2 skizziert den Feldverlauf in einer $p^+n^-n^+$-Struktur mit und ohne Sperrspannung. Man erkennt, daß bei kleinen Sperrspannungen das Feld nur einen

Teil der i-Zone erfüllt; erst bei einer hinreichend hohe Sperrspannung erstreckt sich das Feld mit allerdings lokal unterschiedlicher Feldstärke über die gesamte Dicke der i-Zone hinweg. RLZ und i-Gebiet sind dann identisch. Die in Abschn.13.4 hergeleiteten Formeln für die Photoströme und den externen Wirkungsgrad setzen keine Homogenität des Feldes voraus; wir können sie vollständig übernehmen und in ihnen d_{RLZ} durch die Dicke d_i der i-Zone ersetzen: $d_{RLZ} = d_i$.

Die Weite der i-Zone und damit der RLZ kann herstellungstechnisch eingestellt werden. Abb.13-9 links zeigt, daß bei genügend dicker RLZ auch ohne den Beitrag der Diffusionsphotoströme hohe Wirkungsgrade zu erzielen sind. Macht man d_i gleich oder zumindest vergleichbar mit der Lichteindringtiefe $1/\alpha$, so erfolgt die Absorption im wesentlichen in der (felderfüllten) i-Zone. Da alle in einer felderfüllten Zone absorbierten Photonen zum Photostrom beitragen, ist die Qantenausbeute hoch. Gleichzeitig ist der Photostrom jetzt überwiegend ein Driftphotostrom nach [13.25] und nur zu geringem Teil ein Diffusionsphotostrom, das Zeitverhalten ist wesentlich günstiger als bei einfachen pn-Dioden.

pin-Photodioden sind auch in ihrer Linearität den pn-Strukturen überlegen. In Abschn.13.4 wurde gezeigt, daß in pn-Strukturen im praktischen Betrieb die RLZ-Weite und damit der externe Wirkungsgrad indirekt von der Einstrahlleistung abhängt. In einer pin-Struktur dagegen ist bei hinreichend hoher Vorspannung die RLZ-Weite herstellungstechnisch durch die Weite der i-Zone vorgegeben und variiert nur äußerst geringfügig auch bei sich änderndem P_{opt}.

14.3 Demodulationsbandbreite (3-dB-Grenzfrequenz) von pin-Dioden

Von einer als Wandler in der optischen Nachrichtenübertragung eingesetzten pin-Diode wird eine möglichst hohe 3-dB-Grenzfrequenz gefordert. pin-Dioden müssen deshalb im Hinblick auf ihr Frequenzverhalten optimiert werden. Das Frequenzverhalten wird bestimmt durch den

- Zeitbedarf der in der RLZ erzeugten Träger für die Drift durch die RLZ
- Zeitbedarf der außerhalb der RLZ erzeugten Träger für die Diffusion zur RLZ
- RC-Einfluß interner Kapazitäten.

Wir diskutieren im folgenden die Einzelbeiträge; die Ergebnisse beschreiben näherungsweise auch das dynamische Verhalten von pn-Photodioden. Den Rechnungen liegt die Schichtenfolge $p^+n^-n^+$ zugrunde, die Beleuchtung erfolgt von der p^+-Seite her. Bei einer Schichtenfolge $p^+p^-n^+$ sind die Feldverhältnisse längs der Ortsachse spiegelsymmetrisch; dann sollte die n^+-seitige Oberfläche bestrahlt werden.

Zeitbedarf der in der RLZ erzeugten Träger für die Drift durch die RLZ:

Ladungsträger, die direkt in der RLZ erzeugt werden, benötigen zum Durchlaufen der RLZ eine gewisse Zeit. Der Strom im Außenkreis fließt, solange die Träger sich in der RLZ bewegen. Auch bei einem unendlich kurzen Lichtpuls ist deshalb das elektrische Antwortsignal nicht entsprechend kurz, sondern dauert so lange an, bis der letzte in der RLZ erzeugte Ladungsträger den RLZ-Rand erreicht hat. Die Transitzeit hängt vom genauen Entstehungsort, von der Länge $d_{RLZ} \equiv d_i$ der RLZ und von der Driftgeschwindigkeit v_{drift} ab. Je höher v_{drift}, desto kürzer die Laufzeit. v_{drift} sollte deshalb möglichst hoch sein. Nach [13.4] ist $v_{drift} = \mu \cdot E$; darin ist μ die Trägerbeweglichkeit und E die lokale Feldstärke. Obiges Gesetz gilt aber nur für kleine Werte von E. Abb.14-3 zeigt, daß bei hohen Feldstärken die Driftgeschwindigkeit auf einen Sättigungswert v_{sat} zustrebt. Die physikalische Ursache hierfür ist eine überproportionale Energieabgabe der Ladungsträger an das Gitter bei Stößen mit dem Gitter, sie soll hier nicht weiter diskutiert werden. In vielen der für Photodetektoren üblichen Halbleitern ist v_{sat} für Elektronen wie Löcher etwa gleichgroß, jedoch erreichen Elektronen und Löcher die Geschwindigkeit v_{sat} bei unterschiedlichen Sättigungsfeldstärken $E_{sat,n}$ bzw. $E_{sat,p}$. Daraus leiten wir die Forderung ab:

Die anzulegende Sperrspannung ist so zu wählen, daß in der gesamten RLZ die Feldstärke E dem Betrage nach größer als die höhere der beiden Sättigungsfeldstärken ist. Dann bewegen sich in der gesamten RLZ die Träger mit maximaler und damit automatisch auch konstanter Geschwindigkeit.

Mit dieser Aussage können wir nachträglich begründen, warum wir bei der Herleitung von Gl.[13.5] von konstanten Trägergeschwindigkeiten ausgehen durften.

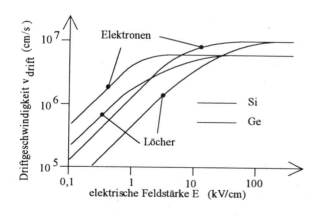

Abb.14-3:
Abhängigkeit der
Driftgeschwindigkeit
von der Feldstärke

Das Zeitverhalten selbst kann nur unter sehr vereinfachenden Voraussetzungen berechnet werden. Zwei alternative Annahmen sind üblich:

a) Der Absorptionskoeffizient ist so hoch bzw. die Lichteindringtiefe so gering, daß nur unmittelbar am lichteintrittsseitigen RLZ-Rand in nennenswertem Maß Ladungsträger generiert werden: punktuelle Erzeugung an der Stelle x = − x_p. Für direkte Halbleiter ist diese Annahme tolerierbar; für indirekte Halbleiter ist sie akzeptabel nur bei Lichtwellenlängen $\lambda \ll \lambda_g$, siehe Abb.6-3.
b) Der Absorptionskoeffizient ist so gering, daß sich die Intensität über die gesamte Strecke der RLZ hinweg nur wenig ändert: S ≠ S(x). Nach [13.22] werden jetzt die Ladungsträger in der gesamten RLZ und mit gleicher Rate generiert. Dies ist eine vernünftige Annahme für indirekte Halbleiter bei $\lambda \approx \lambda_g$.

Bei punktueller Trägererzeugung am lichteintrittsseitigen RLZ-Rand durchläuft nur eine der beiden Trägersorten (z.B. die Elektronen bei unserer $p^+n^-n^+$-Modellstruktur) die RLZ mit der (als konstant angenommenen) Geschwindigkeit v_{drift}. Sie benötigt dafür die Zeit

$$t_{drift} = d_i/v_{drift} \qquad [14.1]$$

Der Zeitbedarf kann umgerechnet werden in ein Frequenzverhalten bei harmonischer Modulation des auftreffenden Lichtes mit der Kreisfrequenz ω. Für den Amplitudengang H(ω) (siehe die Definition von H(ω) [13.29]) erhält man:

$$H(\omega) = \left| \frac{\sin(\omega \cdot t_{drift}/2)}{\omega \cdot t_{drift}/2} \right| \qquad [14.2]$$

Daraus bestimmen wir die **elektrische** 3-dB-Bandbreite $\omega_{drift,3dB}$ als diejenige Kreisfrequenz, für die H den Wert H= $1/\sqrt{2}$ einnimmt, zu

$$H(\omega = \omega_{drift,3dB}) = 1/\sqrt{2} \quad \Rightarrow \quad \omega_{drift,3dB} = \frac{2,78}{t_{drift}} = \frac{2,78}{d_i} v_{drift} \qquad [14.3]$$

Beispiel:
Eine $p^+n^-n^+$-Photodiode wird von der p^+-Seite her belichtet. Nach obiger Annahme werden die Trägerpaare an der p^+n^--Grenze erzeugt. Die i-Zone (≡ n^--Zone) mit der Dicke d_i = 25μm wird nur von den erzeugten Elektronen durchlaufen. In Silizium ist nach Abb.14-3 die Sättigungsdriftgeschwindigkeit v_{sat} = 1 10^7 cm/s;

diese Geschwindigkeit wird erreicht bei Feldstärken $|E| > |E_{sat,n}| = 2 \cdot 10^4$ V/cm. Ignoriert man die Inhomogenität der Feldstärke in der RLZ, dann kann die dazu anzulegende Spannung abgeschätzt werden zu $U \approx -E_{sat,n} \cdot d_i = -50V$. Aus [14.3] berechnet man als Grenzfrequenz $f_{drift,3dB} = \omega_{drift,3dB}/2\pi = 1,77$GHz.

Im alternativen Modellfall (gleichmäßige Erzeugung im gesamten Bereich der RLZ) legen beide Trägersorten je nach Entstehungsort unterschiedlich weite Strecken in der RLZ zurück. Die Rechnung ist jetzt viel aufwendiger, das Ergebnis unterscheidet sich aber nicht allzusehr von dem nach [14.3] Wir gehen deshalb davon aus, daß [14.3] auch den realistischen Fall der lokal variierenden Erzeugung, wie sie durch [13.22] beschrieben wird, hinreichend genau erfaßt.

Zeitbedarf außerhalb der RLZ erzeugter Träger für die Diffusion zur RLZ:

Ladungsträger, die außerhalb der RLZ erzeugt werden, können zum RLZ-Rand diffundieren, um anschließend die RLZ zu durchdriften; erst dabei werden sie als Diffusionsphotostrom im Außenkreis bemerkbar. Die Diffusion ist ein sehr langsamer Vorgang. Diese Träger kommen deshalb erst vergleichsweise spät am RLZ-Rand an und verschlechtern als *Diffusionsschwanz* drastisch das Zeitverhalten.

Diffusionsvorgänge können in den Bahngebieten sowohl vor als auch hinter der RLZ (in Lichtlaufrichtung gesehen) auftreten. Ist die i-Zone hinreichend lang bzw. die Absorptionskonstante hinreichend hoch, dann sind die sehr wenigen <u>hinter</u> der RLZ generierten Träger vernachlässigbar. Nicht vernachlässigbar sind aber die <u>vor</u> der RLZ erzeugten Träger, selbst wenn die entsprechende Schicht nur dünn ist. Die Durchrechnung ergibt für die daraus resultierende elektrische Bandbreite

$$\omega_{diff,3dB} = \frac{2 U_T \mu_n}{d_p^2} \qquad [14.4]$$

Dabei wurde angenommen, daß die Träger im feldfreien Teil der p^+-Zone mit der Ausdehnung d_p erzeugt werden und zum RLZ-Rand diffundieren. Auf die andere Seite der RLZ können nur die Elektronen gezogen werden, deshalb geht in [14.4] die <u>Elektronen</u>beweglichkeit μ_n ein.

Beispiel: In einer $p^+n^-n^+$-Diode aus Si sei die p^+-Zone 0,3μm dick und dotiert mit $N_A = 10^{19}$ cm^{-3} Akzeptoren. Dann befindet sich die RLZ nahezu vollständig im n^-- Gebiet, so daß für die Dicke der feldfreien Zone $d_p = 0,3$μm angenommen werden kann. Weiterhin ist in diesem Material $\mu_n = 150$ cm^2/Vs. Daraus ergibt sich eine elektrische Bandbreite $f_{drift,3dB} = \omega_{drift,3dB}/2\pi = 1,4$ GHz. Man sieht, daß die p^+-Zone auf keinen Fall viel dicker gemacht werden darf: eine Dickenzunahme um $0,1\mu m$ auf $d_p = 0,4\mu m$ reduziert $f_{drift,3dB}$ bereits auf ca. $0,77$GHz.

RC-Einfluß interner Kapazitäten:

Bei der Analyse des Frequenzverhaltens muß auch die bei Sperrpolung wirksame Sperrschichtkapazität berücksichtigt werden. Abb.14-4 zeigt das dynamische Ersatzschaltbild einer pin-Diode für Kleinsignalmodulation. Es ist abgeleitet aus dem Diodenersatzschaltbild nach Abb.4-6 und dem Bild Abb.13-3 einer Diode mit Zusatz-Paarerzeugung. Bei negativer Vorspannung liegt der Arbeitspunkt wie bei der pn-Photodiode im 3.Quadranten des Kennlinienfeldes; man entnimmt, daß der dynamische Widerstand der Diode $r' = \infty$ gesetzt werden kann. Der durch R_L fließende Strom zeigt dann ein RC-Tiefpaßverhalten mit elektrischer 3-dB-Grenzfrequenz

$$\omega_{RC,3dB} = \frac{1}{C_j(R_s + R_L)} = \frac{d_i}{\varepsilon_0\,\varepsilon_r\,A(R_s + R_L)}\qquad\qquad [14.5]$$

Darin wurde die Sperrschichtkapazität C_j gemäß [4.25] zurückgeführt auf die RLZ-Weite d_i und die Querschnittsfläche A des Übergangs. A ist im allgemeinen vergleichbar mit der lichtempfindlichen Einstrahlfläche. Hohe Grenzfrequenzen setzen so kleine Lichteinstrahlflächen voraus.

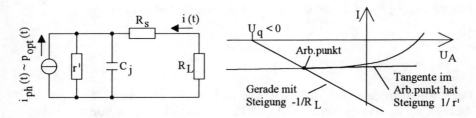

Abb.14-4: Zur Herleitung des Kleinsignal-Ersatzschaltbildes einer pin-Photodiode

Beispiel: Unsere Silizium-$p^+n^-n^+$-Diode soll eine RC-Grenzfrequenz $f_{RC,3dB} = \omega_{RC,3dB}/2\pi \geq 1,4$GHz haben. Der Serienwiderstand sei $R_s = 5\Omega$, der Lastwiderstand $R_L = 50\Omega$. Dann darf ihre Querschnittsfläche A nicht größer als $5\cdot10^{-3}$ cm^2 (entsprechend einer Kreisscheibe von 400μm Radius) gemacht werden.

Die drei das Demodulationsverhalten einschränkenden Zeiteffekte sind voneinander unabhängig und treten gleichzeitig auf. Die letztlich wirksame elektrische Demodulationsbandbreite ω_{3dB}^{el} erhält man durch statistisches Mitteln:

$$\left(1/\omega_{3dB}^{el}\right)^2 = \left(1/\omega_{drift,3dB}\right)^2 + \left(1/\omega_{diff,3dB}\right)^2 + \left(1/\omega_{RC,3dB}\right)^2 \qquad [14.6]$$

Die Beiträge $\omega_{drift,3dB}$ und $\omega_{RC,3dB}$ enthalten beide die Weite d_i als Parameter. Damit ist ω_{3dB}^{el} eine Funktion von d_i: $\omega_{3dB}^{el} = \omega_{3dB}^{el}(d_i)$. Die Gleichungen [14.3] und [14.5] zeigen, daß der Einfluß von d_i gegenläufig ist: eine verlängerte RLZ-Zone verkleinert die Sperrschichtkapazität und damit $\omega_{RC,3dB}$, vergrößert aber die Driftzeit durch die RLZ und damit $\omega_{drift,3dB}$. Wir bezeichnen mit $d_i^{optimal}$ diejenige Weite der RLZ, bei der die Grenzfrequenz maximal wird; sie kann aus [14.6] in Verbindung mit [14.3] und [14.5] sehr einfach bestimmt werden zu

$$d_i^{optimal} = 1,3 \cdot \sqrt{\varepsilon_0\, \varepsilon_r\, A\, (R_s + R_L)\, v_{drift}} \qquad [14.7]$$

Wegen der Modellannahmen bei der Herleitung von [14.3] sollte der Vorfaktor 1,3 nicht allzu wörtlich genommen werden. Für eine Si-Diode mit A = $5 \cdot 10^{-3}$ cm^2, R_s = 5Ω, R_L = 50Ω, v_{drift} = v_{sat} = $1 \cdot 10^7$ cm/s ist $d_i^{optimal} \approx 21\mu$m. Dieser Wert ist zu vergleichen mit der Forderung $d_i > 1/\alpha$, mit der sichergestellt werden soll, daß die Absorption im wesentlichen in der i-Zone erfolgt und die Strahlung nicht über das i-Gebiet hinausdringt. Im Rechenbeispiel müßte jetzt $\alpha > 520$cm^{-1} verlangt werden. Nach Abb.6-3 wäre das für Lichtwellenlängen $\lambda < 0,88\mu$m erfüllt.

14.4 pin-Photodioden mit Heteroübergängen

pin-Schichtenfolgen können auch mit Heterostruktur-Halbleiterübergängen ausgeführt werden. Als Modell-Bauelement für eine so aufgebaute pin-Photodiode besprechen wir eine Diode mit Schichtenfolge p$^+$n$^-$N$^+$. Wie in Abschn.4.3 eingeführt wird auch hier der Dotiertyp des Materials mit dem größeren Bandabstand W_G mit Großbuchstaben, der des Materials mit dem kleineren Bandabstand W_g mit Kleinbuchstaben bezeichnet. Abb.14-5 zeigt links schematisch das Energieband-Ortsdiagramm ohne angelegte Vorspannung. Die n$^-$-Zone (vorgebliche i-Zone) fungiert wieder als RLZ, in ihr besteht das elektrische Feld. Grundsätzlich könnte die Lichteinstrahlung wie bei den bisher besprochenen Homodioden von der p$^+$-Seite her erfolgen. Die Vorzüge des Heteroaufbaus gegenüber dem Homoaufbau zeigen sich aber vor allem, wenn die Diode durch das Material mit der größeren Bandlücke hindurch, bei unserer Modelldiode also von der N^+-Seite her, bestrahlt wird.

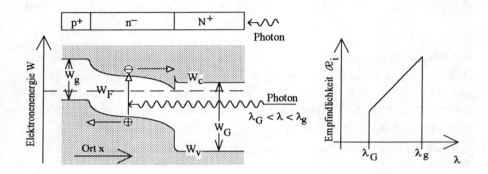

Abb.14-5: pin-Diode in Heterostruktur bei Bestrahlung seitens des Material mit großer Bandlücke
links: Bändermodell bei Einstrahlung von Licht im angegebenen Spektralbereich
rechts: charakteristische Form der spektralen Empfindlichkeit (Fensterwirkung)

Die Absorptionskante des p^+ und n^--Materials mit kleiner Bandlücke liegt bei $\lambda_g = hc/W_g$, die des N^+-Materials mit großer Bandlücke W_G entsprechend bei $\lambda_G = hc/W_G$. Für Licht mit einer Wellenlänge $\lambda > \lambda_G$ ist die N^+-Schicht transparent, das Licht durchdringt die Schicht ohne Intensitätsverluste (zumindest wenn die N^+-Dotierung nicht so hoch ist, daß die in Abschn.6.3 erwähnte "Absorption durch freie Träger" effektiv wird). Ist λ so gewählt, daß $\lambda_G < \lambda < \lambda_g$, dann wird die Strahlung im n^--Bereich absorbiert, in dem Bereich, in dem auch das Driftfeld besteht. Hieraus ergibt sich ein erster Vorteil: im feldfreien N^+-Gebiet werden keine Trägerpaare erzeugt, es kann keinen Diffusionsphotostrom aus diesem Gebiet geben. Folglich entfällt die mit [14.4] beschriebene Begrenzung der Dynamik durch Diffusionsphotoströme, die Demodulationsbandbreite wird nur noch durch RC-Effekte und die Drift durch das n^--Gebiet begrenzt.

In der Praxis werden in Heterostruktur-pin-Dioden für die Driftzone (n^--Zone in unserer Modelldiode) immer Halbleiter mit direkter Bandlücke eingesetzt. In einem direkten Halbleiter ist die Lichteindringtiefe bereits für Wellenlängen knapp unterhalb seiner Grenzwellenlänge λ_g sehr klein (siehe Abb.6-3). Es genügen deshalb Schichtdicken von wenigen µm für nahezu vollständige Strahlungsaborption. Daraus erwachsen gleich zwei weitere Vorteile: zum einen bleibt die Driftzeit t_{drift} der

Träger nach [14.1] durch das Driftgebiet kurz, und entsprechend hoch wird die damit verknüpfte Grenzfrequenz nach [14.3]. Zum anderen sorgt die starke Absorption für einen hohen externen Wirkungsgrad auch ohne den Beitrag von Diffusionsphotoströmen; η_{ext} kann Werte von über 80% erreichen.

Heterostruktur-pin-Dioden zeichnen sich somit aus durch eine hohe Empfindlichkeit bei potentiell extrem großer Demodulationsbandbreite. Um die Geschwindigkeitsvorteile durch den Wegfall des Diffusionphotostroms und der kurzen Laufzeit durch die dünne n^--Zone nutzen zu können, darf allerdings die Sperrschichtkapazität C_j nicht zu groß werden. Eine geeignete kapazitätsarme Bauform (Mesa-Aufbau) wird im folgenden Abschn. 14.5 vorgestellt.

In Heterostruktur-pin-Dioden wirkt die einstrahlseitige N^+-Schicht als hocheffektives spektrales Kantenfilter. Wird die Lichtwellenlänge kleiner als λ_G, dann werden Licht bereits in der N^+-Schicht absorbiert und <u>dort</u> Trägerpaare erzeugt. Grundsätzlich muß jetzt mit Diffusionsphotostrom aus dem N^+-Bereich gerechnet werden. Ist die N^+-Schicht aber hinreichend dick, dann schaffen es die in der N^+-Zone photogenerierten Löcher nicht, zum RLZ-Rand an der n^-N^+-Grenze zu diffundieren. Insbesondere ist dies der Fall, wenn auch der N^+-Halbleiter ein direkter Halbleiter mit entsprechend geringer Lichteindringtiefe ist. Bei typischen N^+-Schichtdicken von einigen zehn μm können weder Driftstöme durch Absorption im n^--Gebiet noch Diffusionsströme aus dem N^+-Gebiet auftreten: der Wirkungsgrad geht bei $\lambda \approx \lambda_G$ abrupt auf Null zurück. Man spricht in diesem Zusammenhang von der *Fensterwirkung* der vorgesetzten Schicht mit großer Bandlücke, denn die Diode wandelt nur Licht aus einem Ausschnitt zwischen λ_G und λ_g des optischen Spektrums in Strom um. Die spektrale Empfindlichkeit $\Re_i(\lambda)$ einer derartigen Diode hat als Funktion der Wellenlänge eine in Abb. 14-5 rechts gezeigte charakteristische trapezähnliche Form. Genau diesen Verlauf zeigt die in Abb. 13-10 dargestellte gemessene Empfindlichkeit einer pin-Diode aus $In_{0,53}Ga_{0,47}As$. Demzufolge muß es sich bei dieser Diode um eine InP/InGaAs-Diode gehandelt haben, die durch die InP-Schicht hindurch bestrahlt wurde.

14.5 Bauformen

Abb. 14-6 zeigt die beiden wichtigsten Bauformen für pin-Dioden. Links ist eine Diode mit *Planaraufbau*, rechts mit *Mesa-Aufbau* abgebildet. Die planare Bauweise ist die Standardbauweise für Dioden aus Silizium und Germanium mit Dotierfolgen $p^+n^-n^+$ und $p^+p^-n^+$ sowie natürlich p^+n- und n^+p. Die Dicke der i-Zone variiert in Silizium-Planardioden zwischen einigen μm für UV-empfindliche Dioden bis hin zu einigen mm für die Detektion von Strahlung in der Nähe der Grenzwellenlänge. Die Lichteintrittsflächen (bzw. Querschnittsflächen des pn-Übergangs) reichen bis zu einigen cm². Großflächige Dioden haben eine entsprechend große Sperrschichtkapazität und damit nur eine geringe Demodulationsbandbreite; sie werden vor allem als Monitordioden eingesetzt.

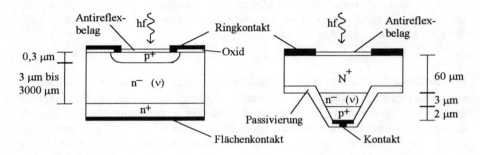

Abb.14-6: Bauformen von Photodioden.
          Links Planarform, z.B Si-Homodiode
          rechts Mesaform, z.B. InGaAs/InP-Heterodiode; p^+n^--Übergang in $In_{0,53}Ga_{0,47}As$
                    N^+-Schicht aus InP

Im vorangegangenen Abschnitt wurde gezeigt, daß in Heterostrukturphotodioden aus Halbleitern mit direkter Bandlücke extrem hohe Demodulationsbandbreiten möglich sind, da die Driftzeiten durch die RLZ sehr kurz sind und Diffusionseffekte nicht berücksichtigt werden müssen. Die größtmögliche Bandbreite wird erreicht, wenn nur noch die Driftzeit das Gesamtverhalten bestimmt. Nach [14.6] muß dazu $\omega_{RC,3dB} \gg \omega_{drift,3dB}$ gemacht werden (da keine Diffusionsphotoströme auftreten, entfällt in [14.6] der Beitrag $\omega_{diff,3dB}$). Die Mesa-Bauweise zielt darauf ab, die wirksame Fläche des pn-Übergangs zu reduzieren und so die Sperrschichtkapazität soweit zu verringern, daß obige Forderung erfüllt ist. Herstellungstechnisch werden dazu nach dem Aufbringen der einzelnen Halbleiterschichten die nicht benötigten Seitenbereiche durch naßchemisches Ätzen entfernt und die freigeätzten Stellen mit Polyimid oder Siliziumnitrid passiviert. Im Materialsystem InP/InGaAs sind Mesa-Photodioden mit Durchmesser der wirksamen pn-Übergangsfläche bis herab zu 50μm erhältlich, ihre Sperrschichtkapazität beträgt nur noch 0,1pF. Bei derart geringen Kapazitäten sind die Streukapazitäten des Gehäuses und der Anschlußdrähte nicht mehr vernachlässigbar.

15. Lawinen-Photodiode (Avalanche–Photodiode, APD)

Lawinenphotodioden (Avalanche-Photodioden, APD's) sind Strahlungsempfänger, in denen nach der Umwandlung Licht → Photostrom der Photostrom bereits innerhalb der Diode selbst verstärkt wird. Die Verstärkung beruht auf einer Trägervervielfachung durch wiederholte Stoßionisation in Gebieten hoher elektrischer Feldstärke ($E > 10^5$ V/cm) im Diodeninnern. Wir diskutieren zunächst die Physik der Stoßionisation und den damit verbundenen Lawineneffekt.

15.1 Stoßionisation und Lawineneffekt

Wir legen an einen Halbleiterkristall von außen eine Spannung an und bauen im Halbleiter ein elektrisches Feld der Stärke E auf. Im Feld werden die beweglichen Leitungsbandelektronen und Valenzbandlöcher beschleunigt, sie gewinnen kinetische Energie. Bei hinreichend hoher Feldstärke nimmt ein beschleunigter Träger soviel Energie aus dem Feld auf, daß er bei einem Zusammenstoß mit einem unbeweglichen Valenzbandelektron (!) diesem Elektron einen Großteil seiner Energie überträgt und es ins Leitungsband hebt. Dadurch entsteht ein jetzt frei bewegliches Elektron-Loch-Paar. Dieser Vorgang wird als *Stoßionisation* bezeichnet, er ist die Umkehrung der in Abschn.5.3 erwähnten Auger-Rekombination.

Abb.15-1 zeigt einen durch ein Leitungsbandelektron ausgelösten Ionisationsvorgang im Bandstrukturschema eines direkten Halbleiters. Das bewegliche Leitungsbandelektron bei der Energie W_1 stößt mit einem unbeweglichen Valenzbandelektron bei der Energie W_2 zusammen (Teilbild a). Das Valenzbandelektron wird ins Leitungsband auf den Energieplatz $W_3 = W_2 + \Delta W$ angehoben und ist dort frei beweglich, im Valenzband bleibt ein bewegliches Loch an der Energieposition W_2 zurück. Nach dem Stoß besitzt das auslösende Elektron nur noch die Energie $W_1 - \Delta W$; die genaue Rechnung ergibt, daß auch $W_1 - \Delta W = W_3$ ist (Teilbild b). Neben der Energieerhaltung müssen beim Übergang die k-Auswahlregeln erfüllt werden. Sie fordern, daß die Vektorsumme aller k-Werte der beteiligten Teilchen sich beim Übergang nicht ändert (Impulserhaltung des Kristallimpulses). Teilbild c verdeutlicht sowohl die Energieerhaltung ΔW wie die k-Erhaltung. Ein entsprechender Prozeß ist natürlich auch in indirekten Halbleitern möglich.

Eine Stoßionisation kann ebenfalls von einem Loch ausgelöst werden: ein beschleunigtes Valenzbandloch stößt mit einem unbeweglichen Valenzbandelektron zusammen und hebt das Elektron ins Leitungsband; dort ist es frei. Im Valenzband bleiben das auslösende Loch und ein neues bewegliches Loch zurück.

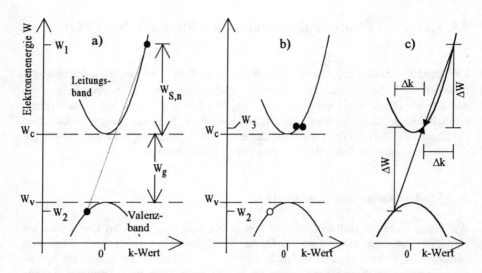

Abb.15-1: Stoßionisation im W(k)-Diagramm eines direkten Halbleiters, ausgelöst durch ein
          Leitungsbandelektron. Dargestellt sind die Verhältnisse vor (a) und nach (b) dem Stoß.
          In (c) sind die die Übergänge andeutenden Pfeile gleichlang (Energieerhaltung) und
          antiparallel (k-Erhaltung)

In allen Fällen ist das Ergebnis:
    Durch den Stoßionisationsvorgang entsteht ein zusätzliches, frei bewegliches
    Elektron im Leitungsband sowie ein zusätzliches, frei bewegliches Loch im
    Valenzband.

Die Stoßionisation wird erst dann effektiv, wenn der auslösende Ladungsträger
eine Mindestenergie W_S besitzt. W_S ist stets größer als die Bandlücke; der Grund
hierfür ist der Zwang zur Energieerhaltung **und** zur k-Erhaltung. In ein- und demselben Halbleiter sind die Schwellenenergien für stoßende Elektronen ($W_{S,n}$) oder
Löcher ($W_{S,p}$) verschieden und hängen von der genauen Bandstruktur ab. Für
direkte Halbleiter mit parabolischen Bändern und bei einem Leitungsbandelektron
als auslösendem Teilchen erhält man

$$W_{S,n} = W_g \cdot \frac{2 + m_p/m_n}{1 + m_p/m_n}$$ [15.1]

m_n und m_p sind die effektiven Massen der Ladungsträger in ihren Bändern. $W_{S,n}$ variiert je nach Massenverhältnis zwischen W_g (bei $m_p/m_n \to \infty$) und $2 \cdot W_g$ (bei $m_p/m_n \to 0$). Für GaAs mit $m_p/m_n \approx 7$ ist $W_{S,n} \approx 1{,}12 \cdot W_g$.

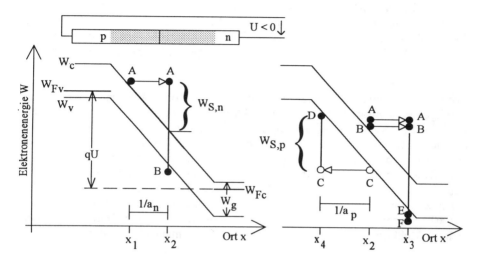

Abb.15-2: Veranschaulichung der Ladungsträgervervielfachung durch wiederholte Stoßionisation im Energieband-Ortsdiagramm

Ein Halbleitergebiet mit hoher Feldstärke entsteht, wenn man einen pn-Übergang negativ vorspannt. Gemäß [4.26] nimmt die Feldstärke in der RLZ mit der angelegten Sperrspannung $U < 0$ zu und erreicht schließlich Werte, die zur Stoßionisation ausreichen. Abb.15-2 veranschaulicht, wie durch wiederholte Stoßionisation die Trägerzahl lawinenartig anwächst. Als auslösendes Teilchen wurde ein Leitungsbandelektron A gewählt, das sich ursprünglich am Ort x_1 befindet. Es wird im Feld der RLZ in Richtung des n-Gebietes beschleunigt und nimmt dabei kinetische Energie auf. Im Banddiagramm stellt sich der Energiegewinn dar als ein Hochsteigen innerhalb des Bandes: je weiter das Elektron in Richtung auf das n-Gebiet fortschreitet, desto mehr entfernt es sich von der Leitungsbandunterkante. Schließlich erreicht das Elektron nach der Laufstrecke $1/a_n$ am Ort x_2 die Energieschwelle $W_{S,n}$, d.h. seine Gesamtenergie W liegt um $W_{S,n}$ oberhalb der Leitungsbandunterkante. Es stößt mit dem Valenzbandelektron B zusammen und erzeugt ein Elektron-Loch-Paar. Nach der Stoßionisation finden wir an der Stelle x_2 im Leitungsband zwei Elektronen A und B und im Valenzband ein Loch C. Alle drei

Ladungsträger befinden sich immer noch im Feldgebiet und werden wieder beschleunigt: die Elektronen auf das n-Gebiet zu, das Loch in Richtung p-Gebiet. Wiederum nach der Laufstrecke $1/a_n$ hat **jedes** der beiden Elektronen am Ort x_3 wieder genügend Energie aus dem Feld aufgenommen, um die Valenzbandelektronen E und F ins Leitungsband zu heben. Ebenso kann das Loch C nach der Laufstrecke $1/a_p$ am Ort x_4 die Energie $W_{S,p}$ gewinnen und seinerseits einen Ionisationsvorgang durchführen. Dadurch wird das Elektron D aus dem Valenz- ins Leitungsband gestoßen. Das auslösende Elektron A setzt so eine Kettenreaktion in Gang, bei der die Anzahl der Trägerpaare im Feldgebiet lawinenartig ansteigt.

Die mittlere Laufstrecke, die ein Elektron bzw. ein Loch zwischen zwei aufeinanderfolgenden Ionisationsprozessen zurücklegt, wurde oben mit $1/a_n$ bzw. $1/a_p$ bezeichnet. Ihre Kehrwerte a_n bzw. a_p geben die mittlere Anzahl von Stoßprozessen an, die ein Elektron bzw. Loch je Wegstreckeneinheit ausführt. a_n und a_p werden *Ionisierungskoeffizienten* genannt, sie sind Materialparameter, die stark von der Feldstärke E abhängen. In Abb.15-3 sind die Ionisierungskoeffizienten wichtiger optoelektronischer Halbleiter über der reziproken Feldstärke $1/E$ aufgetragen. In der gewählten Auftragung (die Ordinatenachse ist logarithmisch geteilt) erscheint $a = a(E)$ über weite Strecken als Gerade mit negativer Steigung. Daraus folgt, daß sich die Meßkurven zumindest streckenweise approximieren lassen durch

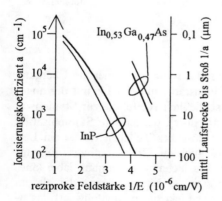 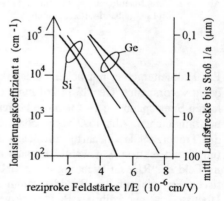

Abb.15-3: Ionisationskoeffizienten wichtiger optoelektronischer Halbleiter als Funktion der reziproken elektrischen Feldstärke. Durchgezogene Linie: Elektronen-Ionisationskoeffizient α_n; gestrichelt: Löcher-Ionisationskoeffizient α_p. In beiden Diagrammen gibt die 2.Ordinate die mittlere Driftstrecke $1/\alpha$ an, die ein Ladungsträger zwischen zwei ionisierenden Stößen zurücklegt.

$$a_n = A_n \exp\left(-\frac{E_n}{E}\right) \qquad \text{bzw.} \qquad a_p = A_p \exp\left(-\frac{E_p}{E}\right) \qquad \text{[15.2a und b]}$$

$A_{n,p}$ und $E_{n,p}$ sind empirisch zu findende Anpaßparameter. In Tabelle 5 sind diese Parameter für einige optoelektronische Halbleiter zusammengestellt. Die Parametersätze sind nicht eindeutig; auch andere Parametersätze sind in Gebrauch.

Tabelle 5: Anpaßparameter für die Ionisierungskoeffizienten nach [15.2]

	A_n (1/cm)	A_p (1/cm)	E_n (V/cm)	E_p (V/cm)
Si	$3,8 \cdot 10^6$	$2,2 \cdot 10^7$	$1,75 \cdot 10^6$	$3,26 \cdot 10^6$
Ge	$1,55 \cdot 10^7$	$1,0 \cdot 10^7$	$1,56 \cdot 10^6$	$1,28 \cdot 10^6$
InP	$5,5 \cdot 10^6$	$2,0 \cdot 10^6$	$3,1 \cdot 10^6$	$2,3 \cdot 10^6$
$In_{0,53}Ga_{0,47}As$	$2,3 \cdot 10^6$	$4 \cdot 10^6$	$1,1 \cdot 10^6$	$1,5 \cdot 10^6$

Wir haben bei der vorangegangenen Diskussion stillschweigend vorausgesetzt, daß die elektrische Feldstärke im gesamten RLZ-Gebiet ausreicht, um Stoßionisation zu bewirken. Nach [15.2] hängen die Ionisationskoeffizienten exponentiell von der Feldstärke ab. Wegen des örtlichen Verlaufes der Feldstärke innerhalb der RLZ (siehe hierzu z.B. Abb.4-1d oder Abb.13-2) ist es plausibel, daß bei vorgegebener Sperrspannung U < 0 im allgemeinen nur in einem Teilbereich der RLZ die Feldstärke hoch genug sein wird, um Trägermultiplikation zu bewirken. Wir bezeichnen dieses Gebiet im folgenden als *Hochfeldzone* (HFZ) oder *Multiplikationszone*.

Nach dem oben Gesagten wird eine Stoßionisation möglich, wenn ein Ladungsträger hinreichend viel kinetische Energie aus dem elektrischen Feld aufgenommen hat. Die kinetische Energie wird festgelegt von der Geschwindigkeit. Hier muß unterschieden werden zwischen der tatsächlichen Geschwindigkeit eines Trägers und seiner Driftgeschwindigkeit v_{drift}. Der Ladungsträger wird im Feld beschleunigt und gewinnt Energie, gibt aber bei Stößen mit dem Gitter und anderen Trägern auch wieder Energie ab; insbesondere ändert er bei Stößen mit Trägern gleicher Masse seine Flugrichtung. Innerhalb einer endlichen Zeitspanne schreitet deshalb ein Ladungsträger in bzw. entgegen der Feldrichtung nur vergleichsweise wenig weit voran, seine resultierende Geschwindigkeit als Bilanz aus Zeit und zurückgelegtem Weg in bzw. entgegen der Feldrichtung ist gering. Eben diese Geschwindigkeit ist die Driftgeschwindigkeit. Tatsächlich kann ein Teilchen aber zwischen zwei Stößen Geschwindigkeiten erreichen, die erheblich höher sind als v_{drift}. Für die Folgen eines Zusammenstoßes, z.B. für die Frage, ob der Stoß zu einer Ionisation führt, ist diese tatsächliche Geschwindigkeit und nicht v_{drift} maßgebend.

Man kann diesen Schluß auch aus Abb.13-3 ziehen. Dort wurde gezeigt, daß v_{drift} oberhalb einer Grenzfeldstärke einen konstanten Sättigungswert v_{sat} einnimmt. Spricht man z.B. einem Leitungsbandelektron der Masse m_n, das sich mit der Driftgeschwindigkeit v bewegt, eine kinetische Energie $\frac{1}{2} \cdot m_n \cdot v^2$ zu, dann haben selbst die Elektronen, die sich mit maximal möglicher Driftgeschwindigkeit v_{sat} bewegen, lediglich Energien im Bereich einiger meV. Die Schwellenenergie W_S für die Stoßionisation liegt dagegen im eV-Bereich. Auch hieran erkennt man wieder, daß nicht v_{drift} die für die Stoßionisation entscheidende Geschwindigkeit ist.

Erhöht man die Feldstärke über den zum Erreichen der Sättigungsgeschwindigkeit nötigen Wert hinaus, wird v_{drift} nicht mehr größer, wohl aber steigt die mit der tatsächlichen Geschwindigkeit verbundene kinetische Energie. Schließlich wird bei hinreichend hohen Feldstärken der Schwellenwert $W_{S,n}$ erreicht, Stoßionisation setzt ein. Im Mittel haben die Elektronen dann die Strecke $1/a_n$ gegen die Feldrichtung zurückgelegt. Steigt die Feldstärke noch weiter an, so werden die Träger noch stärker beschleunigt, erreichen die Schwelle $W_{S,n}$ entsprechend früher: $1/a_n$ wird kleiner bzw. a_n wird größer, wie es auch in Abb.15-3 zu erkennen ist.

15.2 Wirkungsweise von Lawinen-Photodioden; Ersatzschaltbild

Bei einer Lawinen-Photodiode wird der die Kettenreaktion auslösende Ladungsträger durch Absorption eines Photons bereitgestellt. Am Ort der Absorption entsteht ein Elektron-Loch-Paar. Wird das Photon innerhalb der Hochfeldzone absorbiert, dann driften beide Ladungsträger im Hochfeld wie in jedem anderen Feld auch in entgegengesetzte Richtungen: Elektronen zur n-Seite, Löcher zur p-Seite des Übergangs. Während ihrer Drift durch die HFZ können sie durch Stoßionisation weitere Träger generieren, die Zahl der Trägerpaare nimmt – bei zeitkonstanter Beleuchtung – durch den Lawineneffekt um einen Faktor M zu. Jede Driftbewegung im Feldgebiet influenziert einen Strom im Außenkreis, er ist durch die um den Faktor M vergrößerte Paaranzahl ebenfalls um den Faktor M angewachsen. In ihrem normalen Betriebszustand liefert die APD somit bei Bestrahlung mit der zeitkonstanten optischen Leistung P_{opt} einen Strom I_{ph}, für den gilt

$$I_{ph} = M \cdot I_{ph,prim} \qquad \text{mit} \qquad I_{ph,prim} = \Re_{i,prim} \cdot P_{opt} \qquad [15.3]$$

$I_{ph,prim}$ ist der "primäre" Photostrom, der ohne zusätzliche Verstärkung generiert wird. Er ist nach [13.11] proportional zur eingestrahlen optischen Leistung P_{opt} mit einem durch [13.30] festgelegten Proportionalitätsfaktor $\Re_{i,prim}$. Daraus ergibt sich für die APD eine verstärkungsabhängige spektrale Empfindlichkeit $\Re_i(M)$

$$\Re_i(M) = M \cdot \Re_{i,prim} \qquad [15.4]$$

Aus $\Re_i(M)$ kann mit [13.18] der jetzt ebenfalls von M abhängige externe Wirkungsgrad η_{ext} der APD bestimmt werden zu

$$\eta_{ext}(M) = \frac{hf}{q}\,\Re_i(M) = \frac{hf}{q}\,M\,\Re_{i,prim} \qquad [15.5]$$

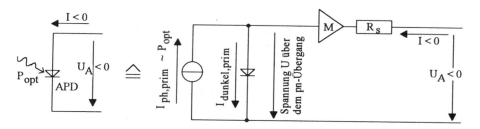

Abb.15-4: Vereinfachtes statisches Ersatzschaltbild einer APD

Abb.15-4 zeigt ein vereinfachtes statisches Ersatzschaltbild einer APD. Das Diodensymbol kennzeichnet die ideale Shockleydiode, sie liefert bei Sperrpolung einen primären Dunkelstrom $I_{dunkel,\,prim}$ (siehe Abschn.13.2). Die Stromquelle generiert den primären Photostrom $I_{ph,prim}$. Auch Dunkelstrom-Ladungsträger, die in die Hochfeldzone injiziert werden, lösen eine Trägerlawine aus. In einer APD werden folglich sowohl $I_{ph,prim}$ als auch $I_{dunkel,\,prim}$ verstärkt, im Ersatzschaltbild ausgedrückt durch den inneren Verstärker M. Bei genauerer Betrachtung findet man, daß in einer realen APD primärer Photostrom und Dunkelstrom unterschiedlich hoch verstärkt werden. Diese Feinheit ist in Abb.15-4 nicht enthalten.

15.3 Berechnung der Stromverstärkung M; elektrischer Durchbruch

Die Stromverstärkung M läßt sich nur sehr schwierig berechnen. Eine Vereinfachung ist möglich unter den folgenden Annahmen:

- Die Hochfeldzone ist ein räumlich scharf begrenztes Gebiet der Weite d_{HFZ}
- Die Lichtabsorption und damit die Primärpaarbildung erfolgt **außerhalb** der HFZ. Als Folge wird nur eine der beiden Trägersorten in die Hochfeldzone hineingezogen, die jeweils andere Sorte läuft in Gegenrichtung und driftet von der HFZ weg.Dadurch wird erzwungen:
- Die Multiplikation startet am Rand der Hochfeldzone und kann nur durch diejenige Trägersorte ausgelöst werden, die in die HFZ hineingezogen wird (unipolare Einleitung)
- In der Multiplikationszone bewegen sich die Ladungsträger mit <u>konstanten</u> Geschwindigkeiten.
- Die thermische Generation und damit der Dunkelstrom wird vernachlässigt
- In der Hochfeldzone geht kein Ladungsträger durch Rekombination verloren

Auch unter den vereinfachenden Annahmen sind die Herleitungen mühsam und sollen hier nicht durchgeführt werden. Wir müssen jetzt in der Schreibweise die erzielten Verstärkungen danach unterscheiden, ob die Multiplikation von einem Elektron oder einem Loch **eingeleitet** wurde. Wir bezeichnen die Verstärkung mit

M_n , wenn die Lawine von (Leitungsband-)**Elektronen ausgelöst** wurde
M_p , wenn die Lawine von (Valenzband-)**Löchern ausgelöst** wurde

Es darf aber nicht vergessen werden,daß nach der unipolaren Einleitung <u>beide</u> Trägersorten die Multiplikation fortführen können.

Für M_n erhält man

$$\frac{1}{M_n} = 1 - \int_0^{d_{HFZ}} \left\{ a_n \exp\left[-\int_0^x \left(a_n - a_p\right) dx' \right] dx \right\} \qquad [15.6a]$$

M_p ergibt sich als Gl.[15.6b] aus Gl.[15.6a] durch Vertauschen von a_n und a_p.

Nach Abb.15-3 und [15.2] variieren a_n und a_p erheblich mit der elektrischen Feldstärke, die ihrerseits wieder lokal unterschiedlich ist. Damit sind a_n und a_p stark ortsabhängig: $a_n = a_n(x)$, $a_p = a_p(x)$. Um die Gleichungen [15.6] weiter auswerten zu können, verlangen wir zusätzlich:

- Innerhalb der Hochfeldzone soll die elektrische Feldstärke räumlich konstant sein. In der Praxis ist dieses Ideal kaum zu erreichen.

Durch diese Forderung werden a_n und a_p ortsunabhängig. Jetzt lassen sich die Integrale in Gl.15.6] geschlossen lösen mit dem Ergebnis

$$M_n = \frac{a_n - a_p}{a_n \cdot \exp\left[\left(a_p - a_n\right)d_{HFZ}\right] - a_p} = \frac{\kappa_n - 1}{\kappa_n \exp\left[\dfrac{1 - \kappa_n}{\kappa_n} a_n d_{HFZ}\right] - 1} \qquad [15.7a]$$

$$M_p = \frac{a_p - a_n}{a_p \cdot \exp\left[\left(a_n - a_p\right)d_{MZ}\right] - a_n} = \frac{\kappa_p - 1}{\kappa_p \exp\left[\dfrac{1 - \kappa_p}{\kappa_p} a_p d_{HFZ}\right] - 1} \qquad [15.7b]$$

Darin sind $\qquad \kappa_n = a_n/a_p \quad$ und $\qquad \kappa_p := a_p/a_n \qquad\qquad$ [15.8]

die *Ionisationsverhältnisse*. κ_n und κ_p sind feldstärkeabhängig (die Kurven für a_n und a_p in Abb.15-3 laufen nicht parallel). Mit den Zahlenwerten aus Tabelle 5 variiert κ_n z.B. für Silizium zwischen $\kappa_n = 330$ bei $E = 2 \cdot 10^5$ V/cm und $\kappa_n = 7{,}5$ bei $E = 4 \cdot 10^5$ V/cm. Die Feldstärkeabhängigkeit von κ_n für Si und $In_{0,53}Ga_{0,47}As$ sowie die Feldstärkeabhängigkeit von κ_p für Ge und InP sind jeweils unter dem Namen "kritische Verstärkung" als Abb.15-8 weiter hinten aufgetragen.

Aus den Gleichungen [15.7] folgt, daß M auch unendlich groß werden kann. Das ist bei $a_n \neq a_p \neq 0$ der Fall, wenn die Nenner verschwinden:

$$M_n \to \infty \qquad \Leftrightarrow \qquad a_p = a_n \cdot \exp\left[\left(a_p - a_n\right)d_{HFZ}\right] \qquad [15.9a]$$

Die entsprechende Beziehung für M_p erhält man durch Vertauschen von a_p und a_n.

a_n und a_p sind Funktionen der Feldstärke E und damit Funktionen der die Feldstärke erzeugenden Sperrspannung U. Deshalb gibt es im allgemeinen immer eine Grenzspannung $U = U_{Br}$, bei der $M \to \infty$ strebt. Dann steigt auch der Strom durch die APD über alle Grenzen, man spricht von einem *elektrischen Durchbruch* der Diode. U_{Br} heißt *Durchbruchsspannung* der APD.

Die Gleichungen [15.8] lassen die Möglichkeit offen, daß nach dem Start der Multiplikation durch eine der beiden Trägersorten der Ausbau der Lawine durch beide Trägertypen weitergeführt wird. Das muß nicht unbedingt so sein: wir betrachten den Fall, daß die Hochfeldzone gerade so ausgedehnt ist, daß $1/a_p \gg d_{HFZ} \gg 1/a_n$. Dies bedeutet: die mittlere Laufstrecke $1/a_p$ ist zu groß, als daß die Löcher innerhalb der Strecke d_{HFZ} Ionisation durchführen können, wohingegen dieses den Elektronen möglich ist. Die Ionisation kann jetzt grundsätzlich nur noch von Elektronen eingeleitet werden, $M = M_n$, **und zusätzlich** kann keines der unterwegs während des Lawinenaufbaus erzeugten Löcher seinerseits multiplizierend wirken. In Abb.15-2 bleiben die Prozesse A $\leftrightarrow$ B und AB $\leftrightarrow$ EF möglich, nicht aber der Prozeß C $\leftrightarrow$ D. Im Grenzfall $1/a_p \to \infty$ bzw. $a_p = 0$ reduziert sich [15.9a] auf

$$a_p = 0 \qquad \Rightarrow \qquad M_n = \exp[a_n \cdot d_{HFZ}] \qquad\qquad [15.10a]$$

Wenn umgekehrt $1/a_n \gg d_{HFZ} \gg 1/a_p$ dann wird die Ionisation ausschließlich von Löchern eingeleitet **und** fortgeführt. In diesem Sonderfall ist $M_p = \exp[a_p \cdot d_{HFZ}]$.

Unter den genannten Voraussetzungen hängen nach [15.10] die Multiplikationsfaktoren bzw. die Stromstärken zwar exponentiell von dem Produkt $a \cdot d_{HFZ}$ ab, aber sie bleiben grundsätzlich endlich: es kommt nicht zum Durchbruch.

15.4 Grundkonzept zur Auslegung von Lawinenphotodioden

Aus den Gleichungen [15.7] lassen sich einige Designvorschriften zur Auslegung von APD's herleiten. Wir benutzen [15.7a] mit der Beschreibung von M_n durch a_n und κ_n. In diese Gleichung setzen wir die Feldstärkeabhängigkeit von $a_n(E)$ aus [15.2a] ein und tragen in Abb.15-5 M_n graphisch auf als Funktion der Feldstärke E bei festgehaltenem Wert für κ_n. Die berechneten Kurven berücksichtigen somit nicht, daß in den APD-tauglichen Halbleitermaterialien auch κ_n selbst von E abhängt. Dennoch lassen sich grundlegende Aussagen ableiten:

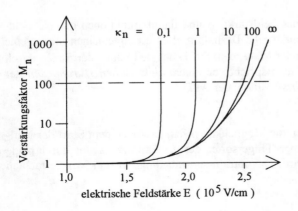

Abb.15-5:
Stromverstärkung M_n als Funktion der Feldstärke E für verschiedene, aber feste Werte des Ionisationsverhältnisses κ_n. Für $a_n(E)$ wurde die Feldstärkeabhängigkeit von Silizium gewählt

Wir erkennen, daß M_n mit wachsender Feldstärke plötzlich rapide ansteigt, die Diode nähert sich dem Durchbruch. In einem Betriebszustand in der Nähe des Durchbruchs ist die APD schwer zu kontrollieren; bereits geringfügige Schwankungen des Feldes, verursacht z.b. durch Schwankungen der Sperrspannung oder der Temperatur, verursachen große Änderungen in M_n und damit im Diodenstrom. Betriebstechnisch soll die Diode deshalb zwar eine große Verstärkung zeigen, z.B. den Wert $M_n = 100$, aber gleichzeitig soll dieser Verstärkungswert möglichst unempfindlich gegen Feldstärkeschwankungen sein. Mathematisch ausgedrückt soll also $\left[\partial M_n / \partial E\right]\big|_{M_n=100}$ möglichst klein sein. Übertragen in die graphische Darstellung der Abb.15-5 bedeutet dies, daß die Steigung einer $M_n(E)$-Kurve an der Stelle $M_n = 100$ so gering wie möglich sein sollte. Aus Abb.15-5 kann man ablesen, daß diese Forderung um so besser erfüllt ist, je größer κ_n ist. Den günstigsten Verlauf zeigt die $M_n(E)$-Kurve zum Parameterwert $\kappa_n = \infty$; wir wissen bereits aus [15.10a], daß es dann grundsätzlich nicht zum Durchbruch kommen kann.

Ergebnis:

Wenn in einer APD Elektronen die Multiplikation starten ($M = M_n$), dann ist die Durchbruchsgefahr um so geringer, je größer $\kappa_n = a_n/a_p$ ist. Der Umkehrschluß hierzu ist: in einem Halbleiter, in dem $a_n > a_p$ ist, sollte die APD so gebaut werden, daß Elektronen den Multiplikationsprozeß starten. Je unterschiedlicher a_n und a_p sind, d.h. je größer dann κ_n ist, desto geringer ist die Durchbruchsgefahr.

Abb.15-5 kann auch interpretiert werden als eine Auftragung von M_p (Ionisationsstart mit Löchern), wenn man die angegebenen Parameterwerte als Werte für κ_p auffaßt. Mit derselben Argumentation wie oben finden wir: in einem Halbleiter, in dem $a_p > a_n$ ist bzw. $\kappa_p > 1$ ist, sollte die APD so gebaut werden, daß Löcher den Multiplikationsprozeß starten. Je größer dann κ, desto geringer ist die Gefahr eines Durchbruchs.

Zusammengefaßt erhalten wir:

Ein Halbleitermaterial ist um so besser geeignet als Basismaterial füe eine APD, je größer der Unterschied zwischen den Ionisationskoeffizienten ist. Die APD sollte dabei so ausgelegt werden, daß die Multiplikation von der Trägersorte mit dem größeren Ionisationskoeffizienten eingeleitet wird.

Im nachfolgenden Abschn.15.6 wird gezeigt werden, daß diese Auslegung einer APD auch zu einer hohen Demodulationsbandbreite führt. κ_n bzw. κ_p legen außerdem das durch den Multiplikationsprozeß verursachte Zusatzrauschen der APD fest. Auch hier erweist es sich wieder als günstiger, die APD so aufzubauen, daß die stärker ionisierende Trägersorte die Lawinenentwicklung zündet. Die mit dem Lawinenaufbau verbundenen Rauschphänomene werden in Kap.15.4 ausführlich besprochen und deshalb in der nachfolgenden Diskussion ausgeklammert.

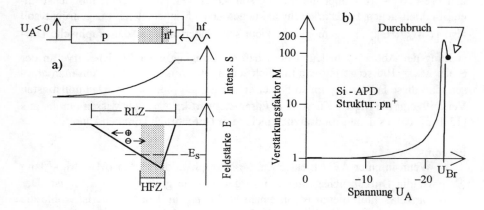

Abb.15-6: Links: pn$^+$-APD mit Löcherinjektion in die Hochfeldzone
Rechts: gemessene Stromverstärkung M einer pn$^+$-APD aus Silizium

Abb.15-6a illustriert schematisch den einfachst-möglichen Aufbau einer APD als pn$^+$-Diode. Durch die hohe n$^+$-Dotierung liegen die Raumladungszone bzw. das Feld überwiegend im p-Gebiet (der Deutlichkeit halber sind die Verhältnisse in Abb.15-6 nicht maßstabsgerecht dargestellt). Die Diode werde von der n$^+$-Seite her bestrahlt. Wenn die n$^+$-Schicht hinreichend dünn und die Eindringtiefe des Lichtes hinreichend groß ist, dann können wir die Absorption bzw. Trägererzeugung im n$^+$-Gebiet ignorieren und nur noch die Träger betrachten, die in der RLZ und innerhalb etwa einer Diffusionslänge im daran anschließenden p-seitigen Diffusionsgebiet erzeugt werden. Die dort erzeugten Elektronen driften zur n-Seite des Übergangs. In einem schmalen Teilbereich der RLZ überschreitet die Feldstärke den Schwellenwert E_s, der für eine effektive Stoßionisation benötigt wird. Dieser Teilbereich bildet die Hochfeldzone HFZ, in sie treten am linken Rand Elektronen ein. Als Material für eine derartige Diode sollte nach obiger Auslegungsvorschrift ein Material mit $a_n > a_p$ bzw. $\kappa_n > 1$ gewählt werden.

Ein Material mit $a_n > a_p$ ist Silizium (siehe Abb.15-3). Eine APD aus Silizium sollte demnach ein Verstärkungsverhalten wie in Abb.15-5 zeigen. In Abb.15-6b ist die gemessene Verstärkung M einer Silizium-APD mit pn$^+$-Aufbau als Funktion der von außen an die Diode angelegten Spannung U_A aufgetragen. Man sieht, wie M mit wachsender Sperrspannung ansteigt. Durch die hohe n$^+$-Dotierung erreicht man gemäß [4.7] in Verbindung mit [4.26] eine hohe Feldstärkespitze, so daß bereits bei kleinem $|U_A|$ hohe Verstärkungen M erreicht werden.

Die Diode bricht durch, wenn die Spannung U über dem pn-Übergang selbst den Wert U_{Br} erreicht. Wegen des Spanungsabfalles $R_s \cdot I$ über dem Serienwiderstand R_s der Diode ist die Außenspannung U_A beim Durchbruch dem Betrage nach größer als U_{Br}, siehe hierzu das Ersatzschaltbild Abb.15-4. Für $|U_A| > |U_{Br}|$ nimmt M wieder ab. Dieses unerwartete Verhalten ist ebenfalls auf den Einfluß des Serienwiderstandes zurückzuführen und soll hier nicht diskutiert werden.

15.5 Zeitverhalten

Das Zeitverhalten des APD-Ausgangsstromes bei Modulation der optischen Leistung hängt von unterschiedlichen Parametern ab. Wie bei den nichtverstärkenden Dioden beeinflussen die Tägerdiffusion zum Rand der RLZ, die Driftlaufzeiten in der RLZ sowie RC-Zeitkonstanten den Amplitudengang H(ω). Neu zu berücksichtigen sind die Vorgänge beim Lawinenaufbau in der Hochfeldzone. Es zeigt sich, daß diese Aufbauvorgänge in realen APD's zumindest bei hohen Verstärkungen dominieren und das Gesamt-Zeitverhalten bestimmen.

Wir gehen wieder von einer pn$^+$-Diode mit einer Feldverteilung wie in Abb.15-6 aus. Die Hochfeldzone habe eine Weite d_{HFZ}; der Einfachheit halber nehmen wir $x = x_0$ als Ortskoordinate für den p-seitigen Rand der HFZ und $x = x_0 + d_{HFZ}$ für deren n-seitigen Randpunkt. Ein absorbiertes Photon erzeugt ein Trägerpaar im n-Gebiet außerhalb der HFZ. Das Elektron tritt zu einem Zeitpunkt t = 0 am p-seitigen Rand in die HFZ ein, das Loch driftet in die entgegengesetzte Richtung. In Abb.15-7 wird illustriert, daß sich über einen durch die Multiplikation stark verlängerten Zeitraum hinweg Ladungsträger in unterschiedlicher Anzahl in der HFZ befinden und bewegen. In der Abbildung dargestellt ist das Orts-Zeit-Verhalten (Fahrplan) der Träger im Multiplikationsgebiet.

In Abb.15-7a ist angenommen, daß ausschließlich Elektronen zur Stoßionisation fähig sind ($a_p = 0$ bzw. $\kappa_n = \infty$). Jeweils nach einer Laufstrecke $1/a_n$ haben die Elektronen die für eine Stoßionisation ausreichende Energie aufgenommen. In der HFZ driften alle Ladungsträger mit derselben Geschwindigkeit $v_{drift} = v_{sat}$, das den Prozeß einleitende Elektron benötigt somit zum Durchlaufen der Strecke d_{HFZ}

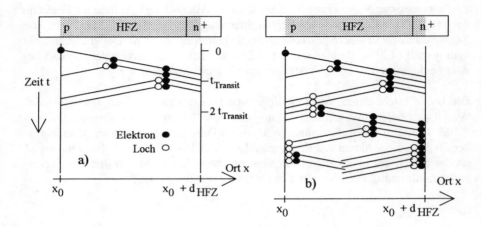

Abb.15-7: Zeitliche Entwicklung der Ionisationslawine. Die Ionisation wird primär durch ein
Elektron ausgelöst (M = M_n). Im linken Teilbild (a) können weitere Trägerpaare nur
durch Elektronen, im rechten Teilbild durch Elektronen und Löcher (b) erzeugt werden

die Transitzeit (Driftzeit durch die Hochfeldzone)

$$t_{Transit} = d_{HFZ}/v_{sat}$$ [15.11]

Zu demselben Zeitpunkt verläßt auch das letzte unterwegs erzeugte Elektron die
Multiplikationszone. Die erzeugten Löcher bewegen sich in Richtung p-Gebiet,
generieren aber nach Voraussetzung unterwegs keine neuen Träger. Das letzte,
unmittelbar am n-seitigen HFZ-Rand erzeugte Loch benötigt wiederum die Zeit
$t_{Transit}$, um zum p-seitigen HFZ-Rand zu gelangen. Damit bewegen sich über den
Zeitraum $2 \cdot t_{Transit}$ hinweg Ladungsträger in der Hochfeldzone, wobei die Anzahl
der Träger in der HFZ und damit der Influenzstrom im Außenkreis innerhalb dieses Zeitraumes sehr unterschiedlich ist. Er steigt zunächst quasi-exponentiell an
und ist zum Zeitpunkt $t_{Transit}$ am höchsten, wenn das letzte Elektron den n-seitigen
Rand der HFZ erreicht. Dann fällt er abrupt ab, weil nur noch Rest-Löcher sich in
der HFZ befinden und bewegen. Innerhalb des nächsten Zeitintervalls erreichen
diese Löcher der Reihe nach den p-seitigen HFZ-Rand, die Anzahl der Löcher und
damit die Stromstärke sinkt. Sie ist abgeklungen, wenn das letzte Loch zum
Zeitpunkt $2 \cdot t_{Transit}$ die HFZ verläßt.

Wesentlich ungünstigere Verhältnisse stellen sich ein, wenn beide Trägersorten zur
Stoßionisation gelangen. Abb.15-7b skizziert den Trägerfahrplan. Jetzt entstehen

auf dem Hinweg der Elektronen und auf dem Rückweg der Löcher immer wieder neue Ladungsträgerpaare, im ungünstigsten Fall schaltet sich die Lawine nicht mehr selbsttätig ab. Die Zeitspanne, über die hinweg sich jetzt Ladungsträger im HFZ-Gebiet aufhalten und bewegen, ist sehr schwierig anzugeben. Es ist aber plausibel, daß diese Zeit von der Stärke M der Multiplikation abhängt und mit wachsendem M zunimmt.

Zur genaueren Analyse nehmen wir an, daß am p-seitigen HFZ-Rand $x = x_0$ zum Zeitpunkt t ein Primärstrom $I_{ph,prim}(x = x_0; t)$ durch Lichteinstrahlung besteht, für den gilt: $I_{ph,prim}(x = x_0; t) = \Re_{i,prim} \cdot P_{opt}(t)$. Dieser Strom tritt als reiner Elektronenstrom (!) in die HFZ ein und wächst an, während er die HFZ durchläuft. Der im Außenkreis registrierte Photostrom $I_{ph}(t)$ mit $I_{ph}(t = 0) \equiv I_{ph,prim}(x = x_0; t = 0)$ entwickelt sich aus dem bei $x = x_0$ eintretenden Primärstrom, wobei das Zeitverhalten näherungsweise erfaßt werden kann durch die Differentialgleichung

$$\frac{\partial I_{ph}}{\partial t} + \frac{1}{M_n \tau_e} I_{ph}(t) = \frac{I_{ph,prim}(x = x_0; t)}{\tau_e}$$

$$= \frac{\Re_{i,prim}}{\tau_e} P_{opt}(t) \qquad [15.12]$$

τ_e ist eine Zeitkonstante mit dem Wert

$$\tau_e = \frac{1}{2 a_n v_{sat}} \qquad [15.13]$$

τ_e gibt die Zeit an, die im Mittel vergeht, bis ein Elektron durch Ionisation einen weiteren Träger erzeugt (wenn sich das Elektron mit der Geschwindigkeit v_{sat} bewegt, dann erzeugt er nach der Laufstrecke $1/a_n$ bzw. nach der Zeit $(1/a_n)/v_{sat}$ ein sekundäres Trägerpaar, also nach der Hälfte dieser Zeit statistisch einen weiteren Träger.) τ_e ist umgekehrt proportional zu a_n und damit letztlich über [15.7a] abhängig von der Multiplikation M_n und vom Ionisierungsverhältnis κ_n.

Wenn nicht Elektronen, sondern Löcher die Ionisation einleiten, dann muß M_n durch M_p und τ_e durch $\tau_p = 1/(2 a_p v_{sat})$ ersetzt werden.

Wir untersuchen jetzt das Zeitverhalten der APD bei harmonischer Modulation der optischen Leistung, also wenn $P_{opt}(t) = P'_{opt} + \hat{p}_{opt} \sin(\omega t)$ ist. Die Differentialgleichung [15.12] hat in diesem Fall die Lösung $I_{ph}(t) = I'_{ph} + \hat{i}_{ph} \sin(\omega t + \varphi)$. Die

Amplitude $\hat{i}_{ph}$ des Wechselanteils ist frequenzabhängig:

$$\hat{i}_{ph}(\omega) = M_n \cdot \mathfrak{R}_{i,prim} \cdot \hat{p}_{opt} \cdot H(\omega) = \hat{i}_{ph}(\omega = 0) \cdot H(\omega) \qquad [15.14]$$

mit
$$H(\omega) = \frac{1}{\sqrt{1 + (\omega \, t_L)^2}} \qquad [15.15]$$

und
$$t_L := M_n \cdot \tau_e = \frac{M_n}{2\,a_n\,v_{sat}} \qquad [15.16]$$

$H(\omega)$ ist der Amplitudengang der APD. Aus ihm erhalten wir die elektrische Bandbreite als diejenige Kreisfrequenz ω_{3dB}, bei der $H = 1/\sqrt{2}$ wird. Daraus folgt

$$\omega_{3dB} = 1/\, t_L \qquad [15.17]$$

Die Grenzfrequenz wird somit durch eine neue charakteristische Zeitkonstante, die *Lawinenansprechzeit* t_L festgelegt. t_L hängt nach [15.16] von M_n wie von a_n ab, die ihrerseits durch [15.7a] miteinander verbunden sind. Wir eliminieren a_n, indem wir [15.7a] nach a_n auflösen und das Ergebnis in [15.16] einsetzen. Das Ionisationsverhältnis κ_n wird dabei als konstant betrachtet und als Parameter beibehalten. Die Rechnung selbst ist sehr umständlich. Mit einigem Aufwand und unter der Voraussetzung $a_n > a_p$ bzw. $\kappa_n > 1$ lassen sich zwei Grenzfälle ableiten:

$$t_L \approx \begin{cases} t_{Transit} & \text{für} \quad M_n < \kappa_n \\[2mm] t_{Transit} \cdot \dfrac{M_n}{\kappa_n} & \text{für} \quad M_n > \kappa_n \end{cases} \qquad [15.18]$$

Wir definieren eine "kritische" Verstärkung $M_{n,krit}$ durch

$$M_{n,krit} := \kappa_n = a_n/a_p \qquad [15.19]$$

$M_{n,krit}$ kann mit Hilfe der in Tabelle 5 angegebenen Anpassungskoeffizienten berechnet werden. In Abb.15-8 ist die Feldstärkeabhängigkeit der kritischen Verstärkung APD-geeigneter Materialien graphisch dargestellt.

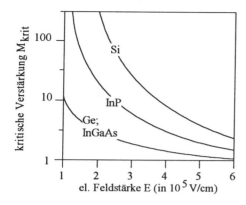

Abb.15-8:
Kritische Verstärkung M_{krit}
in einigen APD-geeigneten
Halbleitermaterialien

Mit Hilfe der kritischen Verstärkung können wir [15.18] umformulieren in:

$$t_L \approx \begin{cases} t_{Transit} & \text{für} \quad M_n < M_{n,krit} \\[2ex] t_{Transit} \cdot \dfrac{M_n}{M_{n,krit}} & \text{für} \quad M_n > M_{n,krit} \end{cases} \qquad [15.20]$$

Bei kleinen Verstärkungen unterhalb der durch das Ionisationsverhältnis festgelegten kritischen Verstärkung ist also t_L gleich der Transitzeit $t_{Transit} = d_{HFZ}/v_{sat}$ der
Träger durch die Hochfeldzone und damit nur durch deren Weite d_{HFZ} und die
Sättigungsgeschwindigkeit bestimmt. Bei hohen Verstärkungen dagegen verlängert
sich t_L um den Faktor M/M_{krit}.

Das mathematische Ergebnis der Gleichungen [15.20] ist physikalisch interpretierbar. Nach unserer Voraussetzung wird die Ionisation von Elektronen gestartet. Bei
kleinen Verstärkungen $M_n < M_{n,krit}$ werden nur wenige neue Elektron-Loch-Paare
durch Stoßionisation erzeugt. Deshalb ist Wahrscheinlichkeit gering, daß auch
eines der wenigen unterwegs generierten Löcher ebenfalls zur Stoßionisation
gelangt und ein neues Trägerpaar generiert. Dies entspricht einer Situation, wie sie
in Abb.15-7 links gezeichnet ist: für das Zeitverhalten bei Modulation ist nur die
durch $t_{Transit}$ beschriebene Laufzeit durch die Hochfeldzone maßgebend.

Bei hohen Verstärkungen wächst aber die Anzahl der Träger so stark an, daß mit
hinreichender Wahrscheinlichkeit auch einige Löcher eine Stoßionisation bewirken

können (denn a_p ist ja nicht $\equiv 0$). In Abb.15-7 rechts wurde gezeigt, daß sich dadurch die Anwesenheitszeit von Trägern in der RLZ verlängert. Die verlängerte Aufenthaltszeit vergrößert t_L über $t_{Transit}$ hinaus und verringert damit letztlich die Grenzfrequenz.

Wir setzen die Resultate von [15.20] in [15.17] ein und erhalten

$$\omega_{3dB} \approx \begin{cases} \dfrac{1}{t_{Transit}} & \text{für} \quad M_n < M_{n,krit} \\[3mm] \dfrac{1}{t_{Transit}} \cdot \dfrac{M_n}{M_{n,krit}} & \text{für} \quad M_n > M_{n,krit} \end{cases} \qquad [15.21]$$

In Abb.15-9a sind die Ergebnisse schematisch dargestellt. Aufgetragen ist hier das Produkt $\omega_{3dB} \cdot t_{Transit}$ als Funktion der Verstärkung M_n. Nach [15.21] ist $\omega_{3dB} \cdot t_{Transit} = 1$ für $M_n < M_{n,krit}$ und $\omega_{3dB} \cdot t_{Transit} = M_{n,krit}/M_n$ für $M_n > M_{n,krit}$.

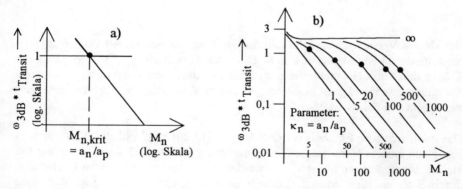

Abb.15-9: Zusammenhang zwischen Grenzfrequenz und Verstärkung einer APD
           a) schematisch   b) numerisch berechnet

Man erhält ein äquivalentes Ergebnis, wenn man in APD's mit $a_p > a_n$ bzw. $\kappa_p > 1$ die Multiplikation mit Löchern einleitet: $M \rightarrow M_p$. Als kritische Verstärkung ergibt sich dann $M_{p,krit} = \kappa_p = a_p/a_n$.

Wir fassen die Ergebnisse zusammen:

Bei kleinen Verstärkungen M erreicht die APD eine Grenzfrequenz ω_{3dB}, die ausschließlich durch die Transitzeit $t_{Transit} = d_{HFZ}/v_{sat}$ der Träger durch die HFZ bestimmt wird. ω_{3dB} ist um so höher, je kleiner $t_{Transit}$ ist, d.h. je kleiner die Weite der HFZ ist. Solange die Verstärkung unterhalb eines kritischen Wertes M_{krit} bleibt, ist ω_{3dB} unabhängig von der Verstärkung. M_{krit} liegt um so höher, je unterschiedlicher die Ionisationskoeffizienten sind. Überschreitet die Verstärkung den kritischen Wert, so nimmt ω_{3dB} ab, die höhere Verstärkung wird mit einer geringeren Bandbreite erkauft. In diesem Betriebszustand ist das Produkt aus Grenzfrequenz und Verstärkung eine Konstante:

$$M \cdot \omega_{3dB} = \frac{M_{krit}}{t_{Transit}} = \text{konstant} \qquad \text{für} \quad M > M_{krit} \qquad [15.22]$$

Man bezeichnet dieses Produkt $M \cdot \omega_{3dB}$ als *Verstärkungs-Bandbreite-Produkt*; es ist ein Qualitätsmerkmal einer APD und wird in den Datenblättern angegeben. Typische Produkte $M \cdot B = M \cdot \omega_{3dB}/2\pi$ und kritische Verstärkungen M_{krit} heutiger APD's sind (bei üblichen Betriebsbedingungen)

	Silizium	Germanium	InP/InGaAs
M·B (in GHz)	150...300	20...30	20...60
M_{krit}	20...200	1...2	2...10

Die Gleichung [15.12] und die daraus abgeleiteten Ergebnisse [15.21] sind nur Näherungen. Genauere Resultate aus numerischen Rechnungen sind in Abb.15-9b dargestellt. Aufgetragen ist wieder das Produkt $\omega_{3dB} \cdot t_{Transit}$ als Funktion der Verstärkung M_n. Parameter an die Kurven ist das Verhältnis $\kappa_n = a_n/a_p$. An den mit einem Punkt markierten Stellen wird $M_n = M_{n,krit}$ $(= a_n/a_p)$ für die jeweilige Kurve. An diesen Stellen müßte der Knickpunkt nach Abb.15-9a liegen. Man erkennt deutlich die Grenzen der Näherung.

Weiterhin ist zu bedenken, daß zumindest bei kleinen Verstärkungen auch die Laufzeiten im Absorptionsgebiet außerhalb der HFZ sowie die äußere Beschaltung (RC-Zeitkonstante) die erreichbare Grenzfrequenz beeinflussen (wie bei der pin-Diode). Bei höheren Verstärkungen dominieren allerdings die Vorgänge in der HFZ das Zeitverhalten und bewirken die errechnete Abnahme der Bandbreite.

15.6 Verbesserter APD-Aufbau: pin-Struktur, reach-through-Struktur

In Photodioden mit einfacher pn-Struktur wird ein erheblicher Teil des Lichtes außerhalb der RLZ absorbiert. Die photogenerierten Ladungsträger müssen erst zur RLZ diffundieren, bevor sie zum Photostrom beitragen. Als Folge haben derartige Dioden nur dann einen akzeptablen Wirkungsgrad, wenn Diffusionsphotoströme mit zum Gesamtphotostrom beitragen. Jetzt aber ist das dynamische Verhalten nicht zufriedenstellend. Erst die pin-Struktur führt zu einer deutlichen Verbesserung, siehe Abschn. 14.2.

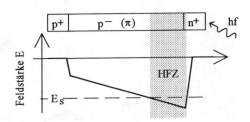

Abb.15-10:
APD mit pin-Schichtenfolge

Das pin-Konzept kann auch für eine APD übernommen werden. Abb.15-10 zeigt eine Silizium-APD mit Schichtenfolge $p^+p^-n^+$. In Silizium ist $a_n > a_p$, die Diode sollte so konzipiert werden, daß die Trägerlawine von Elektronen ausgelöst wird. Die Einstrahlung erfolgt deshalb durch die sehr dünn gehaltene p^+-Schicht hindurch ins p^--Gebiet. Die Dicke der p^--Zone ist so bemessen, daß Licht der gewünschten Wellenlänge vollständig in ihr absorbiert wird; die Schichten sind dann typisch 30µm bis 50µm dick, in Sonderfällen bis zu 100µm. Die p^--Zone ist weitgehend identisch mit der RLZ, alle in der p^--Zone erzeugten Trägerpaare tragen sofort zum (primären) Photostrom bei. Dadurch verbessern sich sowohl die Dynamik der APD als auch der Sammelwirkungsgrad, jeweils verglichen mit der einfachen pn-Struktur. Im elektrischen Feld driften die Elektronen zur n^+-Seite. Bei hoher Sperrspannung reicht in einem Teilbereich der p^--Zone das Feld zur Stoßionisation aus. Wegen der großen Weite des p^--Gebietes müssen dazu allerdings sehr hohe Sperrspannungen (bis zu einigen 100 V) angelegt werden. Die eindriftenden Elektronen leiten eine Multiplikation ein, der primäre Photostrom wird um den Faktor M_n mit M_n nach [15.7a] verstärkt. APD's mit pin-Aufbau haben einen höheren externen Wirkungsgrad und zumindest bei Verstärkungen unterhalb der kritischen Verstärkung eine höhere 3-dB-Grenzfrequenz als APD's in pn-Struktur.

In einer pin-APD ist die Weite der Hochfeldzone und damit auch die Transitzeit der Träger durch das Multiplikationsgebiet relativ groß. Nach [15.21] ist das ungünstig für das Zeitverhalten der Diode. Verbesserungen zielen deshalb darauf ab, die Multiplikation auf ein definiertes und schmales Gebiet zu begrenzen. In Abb.15-11 ist eine APD mit Vierschichten-Dotierprofil $p^+p^-pn^+$ skizziert. Die p^--Zone ist typisch einige zehn μm dick, die p-Zone dagegen nur wenige μm.

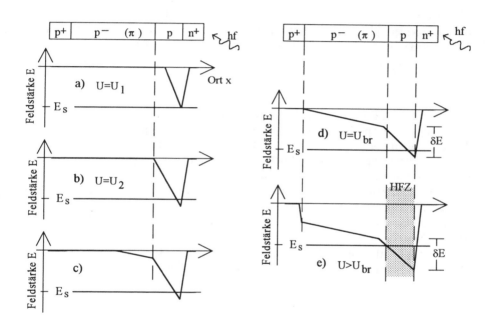

Abb.15-11: Feldstärkeverlauf in einer reach-through-APD (RAPD)

Solange die Betriebsspannung klein ist, $U=U_1$, fällt sie über dem hochohmigen pn^+-Übergang ab und baut ein Feld im p-Gebiet auf, das schließlich den Schwellwert für Stoßionisation erreicht: Multiplikation setzt ein (Fig.a in Abb.15-11). Eine Spannungserhöhung kommt ausschließlich dem Feld im p-Gebiet zugute. Die Feldstärke steigt, und damit nimmt die Multiplikation stark zu. Gleichzeitig dehnt sich das Feldgebiet innerhalb der p-Zone in Richtung zur p-p^--Grenze hin aus (Fig.b) und erreicht die Grenze bei der Spannung U_2. Wird die Spannung über U_2 hinaus erhöht, dann wird ein Großteil des Spannungszuwachses dazu verwendet, das Feld im p^--Gebiet aufzubauen, nur noch ein kleiner Rest steht zur Verfügung, um die

Maximalfeldstärke in der p-Zone anzuheben (Fig.c). Als Folge nimmt die Multiplikation trotz ansteigender Betriebsspannung kaum noch zu. Die Situation ändert sich erst wieder, wenn das Feld bei einer Spannung U_{rt} durch die ganze p^--Schicht hindurch bis zur p-n$^+$-Grenze hindurchreicht (Fig.d). U_{rt} heißt *reach-through*-Spannung. Wenn $U > U_{rt}$ wird, bleibt die jetzt erreichte Feldstärke**differenz** δE näherungsweise konstant. Ein Spannungszuwachs bewirkt einen proportionalen Zuwachs der Feldstärkespitze in der p-Zone (Fig.e), die Multiplikation beginnt erneut anzusteigen. Allerdings erfolgt die Zunahme wesentlich langsamer als zuvor, weil der Spannungszuwachs nicht nur für den Feldstärkeanstieg in der schmalen p-Zone, sondern gleichzeitig für den Feldstärkeanstieg in der sehr viel ausgedehnteren p^--Zone aufkommen muß. (Die Fläche unter der E(x)-Kurve ist ein Maß für die Gesamtspannung, $U = -\int E\,dx$). APD's mit einem derartigen Verstärkungsverhalten werden als *reach-through-APD's* (RAPD) bezeichnet.

Abb.15-12 zeigt die gemessene Verstärkung M_n einer RAPD aus Silizium bei Bestrahlung von der p^+-Seite her. Die p^--Schicht ist so dick, daß das Licht vollständig in ihr absorbiert wird: das p^--Gebiet bildet die Absorptionszone der APD. Bei richtiger Auslegung der einzelnen Schichtdicken und Dotierungen ist die Feldstärke in der gesamten Absorptionszone so hoch, daß sich die Ladungsträger mit Sättigungsdriftgeschwindigkeit bewegen. Die Elektronen erreichen etwa an der p^--p-Grenze die Hochfeldzone und leiten die Vervielfachung ein. Die Multiplikation selbst ist begrenzt auf die wohldefinierte und - verglichen mit dem Absorptionsgebiet dünne - p-Schicht. Eine solche RAPD hat ein höheres Verstärkungs-Bandbreite-Produkt als eine APD mit pin-Aufbau. Zudem benötigt sie bei gleicher Maximalfeldstärke in der Multiplikationszone eine geringere Betriebsspannung.

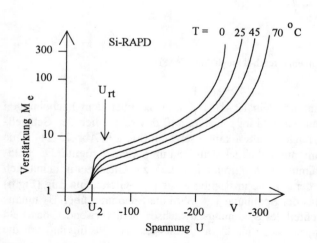

Abb.15-12:
Gemessene Verstärkung in einer RAPD aus Silizium. Aufbau der APD wie in Abb.15-11

Der RAPD-Aufbau kann noch weiter optimiert werden. Besonders störend ist die ausgeprägte Feldstärkespitze in der HFZ, sie führt zu erhöhtem Rauschen der APD. Die Feldstärkespitze kann geglättet werden, wenn die bisherige $p^+p^-pn^+$-Struktur um eine zusätzliche p^--Schicht zu einer $p^+p^-pp^-n^+$-Struktur erweitert wird. Diese spezielle Struktur heißt *Read-Struktur* nach dem Physiker Read, der sie erstmals vorschlug. Man kann die Read-Struktur auffassen als eine pin-APD, bei der die i-Zone in drei Unterschichten unterteilt ist und ein kammartiges Dotierprofil i $\rightarrow$ p^-pp^- hat. Von diesem Profilverlauf leitet sich die Alternativbezeichnung "lo-hi-lo" (low-high-low; niedrig-hoch-niedrig) für die Read-Struktur ab.

Das RAPD-Konzept wird auch für Germanium-APD's verwendet. Da in Germanium die Löcher einen höheren Ionisationskoeffizienten haben, sollte die Schichtenfolge komplementär zum Silizium-Dotierprofil sein ($p^+nn^-n^+$ anstelle von $p^+p^-pn^+$) und die Diode von der n^+-Seite her bestrahlt werden.

15.7 Heterostruktur-APD´s mit SAM-Aufbau

In der bisherigen Diskussion sind wir stillschweigend davon ausgegangen, daß bei hohen Sperrspannungen zwar Stoßionisation, aber keine sonstigen Effekte auftreten. Dies ist nicht korrekt. Bei ausreichender Sperrspannung werden die Bänder so stark verbogen, daß Valenzbandelektronen die gleiche Absolutenergie besitzen können wie Leitungsbandelektronen, siehe Abb.15-13. Ein Valenzbandelektron kann jetzt durch quantenmechanisches Tunneln ins Leitungsband überwechseln (*Zener-Übergang*). Dadurch entsteht ein Paar beweglicher Ladungsträger im Driftgebiet, der Dunkelstrom der Diode erhöht sich beträchtlich. Bei hinreichend hoher Sperrspannung bricht die Diode wie beim Lawineneffekt durch.

Die Tunnelwahrscheinlichkeit ist um so größer, je schmaler die zu durchtunnelnde Stecke (D in Abb.15-13) ist. D ist um so kleiner, je geringer die Bandlücke des Halbleiters (vergl. Abb. 15-13a und b) und je höher die Sperrspannung (vergl. Abb.15-13b und c) sind. Deshalb setzt der Zenereffekt in Halbleitern mit kleiner Bandlücke schon bei relativ kleinen Sperrspannungen ein und vergrößert den Dunkelstrom. Dies beschränkt die Einsatzmöglichkeiten von APD's aus Halbleitern mit kleiner Bandlücke wie z.B. InP erheblich.

Man kann umgekehrt die starke Abhängigkeit des Zenereffektes von der Bandlücke ausnutzen, um APD's mit besonders geringem Dunkelstrom herzustellen. Dazu muß die APD als Heterostruktur-Diode, d.h. aus Materialien mit unterschiedlich großen Bandlücken aufgebaut werden. Die APD wird so konzipiert, daß das Licht

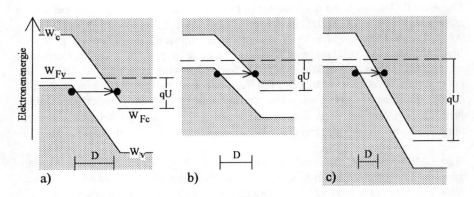

Abb.15-13: Zur Erklärung des Tunneleffektes (Zener-Effektes)

in dem Halbleitergebiet mit kleiner Bandlücke absorbiert wird. Einer der Primär-Trägertypen driftet von dort in die Region mit größerer Bandlücke. Nur in dieser Region ist das Feld hinreichend hoch für eine Lawinenmultiplikation, während wegen der vergleichsweise großen Bandlücke in diesem Material der Tunneleffekt noch keine Rolle spielt. Eine APD mit Multiplikationszone und Absorptionszone in Halbleitern mit unterschiedlichem Bandabstand wird als SAM-APD (*Separated Absorption and Multiplication* APD) bezeichnet.[§]

Abb.15-14 zeigt eine SAM-APD aus InP/In$_{0,53}$Ga$_{0,47}$As. In$_{0,53}$Ga$_{0,47}$As hat eine Bandlücke $W_g = 0,75eV$ und kann somit Licht mit Wellenlängen $\lambda < \lambda_g = 1,65\mu m$ absorbieren. Die photogenerierten Löcher werden zum p-Kontakt und damit in die angrenzende InP-Schicht gezogen. Hier ist das Feld zwar ausreichend hoch, um Stoßionisation zu erzielen; wegen der großen Bandlücke $W_G = 1,35eV$ des InP ist es aber nicht hoch genug für einen nennenswerten Tunneleffekt. In InP ist $a_p > a_n$, die Multiplikation wird korrekt von von den eindriftenden Löchern eingeleitet. Die Lichteinstrahlung selbst kann von beiden Seiten, auch von der InP-Seite her erfolgen: für Strahlung mit der Wellenlänge $\lambda > \lambda_G = 0,92\mu m$ ist InP transparent (Fenstereffekt der InP-Schicht, siehe Abschn.14.4).

[§] Die Bezeichnung "SAM-APD" wird mittlerweile auch auf APD's angewendet, bei denen Absorptions- und Multiplikationsgebiet zwar räumlich getrennt sind, aber nicht notwendig in Halbleitern mit unterschiedlicher Bandlücke liegen. In diesem erweiterten Sinn sind alle RAPD's nach Abschn.15.6 auch SAM-APD's.

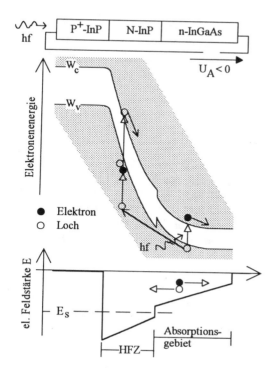

Abb.15-14:
Bandverbiegung und
Feldstärkeverlauf in einer
stark in Sperrichtung vor-
gespannten SAM-APD aus
InP/InGaAs

Ábsorption im n-InGaAs,
Muliplikation im N-InP.

Für die **Dynamik** der Diode von Nachteil ist die Diskontinuität im Valenzband an der InGaAs-InP-Grenze. Bei angelegter Spannung erzeugt sie eine Potentialkerbe im Valenzband, siehe Abb.15-14. In dieser Kerbe werden die zur Hochfeldzone driftenden Löcher festgehalten und vorübergehend gespeichert. Die Auswirkung der Kerbe läßt sich reduzieren, wenn man zwischen die InGaAs-Absorptionsregion und die InP-Multiplikationszone mehrere (meist zwei) dünne InGaAsP-Zwischenschichten einfügt, deren Bandlücken zwischen der des InGaAs und der des InP liegen. Der eine tiefe Potentialtopf wird dadurch ersetzt durch mehrere und dafür flachere Potentialmulden, die die Löcher nicht mehr so effektiv festhalten können. Für solcherart aufgebaute RAPD's wurde die Bezeichnung SAGM-APD (*Separated Absorption and Graded Multiplication region*) eingeführt.

15.8 Einige weitere Eigenschaften realer APD's

Die bei einer äußeren Spannung U_A erzielte Verstärkung M läßt sich formelmäßig nicht geschlossen angeben. Für den praktischen Betrieb hat es sich bewährt, den Zusammenhang zwischen U_A, M und dem bei U_A **im Belichtungsfall** fließenden äußeren Strom I durch die empirische Formel

$$\frac{1}{M} = 1 - \left[\frac{U_A - R_s I}{U_{Br}} \right]^m \qquad [15.23]$$

zu beschreiben. Mathematisch gesehen approximiert [15.23] die Kurvenverläufe nach Abb.15-6b oder Abb.15-12, dort oberhalb des Knies. Gl.[15.23] berücksichtigt den Spannungsabfall $R_s I$ am Lastwiderstand: $U = U_A - R_s I$ ist die Restspannung, die über dem pn-Übergang selbst anliegt. Die Größen M und I werden als Funktion der Spannung U_A gemessen, und an die Meßergebnisse werden R_s, U_{Br} und der Exponent m angepaßt. Für m findet man je nach Material, Diodenaufbau und Bestrahlungswellenlänge Werte zwischen 1,5 und 8.

Wir haben bereits in Abschn.15.5 darauf hingewiesen, daß M an der Stelle $U_A = U_{Br}$ ein Maximum durchläuft. Wir schätzen mit Hilfe von [15.23] den Wert des Maximums ab. Dazu setzen wir $U_A = U_{Br}$ in [15.23] ein und erhalten

$$\frac{1}{M_{max}} = 1 - \left[\frac{U_{Br} - R_s I_{Br}}{U_{Br}} \right]^m = 1 - \left[1 - \varepsilon \right]^m \qquad \text{mit} \qquad \varepsilon = \frac{R_s I_{Br}}{U_{Br}} \qquad [15.24]$$

I_{Br} ist der bei der Spannung U_{Br} im Außenkreis fließende Hellstrom; er ist typisch einige mA stark. R_s beträgt einige Ω, U_{Br} liegt im Bereich einiger 10V. ε ist demzufolge ein Zahlenwert $\ll 1$. Deshalb können wir $[1-\varepsilon]^m$ in eine Reihe entwickeln: $[1-\varepsilon]^m \approx 1 - m \cdot \varepsilon$, so daß

$$M_{max} \approx \frac{1}{1 - (1 - m \varepsilon)} = \frac{1}{m \varepsilon} = \frac{U_{Br}}{m R_s I_{Br}} \qquad [15.25]$$

Das Ergebnis [15.25] ist übertragbar auf Spannungen U_A etwas unterhalb der Durchbruchsspannung, also im typischen Betriebsbereich der APD.

Wir betrachten jetzt eine APD in ihrem typischen Betriebsbereich und nehmen zusätzlich an, daß die Diode mit Licht hoher Intensität bestrahlt wird. Die von der Diode registrierte optische Leistung soll so hoch sein, daß der primäre Photostrom sehr viel größer ist als der primäre Dunkelstrom. Unter diesen Voraussetzungen ist der (primäre) Dunkelstrom gegen den (primären) Photostrom vernachlässigbar, und I_{Br} ist der um den Faktor M verstärkte primäre Photostrom nach Anlegen der Spannung U_{Br}: $I_{Br} = -M \cdot I_{ph,prim}$. Das Minuszeichen berücksichtigt die unterschiedlichen Zählpfeilrichtungen für I und $I_{ph,prim}$, siehe das Ersatzschaltbild Abb.15-4. Einsetzen von [15.25] und Auflösen nach M liefert (beachte: $U_{Br} < 0$)

$$I_{Br} = -\frac{U_{Br}}{m\,R_s\,I_{Br}}\,I_{ph,prim} \qquad \Rightarrow \qquad I_{Br}^2 = \frac{|U_{Br}|}{m\,R_s}\,I_{ph,prim} \qquad [15.26]$$

Berücksichtigt man, daß $I_{ph,prim} = \Re_{i,prim}\,P_{opt}$ und daß $U_{Br} \approx U_A$, dann erhält man letztlich

$$|I_{Br}| \approx I_{ph} = \sqrt{\frac{|U_{Br}|\,\Re_{i,prim}\,P_{opt}}{m\,R_s}} \qquad \Rightarrow \qquad |I_{ph}| \sim \sqrt{P_{opt}} \qquad [15.27]$$

Ergebnis: Bei hohen Beleuchtungsstärken und gleichzeitig hohen Verstärkungen ($U_A \approx U_{Br}$) besteht kein linearer Zusammenhang mehr zwischen dem dann fließenden Strom im Außenkreis und der optischen Leistung. APD's sind deshalb als Detektoren in Analogempfängern nur geeignet, wenn die Signalleistung klein (typisch: nicht größer als einige µW) oder die Verstärkung moderat ist. Bei höheren Einstrahlleistungen treten wegen der Nichtlinearität Verzerrungen auf.

Bei festgehaltener Außenspannung hängt die Verstärkung empfindlich von der Temperatur T ab. Bei ansteigender Temperatur wächst die Amplitude, mit der die Gitterbausteine um ihre Ruhelage schwingen, und als Folge erhöht sich die Wahrscheinlichkeit eines Zusammenstoßes mit einem Ladungsträger. Der Zeitabstand zwischen zwei Stößen wird kürzer, die Träger können in der verkürzten Zeitspanne weniger hoch beschleunigt werden und weniger Energie aus dem Feld aufnehmen. Die Ionisationswahrscheinlichkeit sinkt, mit wachsender Temperatur werden die Ionisationskoeffizienten a_n und a_p kleiner. Damit sinkt auch die Verstärkung M bei gegebener Spannung U_A. In Umkehrung wird eine höhere Spannung benötigt, um eine bestimmte Verstärkung einzustellen. In Abb.15-12 war M als Funktion von U_A bei verschiedenen Temperaturen aufgetragen. Man erkennt, daß die Abnahme von M infolge Temperaturerhöhung kompensiert werden kann durch eine höhere Außenspannung. Der elektrische Durchbruch tritt jetzt ebenfalls erst bei höheren Spannungen ein. Im praktischen Einsatz werden APD's temperaturstabilisiert oder der Temperatureinfluß durch eine Spannungsnachführung ausgeregelt.

15.9 Bauformen

Abb.15-15 zeigt die beiden häufigsten APD-Bauformen. Links ist eine Silizium-RAPD in Planartechnik skiziziert. Wegen der hohen Sperrspannung besteht am Rand des pn^+-Übergangs die Gefahr eines elektrischen Durchbruchs durch lokale Feldstärkespitzen. Der n-Schutzring soll die Feldstärkespitzen dämpfen. Aus herstellungstechnischen Gründen wird die Diode im Gegensatz zu den Ausführungen in Abschn.15.7 nicht von der p^+-Seite, sondern von der n^+-Seite her bestrahlt. Die Multiplikation wird demzufolge nicht, wie eigentlich wünschenswert, von Elektronen allein eingeleitet. Dadurch verschlechtern sich die Diodeneigenschaften. Wenn die n^+ und die p-Schicht hinreichend dünn gemacht werden, ist die Degradierung tolerierbar.

Rechts in Abb.15-15 ist eine InP-InGaAs-SAGM-APD in Mesa-Bauform dargestellt. Die Absorption erfolgt im InGaAs-Gebiet, die Multiplikation im InP-Gebiet. Wegen der Bestrahlung von der InP-Seite her wirkt die InP-Schicht als Wellenlängenfenster, die Diode ist einsetzbar im Wellenlängenbereich zwischen etwa 1μm und 1,6μm. Die InGaAsP-Pufferschichten unterteilen die Potentialschwelle im Valenzband, dadurch erhöht sich das Verstärkungs-Bandbreiten-Produkt.

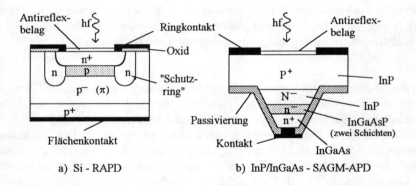

Abb.15-15: APD-Bauformen

16. Rauschen in Photodioden und optischen Empfängern

Bereits in Abschn. 12.5 wurde darauf hingewiesen, daß die Qualität einer Photodiode auch nach ihrem Rauschverhalten beurteilt werden muß. In diesem Kapitel werden das Rauschen von Photodioden näher untersucht und Güteparameter zur Bewertung des Rauschens innerhalb einer optischen Empfängerschaltung besprochen. Diesen Untersuchungen sind einige Grundlagen vorangestellt.

16.1 Elektrische Leistung des Rauschens; Rauschersatzschaltung

Am Ausgang eines realen elektronischen Meßgerätes – das kann ein einzelnes Bauelement wie z.B. eine Photodiode oder ein zur Strom-Spannungswandlung eingesetzter Wirkwiderstand, aber auch ein vollständiges Netzwerk sein – soll **ohne Signalaussteuerung** ein zeitkonstanter Strom I anstehen. Aus den verschiedensten physikalischen Gründen schwankt der tatsächlich gelieferte Strom i(t) am Geräteausgang um seinen Sollwert I. Die Abweichungen sind nicht vorhersagbar; mißt i(t) über eine Zeitspanne δ hinweg, so bekommt man bei wiederholten Messungen immer andere Ergebnisse: der Strom ist "verrauscht". Aussagen über die Eigenschaften des Rauschbeitrages sind nur mit den Methoden der Wahrscheinlichkeitsrechnung und der Statistik möglich.

Dazu berechnen wir aus dem Zeitverlauf i(t) des gelieferten Stromes während der Zeitspanne $-\delta/2 \le t \le +\delta/2$ einen zeitlichen Mittelwert $\overline{I}$ durch

$$\overline{I} := \frac{1}{\delta} \int_{-\delta/2}^{\delta/2} i(t)\,dt \qquad \text{mit} \qquad \lim_{\delta \to \infty} \overline{I} = I \qquad [16.1]$$

$\overline{I}$ heißt *Gleichanteil* des Stromes im Zeitbereich $-\delta/2 \le t \le +\delta/2$. Mit seiner Hilfe wird als *Rauschanteil* $i_{rausch}(t)$ im betrachteten Zeitbereich abgeleitet:

$$i_{rausch}(t) := i(t) - \overline{I} \qquad [16.2]$$

Wir ergänzen die Rauschstromwerte auf den gesamten Zeitbereich von $-\infty$ bis $+\infty$, indem wir außerhalb des Meßintervalls $i_{rausch}(t) \equiv 0$ setzen. Jetzt ist $i_{rausch}(t)$ zeitbeschränkt, und gemäß der Fourier'schen Theorie ist das gemessene Zeitverhalten von $i_{rausch}(t)$ entstanden aus einer Überlagerung harmonischer Wechselströmen mit Freqenzen aus dem gesamten Frequenzspektrum. Wir erhalten die Amplituden und

Nullphasenlagen der zum Rauschen beitragenden Wechselströme aus der Fourier-transformierten $I_{rausch}(\nu)$ [§] zu $i_{rausch}(t)$:

$$I_{rausch}(\nu) = \int_{-\infty}^{+\infty} i_{rausch}(t) \cdot \exp[-j2\pi\nu t]\,dt \qquad [16.3]$$

Die Auswirkungen des Rauschens zeigen sich vor allem in der im Rauschen enthaltenen elektrischen Leistung. Wird der verrauschte Strom durch einen idealen, d.h. seinerseits nichtrauschenden Wirkwiderstand R geschickt, dann wird an R in der Zeitspanne δ zeitgemittelt die elektrische Gesamtleistung $\overline{P} = \frac{1}{\delta}\int_{-\delta/2}^{\delta/2} R \cdot i^2(t)\,dt$ umgesetzt. Durch Einsetzen von i(t) aus [16.2] wird $\overline{P}$ in die Beiträge $\overline{P_{gleich}}$ des Gleichanteiles und $\overline{P_{rausch}}$ der Rauschanteile aufgespalten, wobei in $\overline{P_{rausch}}$ die Gesamtleistung <u>sämtlicher</u> Rauschströme zusammengefaßt ist:

$$\overline{P} = \overline{P_{gleich}} + \overline{P_{rausch}} \qquad [16.4]$$

$$\overline{P_{gleich}} = R\,\overline{I}^2 \qquad [16.5]$$

$$\overline{P_{rausch}} = \frac{1}{\delta}\int_{-\delta/2}^{\delta/2} R \cdot i_{rausch}^2(t)\,dt = R\frac{2}{\delta}\int_0^\infty |I_{rausch}(\nu)|^2\,d\nu \qquad [16.6]$$

Zur Herleitung des Ergebnisses der Gleichung [16.6] müssen mathematische Besonderheiten der inversen Fouriertransformation berücksichtigt werden.

Wenn ein Strom an einem Wirkwiderstand R die elektrische Leistung P umsetzt, dann kann man diesem Strom einen *Effektivwert* i_{eff} zuordnen durch $i_{eff}^2 = P/R$. Entsprechend können wir aus [16.6] zu der Kombination aller Rauschströme, die zusammen $\overline{P_{rausch}}$ umsetzen, einen Effektivstrom konstruieren:

$$i_{rausch,eff}^2 := \overline{P_{rausch}}/R = \frac{2}{\delta}\int_0^\infty |I_{rausch}(\nu)|^2\,d\nu \qquad [16.7]$$

[§] Im bisherigen Text war f die Frequenz des Lichtes (hf die Photonenenergie) und ω bzw. f_{mod} die Modulationsfrequenz bei Modulation der optischen Leistung oder des Stromes. Diese Bezeichnungen sollen auch weiterhin beibehalten werden, deshalb werden die Frequenzen der Rauschströme bewußt mit ν bezeichnet.

$i_{rausch,eff}$ ist ein fiktiver Strom, der am Widerstand R dieselbe Rauschleistung umsetzt wie der gesamte Rauschanteil am Strom i(t). Gleichung [16.7] läßt sich umgestalten in

$$i^2_{rausch,eff} = \int_0^\infty Z^2(\nu)d\nu \qquad \text{mit} \qquad Z^2(\nu) := \frac{2}{\delta}\left|I_{rausch}(\nu)\right|^2 \qquad [16.8]$$

In dieser Schreibweise wird $i^2_{rausch,eff}$ geformt durch Aufintegration, d.h. durch Aufsummieren von frequenzabhängigen Einzelbeiträgen $Z^2(\nu)$. Die Größe $Z(\nu)$ mit der merkwürdig anmutenden Dimension $A/\sqrt{Hz}$ heißt *spektrale Rauschstromdichte*. Die Audrucksweise "spektrale Dichte" soll ausdrücken, daß $Z(\nu)$ eine Angabe macht über den Effektivwert des Rauschstromes <u>pro Frequenzeinheit</u>. Das Produkt $Z^2(\nu)$ R bildet die *spektrale Rauschleistungsdichte* oder das *Rauschleistungsspektrum* des Stromes i(t).

In unseren bisherigen Betrachtungen wurde das das Rauschen produzierende Bauelement oder Meßgerät nicht von einem Signal ausgesteuert. Bei Signalaussteuerung hängt häufig die nachfolgende Auswertung von einem Vergleich der elektrischen Signalleistung mit der Rauschleistung ab. Um diesen Vergleich durchführen zu können, konstruieren wir aus den bisherigen Ergebnissen, insbesondere aus den Gleichungen [16.4] bis [16.7], ein *Rauschersatzmodell* des Bauelementes:

Wenn ein Bauelement Stromrauschen produziert, dann darf für eine Betrachtung des elektrischen Leistungsumsatzes das Bauelement ersetzt werden durch eine rauschfreie Stromquelle und eine dazu parallelgeschaltete Rauschstromquelle. Die rauschfreie Stromquelle liefert im Zeitmittel den Strom $\overline{I}$; die Rauschstromquelle erzeugt einen Strom, dessen Effektivwert durch [16.7] gegeben ist und leistungsmäßig ein ganzes Spektrum von harmonischen Strömen ersetzt. In Rauschersatzschaltungen werden meist keine Zählpfeile angegeben, da sie nur für die Berechnung der <u>Rauschleistung</u> herangezogen werden (dann spielt das Vorzeichen der Stromstärke keine Rolle). Abb.16-1 zeigt eine derartige Rauschersatzschaltung.

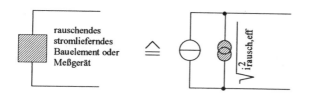

rauschendes stromlieferndes Bauelement oder Meßgerät

$\sqrt{i^2_{rausch,eff}}$

Abb.16-1:
Rauschersatzschaltbild.
Es ist üblich, rauschende Bauelemente durch Schraffur zu kennzeichnen

In jedem elektrischen Aufbau wirken Teile der Beschaltung gewollt oder ungewollt als Frequenzfilter. Das Filter beeinflußt nicht nur das Signal, sondern auch den Spektralbereich des Rauschens. Beispielsweise läßt ein Bandpaßfilter ein Signal passieren, blockt aber gleichzeitig alle die Frequenzkomponenten auch des Rauschens ab, die nicht in seinem Durchlaßbereich liegen. Hinter dem Filter ist nicht mehr das gesamte Rauschspektrum vorhanden. Man kann diese Schaltungseigenschaft bereits in die Berechnung von $i_{rausch,eff}$ miteinbeziehen: wenn die externe Beschaltung nur harmonische Ströme aus dem Frequenzbereich zwischen ν_1 und $\nu_2 = \nu_1 + \Delta\nu$ passieren läßt, dann können die Integralgrenzen in [16.8] durch diese Frequenzgrenzen ersetzt werden, und man erhält das *Schmalbandrauschen* mit

$$i_{rausch,eff}^2 = \int_{\nu 1}^{\nu 2} Z^2(\nu)d\nu \qquad [16.9]$$

Sehr häufig ist innerhalb des reduzierten Frequenzbereiches die Rauschleistungsdichte bzw. die spektrale Rauschstromdichte konstant: $Z(\nu) \equiv Z$ für $\nu_1 \leq \nu \leq \nu_2$. Dies ist immer dann der Fall, wenn im Rauschstrom alle Frequenzen zwischen ν_1 und ν_2 mit gleicher Amplitude enthalten sind (sog. *weißes Rauschen*). Unter dieser Voraussetzung geht [16.9] über in

$$i_{rausch,eff}^2 = Z^2 \cdot (\nu_2 - \nu_1) = Z^2 \cdot \Delta\nu \qquad [16.10]$$

Rauschströme, die keine gemeinsame Ursache haben, sind im allgemeinen nicht miteinander korreliert, ihre elektrischen Leistungsbeiträge können einfach addiert werden. Rauschstromquellen in Ersatzschaltbildern werden deshalb anders behandelt als "normale" Stromquellen: wenn zwei parallelgeschaltete Rauschstromquellen die Ströme $i_{rausch1}$ und $i_{rausch2}$ liefern, können sie, wie in Abb.16-2 symbolisiert, zusammengefaßt werden zu einer einzigen Rauschstromquelle i_{rausch} gemäß

$$i_{rausch,eff}^2 = i_{rausch1,eff}^2 + i_{rausch2,eff}^2 \qquad [16.11]$$

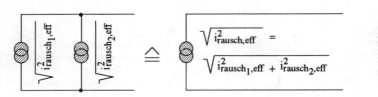

Abb16-2:
Parallelschaltung
von zwei Rausch-
stromquellen

Wir haben in diesem Abschnitt nur rauschende Stromquellen untersucht. Auf identische Weise lassen sich rauschende Spannungsquellen analysieren. Man erhält analoge Aussagen und Beschreibungsweisen.

16.2 Elementare Rauschprozesse

Zum Gesamtrauschen können viele verschiedene Rauschquellen beitragen. Hierzu gehören das

- *Schrotrauschen.* Speziell in Photodioden wird es seinerseits unterteilt in
  - Schrotrauschen infolge eines Gleichstromflusses über einen in Sperrrichtung gepolten pn-Übergang
  - Schrotrauschen durch die Quantennatur der auftreffenden Strahlung (sog. *Quantenrauschen*)
- *Intensitätsrauschen* der Lichtquelle
- *thermisches Rauschen* von Wirkwiderständen

Neben diesen Rauschquellen gibt es noch andere Rauschursachen (z.B. Generations-Rekombinations-Rauschen, 1/f-Rauschen); sie spielen in den in diesem Buch besprochenen Bauelementen und Empfängervarianten nur eine untergeordnete Rolle und werden nicht weiter besprochen.

a_1) **Schrotrauschen** infolge eines Gleichstromflusses über den in Sperrichtung gepolten pn-Übergang

In Abschn.12.1 wurde gezeigt: driften Ladungsträger durch die RLZ eines pn-Übergangs, dann influenziert jeder einzelne Träger in einem äußeren Kurzschlußbügel ein kurzen Strompuls. Der über den pn-Übergang fließende Gesamtstrom ist gleich der Summe der Strompulse je Zeiteinheit.

Auch bei einem "kontinuierlichen" Stromfluß, einem Gleichstrom, fluktuiert die Anzahl der Ladungsträger. Zudem erreichen die Träger den Rand der RLZ in völlig unregelmäßigen Zeitabständen, die Anzahl der Strompulse je Zeiteinheit schwankt deshalb statistisch: der Strom ist verrauscht. Man bezeichnet dieses Rauschen als Schrotrauschen beim Durchgang durch die RLZ.

Die spektrale Rauschstromdichte Z_{schrot} dieses Schrotrauschens ist über einen sehr großen Frequenzbereich hinweg frequenzunabhängig und verbunden mit dem Betrag der Gleichstromstärke I. Für Z_{schrot} und den daraus mit [16.10] abgeleiteten Effektivwert des Schmalband-Schrotrauschstromes erhält man

$$Z_{schrot} = \sqrt{2q|I|} \qquad \Rightarrow \qquad i^2_{schrot,eff} = 2q|I|\Delta v \qquad [16.12]$$

a_2) **Quantenrauschen** der auftreffenden Strahlung

Nach der Korpuskulartheorie des Lichtes ist jede elektromagnetische Strahlung ein Fluß von Photonen mit Energie hf. Auch in einem idealen Lichtfeld, das wellentheoretisch durch eine in Ortraum und Zeitraum unendlich ausgedehnte harmonische Welle mit konstanter Amplitude, Frequenz und Phasenlage beschrieben wird, fluktuieren die Anzahl der Photonen je Zeiteinheit um einen Mittelwert $\overline{N_{ph}}$ und damit die optische Leistung um den Mittelwert $\overline{P_{opt}}$. Dadurch entstehen selbst bei sonst rauschfreien Detektionsverhältnissen Schwankungen im elektrischen Nachweis der Strahlung, das *Quantenrauschen*. Das Quantenrauschen ist demnach bereits im auftreffenden Licht enthalten, aber es macht sich erst bemerkbar, wenn das Licht detektiert wird. Die zugeordnete spektrale Rauschstromdichte und der Effektivstrom des Schmalband-Rauschens sind

$$Z_{quanten} = \sqrt{2q|I_{ph}|} \qquad \Rightarrow \qquad i^2_{quanten,eff} = 2q|I_{ph}|\Delta v \qquad [16.13]$$

I_{ph} ist der durch $\overline{N_{ph}}$ bzw. $\overline{P_{opt}}$ verursachte Photogleichstrom. In einer Photodiode mit Wirkungsgrad η_{ext} (siehe hierzu [13.17]) ist $I_{ph} = \eta_{ext} \frac{q}{hf} \overline{P_{opt}}$. Formal entspricht [16.13] der Gleichung [16.12]. Das Quantenrauschen ist so gesehen eine Form des Schrotrauschens. Physikalisch stellt das Quantenrauschen eine Grenze dar, die nicht unterschritten werden kann.

b) **Intensitätsrauschen** der Lichtquelle

Vom Quantenrauschen zu trennen ist das Intensitätsrauschen der Lichtquelle. Die Ursache hierfür ist die statistische Natur der spontanen Emission: die Anzahl der strahlenden spontanen Rekombinationsvorgänge je Zeiteinheit schwankt. Der Rauschbeitrag des Intensitätsrauschens einer LED ist vernachlässigbar gegenüber den anderen Rauschprozessen einer Empfängeranordnung. In einem Laser dagegen werden die zufälligen Fluktuationen verstärkt. In Lasern mit mehreren Emissionslinien kommt noch hinzu die Konkurrenz zwischen den einzelnen Frequenzmoden: der Laser wechselt statistisch zwischen den einzelnen Spektrallinien hin und her.

Das Intensitätsrauschen eines Lasers ist mathematisch schwierig zu formulieren. Es ist in der Nähe der Resonanzfrequenz des Lasers (siehe Abschn.10.5) stark von der Frequenz abhängig. Außerdem hängt es davon ab, wie weit oberhalb seiner Schwelle der Laser betrieben wird. Auf eine formelmäßige Angabe des Intensitätsrauschens wird verzichtet, und das Intensitätsrauschen wird auch nicht in die weitere Diskussion einbezogen.

c) Thermisches Rauschen (Nyquist-Rauschen, Johnson-Rauschen)

In jedem realen Wirkwiderstand befinden sich die Ladungsträger in ständiger thermischer Bewegung. Dadurch schwankt die lokale Trägerdichte, auf einer mikroskopisch kleinen Skala kommt es zu ungleichmäßigen Ladungsverteilungen und damit zu einer elektrischen Spannung zwischen diesen Raumgebieten. Selbst wenn der Widerstand nicht an eine externe Spannungsquelle angeschlossen ist, wirkt er selbst nach außen wie ein Generator, der eine ständig sich ändernde Wechselspannung mit dem Effektivwert $u_{rausch,eff}^2$ liefert: er "rauscht". In einem elektrischen Ersatzschaltbild kann der reale Wirkwiderstand ersetzt werden durch einen idealen (nichtrauschenden) Widerstand R in Serie mit einer Rauschspannungsquelle, die die Rauschspannung generiert. Abb.16-3 skizziert das Rausch-Ersatzschaltbild.

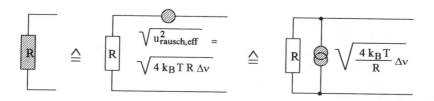

Abb.16-3: Rausch-Ersatzschaltbilder eines Wirkwiderstandes R

Eine Serienschaltung aus einem Widerstand R und einer Spannungsquelle U_q kann umgerechnet werden in eine Parallelschaltung aus R und einer Stromquelle, die den Strom $I_q = U_q/R$ liefert. Auf diese Weise läßt sich das thermische Rauschen auch beschreiben durch eine Rauschstromquelle parallel zu R, siehe Abb.16-3.

Das thermische Rauschen ist frequenzunabhängig über einen sehr großen Frequenzbereich (etwa bis hin einer durch $h\nu \approx k_B T$ festgelegten Frequenz ν; bei Zimmertemperatur liegt diese Frequenz bei $\approx$ 6 THz). Die spektrale Rauschstromdichte Z_{therm} ist nur durch den Widerstandswert R selbst und durch die Temperatur T bestimmt:

$$Z_{therm} = \sqrt{\frac{4k_BT}{R}} \qquad \Rightarrow \qquad i^2_{therm,eff} = \frac{4k_BT}{R}\Delta\nu \qquad\qquad [16.14]$$

Gleichung [16.14] zeigt: Je größer R und je tiefer die Temperatur, desto geringer der Rauschstrom und damit die Rauschleistung.

16.3 Innere Rauschursachen in nichtverstärkenden Photodioden

Wir betrachten eine Photodiode ohne innere Verstärkung. In ihr treten mehrere der oben aufgelisteten Rauschquellen nebeneinander und unabhängig voneinander auf. Zur Berechnung des Gesamt-Rauschstromes aus der Überlagerung der einzelnen Rauschbeiträge schließen wir die Photodiode über einen Lastwiderstand R_L an eine Spannungsquelle mit Quellenspannung $U_q < 0$ an und bestrahlen sie mit moduliertem Licht, für dessen **optische** Leistung P_{opt} wir ansetzen:

$$p_{opt}(t) = P'_{opt} + \hat{p}_{opt} \cdot \sin(2\pi f_{mod}\, t) \qquad\qquad [16.15]$$

f_{mod} ist die Modulationsfrequenz. Zusätzlich zu diesem Licht "sieht" die Diode noch Fremdlicht. Die Ursache hierfür kann im technischen Aufbau der Diode liegen (z.B. ein für diese spezielle Aufgabe zu großer Öffnungswinkel) und ist damit zumindest prinzipiell vermeidbar. Nicht vermeidbar ist die Planck'sche Hintergrundstrahlung (thermische Strahlung), die Photonen aller Energien enthält, also auch Photonen, die im spektralen Empfindlichkeitsbereich der Diode liegen. Wir bezeichnen die optische Leistung der Hintergrundstrahlung mit P^{bg}_{opt} ("bg" steht für "background").

Im Außenkreis fließt ein von der Photodiode gelieferter Strom i(t)

$$i(t) = I_{dunkel} - \left[I'_{ph} + \hat{i}_{ph} \cdot \sin(2\pi f_{mod}\, t) + I_{bg}\right] \qquad\qquad [16.16]$$

I'_{ph} ist der von der Grundleistung P'_{opt} herrührende Photostrom. Der harmonische Strom stammt von dem harmonischen Anteil der eingestrahlten Leistung, I_{bg} von der als zeitkonstant anzusehenden Planck'schen Hintergrundstrahlung. Zusätzlich fließt durch die Diode ein Dunkelstrom I_{dunkel} (siehe Abschn. 12.2). Die unterschiedlichen Vorzeichen sind auf die unterschiedliche Zählpfeilrichtung für Dunkelstrom und den durch Lichteinstrahlung entstehenden Strom zurückzuführen, siehe z.B. Abb.12-7 oder Abb.15-4.

Auch ohne Modulation durchfließt der Dunkelstrom I_{dunkel} den in Sperrrichtung gepolten pn-Übergang und generiert Schrotrauschen $2q \cdot |I_{dunkel}| \cdot \Delta v$ nach [16.12]. Das Hintergrundlicht verursacht einen Strom I_{bg}; hiermit verbunden ist Quantenrauschen $2q \cdot |I_{bg}| \cdot \Delta v$ nach [16.13]. Das Nutzlicht generiert bei abgeschalteter Modulation den Strom I'_{ph}. Der zugehörige Rauschbeitrag ist wieder Quantenrauschen $2q \cdot |I'_{ph}| \cdot \Delta v$ gemäß [16.13].

Die reale Diode enthält weiterhin einen Serienwiderstand R_s (siehe z.B. das Ersatzschaltbild Abb.4-5). Er verursacht thermisches Rauschen nach [16.14], das grundsätzlich als eigenständige Rauschquelle in das Ersatzschaltbild mit aufgenommen werden könnte. Üblicherweise wird es aber mit dem Rauschen des Lastwiderstandes zusammengefaßt, so daß R_s keine dioden<u>interne</u> Rauschquelle darstellt.

Die weiter unten folgende Abb.16-5 enthält die auf obiger Analyse aufgebaute Rauschersatzschaltung einer Photodiode. Dort sind die drei Rauschbeiträge des Dunkelstroms, der Hintergrundstrahlung und des Nutzlichtes mit Hilfe von [16.11] zusammengefaßt zu einer einzigen Schrotrauschquelle

$$i^2_{schrot,eff} = 2q\,|\,I\,|\,\Delta v \qquad \text{mit} \qquad |\,I\,| = \left|I'_{ph}\right| + \left|I_{bg}\right| + \left|I_{dunkel}\right| \qquad\qquad [16.17]$$

16.4 Zusatzrauschen durch die Lawinenmultiplikation in APD's

Photodioden ohne innere Verstärkung zeigen nur das Schrotrauschen der statistisch erzeugten Ladungsträger beim Durchgang durch die RLZ. In einer APD wird der primär erzeugte Photostrom um einen Faktor M verstärkt. Gleiches gilt auch für den Rauschstrom, in APD's sollte gemäß [16.12]

$$i_{schrot,eff} = \sqrt{2q\left\{\,|\,I\,|\cdot M\right\}\Delta v} \quad\Leftrightarrow\quad i^2_{schrot,eff} = 2q\,|\,I\,|\,\Delta v \cdot M^2 \qquad [16.18]$$

sein, mit
$$|\,I\,| = \left(\left|I'_{ph}\right| + \left|I_{bg}\right| + \left|I_{dunkel}\right|\right)_{prim} \qquad\qquad\qquad [16.19]$$

Der Zusatzindex "prim" soll dabei anzeigen, daß es sich bei den angegebenen Strömen um die noch unverstärkten Primärströme handelt. Allerdings ist der Multiplikationsvorgang von seinem Wesen her gleichfalls wieder ein statistischer Prozeß, der Multiplikationsfaktor M nach [15.7] ist eigentlich nur ein Mittelwert. Die Schwankungen der Multiplikation um den (Mittel)Wert M herum können interpretiert werden als zusätzliches, durch die Lawinenmultiplikation verursachtes Rauschen. Formal läßt sich dieses *Zusatzrauschen* erfassen durch einen Faktor F(M), mit dem die rechte Seite in [16.18] zu multiplizieren ist, um den korrekten Wert für $i^2_{schrot,eff}$ einer APD zu erhalten:

$$i^2_{schrot,eff} = 2q\,|\,I\,|\,\Delta\nu \cdot M^2 \cdot F(M) \qquad\qquad [16.20]$$

Der Zusatzrauschfaktor kann berechnet werden. Er ist unterschiedlich je nachdem, ob die Ionisationslawine von Elektronen ($M = M_n$) oder von Löchern ($M = M_p$) ausgelöst wird. Man kann zeigen:

a) Elektronen lösen die Lawine aus, $M = M_n$:

$$F(M_n) =: F_n = \frac{1}{\kappa_n} \cdot M_n + (1 - \frac{1}{\kappa_n})\left(2 - \frac{1}{M_n}\right) \qquad [16.21a]$$

b) Löcher lösen die Lawine aus, $M = M_p$:

$$F(M_p) =: F_p = \frac{1}{\kappa_p} \cdot M_p + (1 - \frac{1}{\kappa_p})\left(2 - \frac{1}{M_p}\right) \qquad [16.21b]$$

Darin sind $\kappa_n = a_n/a_p$ und $\kappa_p = a_p/a_n$ wieder die Ionisationsverhältnisse nach [15.8]. In Abb.16-4 ist der Verlauf der Funktion $F(M) = \frac{1}{\kappa} \cdot M + \left(1 - \frac{1}{\kappa}\right)\left(2 - \frac{1}{M}\right)$

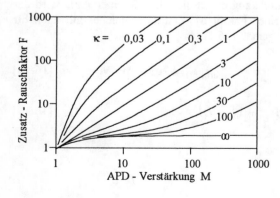

Abb.16-4:
Zusatzrauschfaktor F als Funktion der Verstärkung M. Für $\kappa = \kappa_n = a_n/a_p$ ist $M \equiv M_n$, für $\kappa = \kappa_p = a_p/a_n$ ist $M \equiv M_p$.

graphisch über M aufgetragen, Parameter an die Kurven ist der Wert κ. Die Graphik repräsentiert somit [16.21a], wenn man $\kappa = \kappa_n$ setzt, und [16.21b], wenn $\kappa = \kappa_p$ gesetzt wird. Man sieht, wie für festgehaltenes κ das Rauschen mit wachsender Verstärkung anwächst. Bei gegebener Verstärkung M ist F(M) um so geringer, je größer κ ist. Um das Zusatzrauschen möglichst gering zu halten, muß folglich sein

$$a_n \gg a_p \quad , \quad \text{wenn Elektronen die Ionisation starten } (\kappa = \kappa_n = a_n/a_p)$$
$$a_p \gg a_n \quad , \quad \text{wenn Löcher die Ionisation starten } (\kappa = \kappa_p = a_p/a_n)$$

Obige Fallunterscheidung zeigt eine Gemeinsamkeit auf: in beiden Fällen startet die stärker ionisierende Trägersorte die Lawine. In Umkehrung erhalten wir:

Für geringes Zusatzrauschen sollte die stärker ionisierende Ladungsträgerart die Lawine auslösen. Das Rauschen selbst ist um so geringer, je unterschiedlicher die Ionisationsfaktoren sind. Dieses Resultat stützt glücklicherweise die Ergebnisse der Abschitte 15.4 und 15.5, wonach unter diesen Voraussetzungen die Bandbreite am größten und die Durchbruchsgefahr am kleinsten ist.

Für praktische Anwendungszwecke wird der Verlauf der Funktion F(M) für festes κ_n bzw. κ_p häufig durch einen Potenzansatz approximiert:

$$F(M) = M^x \qquad\qquad [16.22]$$

Darin ist dann x eine materialspezifische Kenngröße. Typische Werte für x sind

	Silizium	Germanium	InP/InGaAs
x	0,3...0,4	0,9...1,0	$\approx 0,7$

In dem Rauschersatzschaltbild einer APD kann das Zusatzrauschen erfaßt werden durch eine weitere Rauschquelle. Sie wird <u>hinter</u> dem inneren Verstärker (siehe Abb. 16-5) eingefügt und liefert einen Rauschstrom mit dem Effektivwert-Quadrat

$$i_{zusatz,eff}^2 = 2q\,|\,I\,|\,\Delta v\,M^2\,[F(M) - 1] \qquad\qquad [16.23]$$

Der innere Verstärker multipliziert den Effektivwert [16.17] des primären Schrotrauschens der eigentlichen Photodiode mit M, das Quadrat des Effektivwertes hinter dem inneren Verstärker ist der durch [16.18] gegebene Rauschterm. Zu ihm liegt parallel die Zusatzrauschquelle mit einem Zusatz-Rauschstrom nach [16.23]. Die Kombination der beiden Rauschquellen gemäß [16.11] liefert dann das gesamte innere Rauschen der APD.

16.5 Rauschen in optischen Empfängern

Die in Abschn.16.4 und 16.5 betrachteten Rauschbeiträge entstammen alle der Photodiode selbst, sie bilden die inneren Rauschquellen der Photodiode. Wenn die Photodiode über eine Spannungsquelle U_q an einen Lastwiderstand R_L angeschlossen ist und der Spannungsabfall des Stromes über R_L weiterverarbeitet wird, dann bezeichnet man die Gesamtschaltung als *optischen Empfänger*. Abb.16-5 zeigt das vollständige Rauschersatzschaltbild eines optischen Empfängers. In ihm sind neben dem inneren Rauschen der Diode selbst noch weitere Rauschquellen erfaßt:

 – das thermische Rauschen des Lastwiderstandes selbst; es wird mit einer Rauschquelle nach [16.14] parallel zu R_L berücksichtigt.
 – das Rauschen des Verstärkers, der das Spannungssignal an R_L weiterverstärkt.

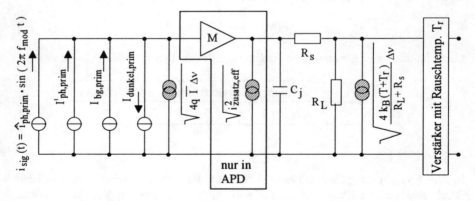

Abb.16-5: Rausch-Ersatzschaltbild des optischen Empfängers. Die unverstärkende Diode liefert einen Schrotrauschstrom mit $i^2_{schrot,eff} = 2q\,\overline{I}\,\Delta v$ und $\overline{I} = \left(I'_{ph} + I_{bg} + I_{dunkel}\right)_{prim}$.

Die Rauschstromquelle $i^2_{zusatz,eff} = 2q\,\overline{I}\,\Delta v\,M^2[F(M)-1]$ erfaßt das Zusatzrauschen der APD. Die Rauschbeiträge von R_s und R_L sind zusammengefaßt. Das Rauschen des nachfolgenden Verstärkers ist durch eine Rauschtemperatur T_r beim Widerstandsrauschen berücksichtigt.

Das Verstärkerrauschen kann in zwei unterschiedlichen Modellen erfaßt werden. Als Bezugsgröße wird in beiden Varianten das thermische Rauschen des Ausgangswiderstandes der den Verstärker speisenden Signalquelle herangezogen. In unserem Falle bildet (R_s+R_L) diesen Ausgangswiderstand. Im ersten Modell wird der Rauschstrom des thermischen Rauschens von (R_s+R_L) multipliziert mit einer *Rauschzahl* F_V des Verstärkers; das Vorgehen entspricht dem Vorgehen bei der Berücksichtigung des Zusatzrauschens der APD durch einen Rauschfaktor F(M). Im zweiten Modell wird das Rauschen des Verstärkers dadurch berücksichtigt, daß dem Lastwiderstand R_L eine Temperatur zugesprochen wird, die um T_r über seiner tatsächlichen Temperatur T liegt: $T \rightarrow (T+T_r)$. Dadurch wird das thermische Rauschen von (R_s+R_L) gemäß [16.14] künstlich erhöht. T_r heißt *Rauschtemperatur* des Verstärkers. Ein idealer rauschfreier Verstärker hat eine Rauschzahl $F_V = 1$ bzw. eine Rauschtemperatur $T_r = 0K$. In Abb.16-5 ist das Verstärkerrauschen durch eine Rauschtemperatur $T_r > 0$ beim Widerstandsrauschen einbezogen.

16.6 Signal/Rausch-Verhältnis in optischen Empfängern

Wir betrachten einen elektrischen Strom mit einem durch $i_{rausch,eff}$ charakterisierten Rauschanteil. Nachrichtentechnisch gesehen repräsentiere der Gesamtstrom oder ein Teil von ihm eine Information, er bilde ein Signal; dieser Anteil wird im weiteren mit i_{sig} bezeichnet. Die theoretische Nachrichtentechnik zeigt, daß die Qualität der Nachrichtenübertragung abhängt von dem Quotienten aus der mittleren elektrischen Leistung des Signalstromes und der mittleren elektrischen Leistung des Rauschens. Man nennt diesen Quotienten das *Signal/Rausch-Verhältnis* "S/N". Wenn man beide Leistungen an demselben Meßwiderstand R vergleicht, ist

$$"S/N" := \frac{\text{el. Leistung des Signals an R}}{\text{el. Leistung des Rauschens an R}} = \frac{R \cdot i_{sig,eff}^2}{R \cdot i_{rausch,eff}^2} = \frac{i_{sig,eff}^2}{i_{rausch,eff}^2} \qquad [16.24]$$

In Datenblättern wird das Signal-Rausch-Verhältnis meist im Pegelmaß angegeben, definiert durch

$$"SNR" := 10dB \cdot lg("S/N") \qquad [16.25]$$

Je größer "S/N" bzw. "SNR", desto besser ist die Qualität der Übertragung. In der Praxis wird für eine bestimmte Übertragungsqualität ein "SNR"-Mindestwert vorgegeben; z.B. wird für eine analog modulierte Farbfernsehübertragung nach der heutigen Norm ein "SNR" $\geq$ 45 dB (entsprechend einem "S/N" $\geq 10^{4,5} \approx 30000$)

gefordert. Für eine digitale Datenübertragung, bei der nur jedes 10^{-9}-te Bit vom Entscheider falsch interpretiert werden darf, genügt ein "SNR" $\geq 15{,}6$ dB entsprechend einem "S/N" $= 36$ am Entscheidereingang (hierbei ist vorausgesetzt, daß im Datenstrom die logischen Nullen und Einsen über einen längeren Zeitraum hinweg gleichhäufig sind). Die Grenze der Übertragung ist erreicht, wenn "S/N" $= 1$ geworden ist.

Wir berechnen im folgenden das Signal-Rausch-Verhältnis für einen optischen Empfänger mit einer APD als Photodetektor in der Beschaltung nach Abb.16-5, aber ohne die elektronische Nachverstärkung des Spannungssignales an R_L (also: Rauschtemperatur $T_r = 0$K). Der Rechnung werden die in den Gleichungen [16.15] und [16.16] erfaßten Bestrahlungs- und Stromverhältnisse zugrundegelegt. Die zu übermittelnde Information ist in der Amplitude bzw. in der Frequenz des Modulationslichtes enthalten. Deshalb stellt die um den Faktor M der internen Multiplikation verstärkte Modulationskomponente in [16.16] den Signalstrom im Sinne von [16.24] dar: $i_{sig}(t) = M \cdot \hat{i}_{ph,prim} \cdot \sin(2\pi f_{mod}\, t)$. Sein Effektivwert-Quadrat ist $i_{sig,eff}^2 = \frac{1}{2}\hat{i}_{ph,prim}^2\, M^2$. Der Gesamtrauschstrom ist eine Überlagerung des Schrotrauschens nach [16.18] (hierin ist die Verstärkung im Faktor M^2 bereits enthalten), des Zusatzrauschens der APD nach [16.23] und des thermischen Rauschens nach [16.14] der Serienschaltung aus Serienwiderstand R_s der Diode und Lastwiderstand R_L. Damit erhalten wir (berücksichtige [16.11])

$$"S/N" = \frac{I_{sig,eff}^2}{I_{schrot,eff}^2 + I_{zusatz,eff}^2 + I_{therm,eff}^2}$$

$$= \frac{(1/2)\cdot \hat{i}_{ph,prim}^2 \cdot M^2}{2q\,|I|\,\Delta\nu + 2q\,|I|\,M^2\big[F(M) - 1\big]\Delta\nu + 4k_BT\,\Delta\nu/(R_s + R_L)}$$

[16.26]

mit $|I|$ aus [16.19]. Üblicherweise ist $R_s \ll R_L$ und kann im weiteren unberücksichtigt bleiben. Schrotrauschen und Zusatzrauschen lassen sich zusammenfassen, und mit dem Ansatz [16.22] für die den Zusatzrauschfaktor $F(M)$ wird

$$"S/N" = \frac{\hat{i}_{ph,prim}^2 \cdot M^2}{4q\,|I|\,M^{2+x} + 8k_BT/R_L}\,\frac{1}{\Delta\nu}$$

$$= \frac{\hat{i}_{ph,prim}^2 \cdot M^2}{4q\left(|I'_{ph}| + |I_{bg}| + |I_{dunkel}|\right)_{prim} M^{2+x} + 8k_BT/R_L}\,\frac{1}{\Delta\nu}$$

[16.27]

Die Ströme $\hat{i}_{ph,prim}$, $I'_{ph,prim}$ und $I_{bg,prim}$ entstehen als unverstärkte Primärströme durch die elektrooptische Wandlung in der Diode aus den zugeordneten optischen Leistungen $\hat{p}_{opt}$, P'_{opt} und P^{bg}_{opt}. Für die Wandlung jeder Einzelkomponente gilt [13.17]: $I = \frac{q}{hf} \eta_{ext} P_{opt}$. Damit geht [16.27] über in

$$"S/N" = \frac{\left[\frac{q}{hf} \eta_{ext} \hat{p}_{opt}\right]^2 \cdot M^2}{4q\left[\frac{q}{hf} \eta_{ext}\left(P'_{opt} + P^{bg}_{opt}\right) + \left|I_{dunkel,prim}\right|\right]M^{2+x} + 8k_B T / R_L} \frac{1}{\Delta\nu}$$

[16.28]

Wir formulieren schließlich noch die Leistungsbeschreibung [16.15] um zu

$$P_{opt}(t) = P'_{opt} + \hat{p}_{opt} \sin(2\pi f_{mod} t)$$
$$= P'_{opt}\left[1 + m \cdot \sin(2\pi f_{mod} t)\right] \quad \text{mit} \quad m := \hat{p}_{opt}/P'_{opt}$$

[16.29]

und bezeichnen die Größe $m := \hat{p}_{opt} / P'_{opt}$ als *Modulationsgrad*. Dies liefert

$$"S/N" = \frac{\left[\frac{q}{hf} \eta_{ext} \hat{p}_{opt}\right]^2 \cdot M^2}{4q\left[\frac{q}{hf} \eta_{ext}\left(\hat{p}_{opt}/m + P^{bg}_{opt}\right) + \left|I_{dunkel,prim}\right|\right]M^{2+x} + 8k_B T / R_L} \frac{1}{\Delta\nu}$$

[16.30]

Will man das Rauschen des nachfolgenden Verstärkers mit der Verstärkung V mit berücksichtigen, dann muß man lediglich T durch (T+T_r) ersetzen. (Da sowohl der Signalstrom im Zähler wie alle Rauschströme im Nenner um denselben Faktor V verstärkt werden, kürzt sich V selbst wieder heraus).

Gleichung [16.30] zeigt direkt: das Signal-Rausch-Verhältnis wird größer, wenn
- der Dunkelstrom verringert wird
- die Fremdlichteinstrahlung unterbunden wird
- die Temperatur verringert wird
- ein möglichst großer Lastwiderstand R_L gewählt wird

Der Einfluß der internen Verstärkung M ist unübersichtlich. Zwar wächst die Signalleistung proportional zu M^2, aber gleichzeitig steigt einer der Rauschbeiträge proportional zu M^{2+x} an. Die interne Verstärkung kann somit aus Rauschgründen nicht beliebig hoch gemacht werden. Vielmehr gibt es einen optimalen Verstärkungswert M, für den "S/N" bei gegebener Signalleistung maximal bzw. bei dem der Leistungsbedarf $\hat{p}_{opt}$ bei vorgegebenem "S/N" minimal ist. Abb.16-6 stellt den aus [16.30] berechneten Zusammenhang $\hat{p}_{opt} = \hat{p}_{opt}(M)$ graphisch dar. Parameter an die Kurven ist das Produkt "S/N"·Δv. Die Kurven repräsentieren in etwa die Verhältnisse bei einer digitalen Basisband-Signalübertragung ("S/N"$\approx$40) mit einer Übertragungsrate von etwa 40Mbit/s (entsprechend $\Delta v = 25$MHz) bzw. 400kbit/s (entsprechend $\Delta v \approx 250$kHz).§ Man erkennt die optimale Verstärkung, bei der der Leistungsbedarf minimal ist, und sieht auch, daß die optimale Verstärkung von der Aufgabenstellung (hier ausgedrückt durch das Produkt "S/N"·Δv) abhängt.

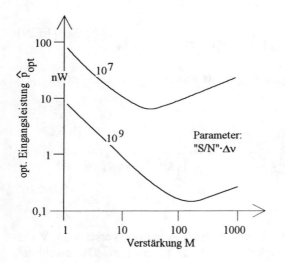

Abb.16-6:
Leistungsbedarf $\hat{p}_{opt}$ als Funktion der APD-Verstärkung. Parameter an die Kurven ist das Produkt "S/N"·Δv. Der Graphik liegt zugrunde eine mit Licht der Wellenlänge λ=0,85µm bestrahlte Si-APD und eine elektronische Nachverstärkung mit einem Verstärker der Rauschtemperatur T_r=150K. Gerechnet wurde mit x=0,4; η_{ext}=0,8; m=0,8; T=300K, $|I_{dunkel,prim}|$=10pA; R_L=20kΩ, R_s = 10Ω. Hintergrundlicht wurde nicht berücksichtigt

Der Nenner in [16.30] besteht aus mehreren Summanden. Je nach der dominierenden Rauschquelle können unterschiedliche Grenzfälle formuliert werden. Wir berechnen diese Grenzfälle für eine nichtverstärkende Diode (M = 1).

---

§ Dem Beispiel liegt ein Umrechnungsfaktor $\frac{\text{digitale Bitrate}}{\text{analoge Bandbreite}} = 1,6$ zugrunde. Es handelt sich hierbei um eine Abschätzung. Die genaue Umrechnung hängt ab von der exakten Form des Pulses, mit der die logische Eins dargestellt wird.

a) Das Quantenrauschen dominiert

Selbst wenn alle anderen Rauschursachen ausgeschaltet werden, bleibt das durch die Quantenstatistik hervorgerufene Schrotrauschen (Quantenrauschen). Es legt die absolute untere Grenze für die detektierbare optische Leistung fest. Die absolute detektierbare Minimalleistung $\hat{p}_{opt,min}$ ist diejenige Leistung, die bei ausschließlichem Quantenrauschen und dem Modulationsgrad m = 1 zu einem Signal-Rausch-Verhältnis "S/N"=1 führt. Hierfür erhält man aus [16.30] (beachte: M = 1)

$$\hat{p}_{opt,min} = \frac{4}{\eta_{ext}}\, hf\, \Delta\nu \qquad\qquad [16.31]$$

b) Das Schrotrauschen des Hintergrundes dominiert

Mit kleiner werdender Bandlücke verschiebt sich die Absorptionsgrenze zu höheren Wellenlängen, der Halbleiter ist einem erweiterten Spektralbereich strahlungsempfindlich. Die Photodiode registriert deshalb einen größeren Ausschnitt aus der Hintergrundstrahlung, deren spektrale Intensität zudem mit steigender Wellenlänge zunimmt (bei Zimmertemperatur liegt ihr Maximum bei $\lambda \approx 10\mu m$). In den meisten Empfängern für den infraroten Spektralbereich oberhalb etwa $3\mu m$ überwiegt deshalb das Rauschen des Hintergrundes alle anderen Rauschquellen. Derartige Dioden zählen zu den *background limited infrared photodetectors* (BLIP). Für BLIP-Dioden erhalten wir aus [16.30] die zur Einstellung eines vorgegebenen "S/N" notwendige Wechsellichtleistung $\hat{p}_{opt}$ (beachte: M = 1) zu

$$"S/N" = \frac{\left[\frac{q}{hf}\eta_{ext}\hat{p}_{opt}\right]^2}{4q\frac{q}{hf}\eta_{ext}P_{opt}^{bg}}\frac{1}{\Delta\nu} \quad \Rightarrow \quad \hat{p}_{opt} = \sqrt{\frac{4\,hf}{\eta_{ext}}P_{opt}^{bg}\,\Delta\nu\,"S/N"} \qquad [16.32]$$

c) Das thermische Rauschen des Lastwiderstandes dominiert

In den nichtverstärkenden optischen Empfängern für den sichtbaren und nahen infraroten Spektralbereich dominiert meistens das thermische Rauschen von R_L. In diesem Fall geht [16.30] über in (beachte wieder: M = 1)

$$"S/N" = \frac{\left[\frac{q}{hf}\eta_{ext}\hat{p}_{opt}\right]^2}{8k_BT/R_L}\frac{1}{\Delta\nu} \quad \Rightarrow \quad \hat{p}_{opt} = \frac{hf}{q\,\eta_{ext}}\sqrt{\frac{8k_BT}{R_L}\Delta\nu\,"S/N"}$$

$$[16.33]$$

Die Leistung $\hat{p}_{opt}$ ist wieder die Amplitude derjenigen Wechsellichtleistung, die benötigt wird, um unter den angegebenen Voraussetzungen den vorgegebenen Wert "S/N" des Signal-Rausch-Verhältnisses zu erzielen.

Gl.[16.33] enthält noch den Frequenzbereich Δv. Je kleiner Δv, desto größer ist "S/N" bei gegebenem $\hat{p}_{opt}$ bzw. desto geringer ist die optische Leistung, die für ein vorgegebenes "S/N" benötigt wird. Wenn nur eine einzige Frequenz f_{mod} über-tragen werden soll, kann Δv mit einem passend gewählten Bandpaßfilter sehr klein gemacht werden: das Filter mit den Eckfrequenzen v_1 und $v_2 = v_1 + \Delta v$ muß ledig-lich $v_1 < f_{mod} < v_2$ erfüllen. In der Praxis wird nicht nur eine Einzelfrequenz, son-dern ein ganzes Frequenzspektrum übertragen, und v_1 und v_2 müssen so gesetzt werden, daß das ganze Spektrum passieren kann.

Auch ohne ein separat zugeschaltetes Bandpaßfilter ist in einer Empfängerschal-tung nach Abb.16-5 der übertragbare Modulationsfrequenzbereich nach oben be-grenzt durch die Tiefpaßwirkung der Sperrschichtkapazität C_j in Verbindung mit dem Lastwiderstand R_L (sofern nicht schon vorher andere frequenzbeschneidende Mechanismen wie z.B. Laufzeiteffekte effektiv werden). Äußerstenfalls kann des-halb f_{mod} zwischen 0Hz und der 3-dB-Tiefpaß-Grenzfrequenz $1/(2\pi R_L C_j)$ variie-ren, die Übertragungsbandbreite ist $B = 1/(2\pi R_L C_j) - 0Hz = 1/(2\pi R_L C_j)$. Auch das Rauschen wird durch den Tiefpaß auf den Frequenzbereich B limitiert, d.h. es ist $\Delta v = B$. Üblicherweise wird vom Empfänger verlangt, daß er eine vorgegebene Modulationsbandbreite B detektieren können muß. Da die Sperrschichtkapazität C_j durch die Diode und die Vorspannung festlegt, bleibt als Einstellparameter der Lastwiderstand R_L übrig. R_L muß so ausgesucht werden, daß $1/(2\pi R_L C_j) \geq B$ ist, also muß $R_L \leq 1/(2\pi B C_j)$ gewählt werden. Setzt man diesen Wert für R_L in [16.33] ein, so erhalten wir als notwendige optische Leistung (beachte: $\Delta v \equiv B$)

$$m \cdot P'_{opt} = \hat{p}_{opt} \geq \frac{4\,hf}{q\,\eta_{ext}} \sqrt{k_B T \pi C_j\; "S/N"} \cdot B \qquad\qquad [16.34]$$

Gl.[16.34] läßt erkennen: die benötigte optische Leistung ist poprtional zur Band-breite B und zur Wurzel aus der Sperrschichtkapazität C_j. C_j ist seinerseits nach [4.25] proportional zur Querschnittsfläche A des Halbleiters und damit zur Licht-eintrittsfläche der Diode. Je kleiner die Querschnittsfläche, desto geringer somit der Leistungsbedarf $\hat{p}_{opt}$ bzw. $P'_{opt} = \hat{p}_{opt}/m$.

Beispiel:

Mit einer pin-Diode soll Licht der Wellenlänge $\lambda = 0{,}88\mu m$ ($\Rightarrow$ hf = 1,4eV) bei Zimmertemperatur ($\Rightarrow k_B T = 26 meV$) empfangen werden. Die Diodenkapazität ist $C_j = 1pF$, die Quantenausbeute $\eta_{ext} = 0{,}8$. Das Licht ist moduliert (Modulationsgrad m = 0,8) und überträgt als Information ein Farbfernsehbild. Die hierzu benötigten Modulationsfrequenzen reichen von 0Hz bis 5 MHz. Der Empfänger muß somit die Bandbreite B = 5MHz detektieren können, und dementsprechend muß R_L ausgesucht werden. Weiterhin muß für eine einwandfreie Bildqualität ein SIgnal-Rausch-Verhältnis "S/N" $\geq 10^{4{,}5}$ gefordert werden. Daraus berechnet sich die optische Wechsellichtleistung, die auf die Diode auftreffen muß, zu $\hat{p}_{opt} \geq 0{,}9\mu W$.

16.7 Rauschäquivalente optische Leistung und Nachweisvermögen

Als *rauschäquivalente optische Leistung (noise equivalent power)* "NEP" bezeichnet man die nachfolgend definierte **optische** Leistung

$$"NEP" := \frac{1}{\sqrt{2}} \hat{p}_{opt}\Big|_{"S/N"=1;\, m=1} \qquad [16.35]$$

$\hat{p}_{opt}$ ist die Amplitude der sinusförmigen **optischen** Wechselleistung, $\hat{p}_{opt}/\sqrt{2}$ somit der Effektivwert der **optischen** Wechselleistung. Die "NEP" gibt demnach den Effektivwert derjenigen **optischen** Leistung an, die bei einem Modulationsgrad m = 1 einen Signalstrom erzeugt, dessen elektrische Leistung gleich der elektrischen Leistung aller Rauschbeiträge ist ("S/N" = 1). Der Zahlenwert der "NEP" ist der Effektivwert der kleinstmöglichen **optischen** Wechselleistung, die der Empfänger noch registrieren kann. Formelmäßig erhält man den "NEP"-Wert, indem man in [16.30] "S/N" = 1 und m = 1 setzt, nach $\hat{p}_{opt}$ auflöst und das Ergebnis in [16.35] einsetzt.

Es ist offenkundig, daß die "NEP" abhängt von dem Wert des Lastwiderstandes R_L und der Rauschbandbreite Δv, aber auch vom Betriebszustand der Photodiode (der Betriebszustand geht in den primären Dunkelstrom und den Multiplikationsfaktor ein) und den Strahlungsspezifikationen (z.B. Lichtwellenlänge). Die "NEP" bewertet demnach das Verhalten einer Photodiode innerhalb einer durch R_L und Δv charakterisierten Empfängeranordnung unter speziellen Betriebsbedingungen. Die Angabe der "NEP" in einem Datenblatt ist deshalb nur dann aussagekräftig, wenn die zugehörigen Zahlenwerte und Spezifikationen mit angegeben sind.

Häufig ist die "NEP" proportional zu $\sqrt{\Delta\nu}$. Wenn beispielsweise das Rauschen des Hintergrundes dominiert, erhalten wir aus [16.32] als "NEP"

$$"NEP"\Big|_{\substack{\text{überwiegend} \\ \text{Hintergrundrauschen}}} = \sqrt{\frac{2\,hf}{\eta_{ext}}P_{opt}^{bg}\,\Delta\nu} \qquad [16.36]$$

Ebenso ist "NEP" $\sim \sqrt{\Delta\nu}$, wenn das Schrotrauschen des Dunkelstromes oder das thermische Rauschen des Lastwiderstandes überwiegt. Von manchen Herstellern wird deshalb im Datenblatt der Diode nicht die "NEP" selbst, sondern der Quotient "NEP"$/\sqrt{\Delta\nu}$ mit der Dimension $W/\sqrt{Hz}$ angegeben. Es ist ärgerlich, daß manchmal dieser Quotient insgesamt als "NEP" bezeichnet wird.

Bei den hintergrundrauschbegrenzten Dioden (BLIP's) ist die "NEP" proportional zu $\sqrt{P_{opt}^{bg}}$, siehe [16.36]. Eine optische Leistung P_{opt} ist ihrerseits verknüpft mit der Intensität S der Strahlung durch $P_{opt} = S \cdot A$; darin ist A die bestrahlte Fläche. Man kann in [16.36] die Leistung der Hintergrundstrahlung durch deren Intensität ersetzen. Damit wird die "NEP" proportional zu $\sqrt{A} \cdot \sqrt{\Delta\nu}$. Diese Eigenschaft wird von den Herstellern von BLIP's benutzt, um eine BLIP-Diode durch ihr *Nachweisvermögen (detectivity)* $D^*(\lambda)$ zu charakterisieren. D^* ist definiert durch :

$$D^*(\lambda) := \frac{\sqrt{\Delta\nu}\,\sqrt{A}}{"NEP"(\lambda)} \qquad [16.37]$$

und hat die Dimension $cm \cdot \sqrt{Hz}/W$. Eine BLIP-Diode gilt als um so besser, je höher der Zahlenwert für D^* bei der gewünschten Wellenlänge λ ist.

Mittlerweile werden auch für nicht-hintergrundrauschbegrenzte Photodioden D^*-Zahlenwerte in den Datenblättern angegeben. Man benutzt die D^*-Werte als Gütekriterium zum Vergleich verschiedener Dioden. Sinnvoll ist ein solcher Vergleich nur, wenn tatsächlich in allen Empfängern "NEP" $\sim \sqrt{A} \cdot \sqrt{\Delta\nu}$ ist und zudem beim Einsatz die <u>gesamte</u> strahlungsempfindliche Fläche der Dioden homogen mit Licht konstanter Intensität (Bestrahlungsstärke) beleuchtet würde.

Anhänge

Anhang A

Kenndaten einiger für die Optoelektronik wichtiger Halbleiter
(bei 300K; m_0 ist die Masse des freien Elektrons)

Indirekte Halbleiter

	Si	Ge	GaP	AlAs
Bandlücke W_g (eV)	1,12	0,66	2,261	2,163
Grenzwellenlänge λ_g (μm)	1,107	1,878	0,548	0,573
Gitterkonstante a (nm)	0,5431	0,5646	0,5451	0,5660
relative Dielektrizitätskonst. ε_r	11,9	16,0	11,1	10,1
eff. Zustandsdichte N_c (cm^{-3})	$2,8 \cdot 10^{19}$	$1,0 \cdot 10^{19}$	$1,7 \cdot 10^{18}$	
eff. Zustandsdichte N_v (cm^{-3})	$1,0 \cdot 10^{19}$	$4,0 \cdot 10^{18}$	$1,1 \cdot 10^{19}$	
eff. Elektronenmasse m_n/m_0	1,0	1,3	0,82	0,15
eff. Löchermasse m_p/m_0	0,5	0,3	0,6	0,8
intrins. Konzentration n_i (cm^{-3})	$1,5 \cdot 10^{10}$	$2,4 \cdot 10^{13}$	$2,7 \cdot 10^{0}$	
Brechzahl n^* (bei $\lambda = \lambda_g$)	3,5	4,2	3,45	3,18

Direkte Halbleiter

	GaAs	InP	InAs	InSb
Bandlücke W_g (eV)	1,424	1,351	0,360	0,172
Grenzwellenlänge λ_g (μm)	0,871	0,918	3,444	7,208
Gitterkonstante a (nm)	0,5653	0,5869	0,6058	0,6479
relative Dielektrizitätskonst. ε_r	13,1	12,4	14,6	17,7
eff. Zustandsdichte N_c (cm^{-3})	$4,2 \cdot 10^{17}$	$5,2 \cdot 10^{17}$	$8,5 \cdot 10^{16}$	$4,5 \cdot 10^{16}$
eff. Zustandsdichte N_v (cm^{-3})	$8,1 \cdot 10^{18}$	$1,2 \cdot 10^{19}$	$6,2 \cdot 10^{18}$	$6,2 \cdot 10^{18}$
eff. Elektronenmasse m_n/m_0	0,067	0,077	0,023	0,015
eff. Löchermasse m_p/m_0	0,48	0,64	0,40	0,40
intrins. Konzentration n_i (cm^{-3})	$1,55 \cdot 10^{6}$	$8,9 \cdot 10^{6}$	$6,4 \cdot 10^{14}$	$1,8 \cdot 10^{16}$
Brechzahl n^* (bei $\lambda = \lambda_g$)	3,65	3,45	3,52	4,0

Anhang B

Bandlücke W_g und Gitterkonstante a wichtiger Halbleiter und halbleitender Legierungen. Die Punkte kennzeichnen Elementhalbleiter (Si, Ge) oder Mischungshalbleiter
aus zwei Komponenten (binäre Halbleiter). Auf den Verbindungslinien zwischen je zwei
binären Halbleitern liegen die aus diesen Halbleitern gemischten Legierungen aus dann
drei Komponenten (ternäre Halbleiter) (Beispiel: auf der Verbindungslinie zwischen
GaAs und GaP liegen alle Mischkristalle mit der Zusammensetzung $GaAs_{1-x}P_x$).
Im unteren Teilbild ist das quaternäre Materialsystem $In_{1-x}Ga_xAs_yP_{1-y}$ herausgegriffen.
Die gestrichelten Linien geben die Legierungsmöglichkeiten auf InP bzw. GaAs als
Substrat an. Die Bandlücke technisch herstellbarer Mischungshalbleiter reicht von
0,74eV bis 1,35eV auf InP-Substrat und von 1,424eV bis 1,82eV auf GaAs-Substrat.

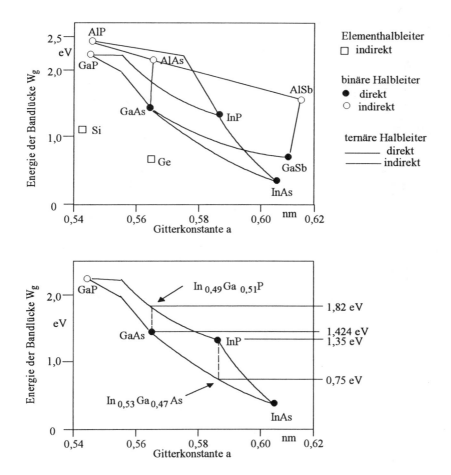

Anhang C

Berechnete Bandstrukturen W(k) wichtiger Halbleiter in den Kristallrichtungen [100]
und [111]. Die Energie der Valenzbandoberkante wurde willkürlich W = 0eV gesetzt.
Der schraffierte Bereich bildet die Bandlücke W_g. a ist die Gitterkonstante der üblichen
Elementarzelle. Zahlenwerte für W_g und a siehe die Tabelle in Anhang A

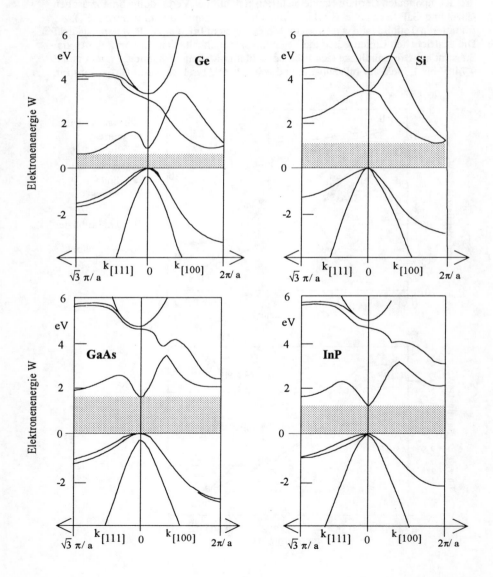

Anhang D

Phononenenergien in den Kristallrichtungen [100] und [111] ($K \equiv K_{Phonon}$).
Die Bezeichnungen an den einzelnen Ästen kennzeichnen die longitudinalen und
transversalen optischen (LO, TO) und akustischen (LA, TA) Phononen. Ein Vergleich
mit der Abbildung Anhang B zeigt, daß die Phononenenergie bei allen K-Werten
wesentlich kleiner ist als die elektronische Bandlückenenergie W_g

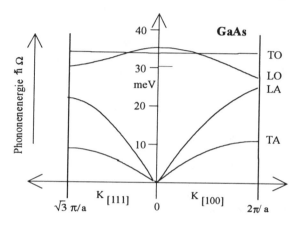

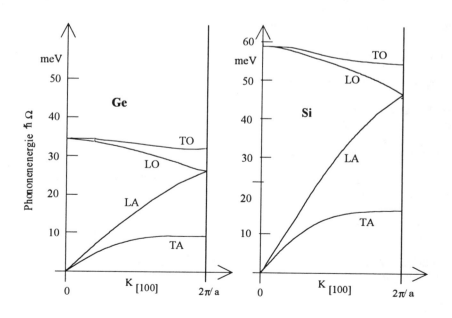

Literaturverzeichnis

Dieses Literaturverzeichnis umfaßt alle mir bekannten deutschsprachigen Lehrbücher zum Fachgebiet "Optoelektronik". Es enthält ferner eine Auswahl von Büchern, deren Hauptthema zwar nicht die Optoelektronik ist, die aber ebenfalls optoelektronische Bauelemente und Wirkprinzipien mehr als nur am Rande besprechen.

Bleicher, M.: *Halbleiter-Optoelektronik*   Heidelberg: Hüthig 1986

Ebeling, K.J.: *Integrierte Optoelektronik*   Berlin: Springer 1992

Fischbach, J.U. et al.: *Optoelektronik - Bauelemente der Halbleiter-Optoelektronik*
Grafenau: Expert 1982

Fouckhardt, H.: *Photonik*   Stuttgart: Teubner 1994

Grau, G.; Freude, W.: *Optische Nachrichtentechnik*   Berlin: Springer 1991

Harth, W.; Grothe,H: *Sende- und Empfangsdioden für die optische Nachrichtentechnik*
Stuttgart: Teubner 1984

Herter, E.; Graf, M.: *Optische Nachrichtentechnik*   München: Hanser 1994

Jansen, D.: *Optoelektronik*   Braunschweig: Vieweg 1993

Jones, K.A.: *Optoelektronik*   Weinheim: VCH-Verlag 1992

Paul, R.: *Optoelektronische Halbleiterbauelemente*   Stuttgart: Teubner 1992

Ross, D.A.: *Optoelektronik*   München: Oldenbourg 1982

Strobel, O.: *Lichtwellenleiter-Übertragungs- und Sensortechnik*
Berlin: vde-Verlag 1992

Sze, S.M.: *Semiconductor Devices*   New York: Wiley 1985

Unger, H.G.: *Optische Nachrichtentechnik II: Komponenten, Systeme, Meßtechnik*
Heidelberg: Hüthig 1993

Winstel, G.; Weyrich, C.: *Optoelektronik I: Lumineszenz- und Laserdioden*
Berlin: Springer 1981

Winstel, G.; Weyrich, C.: *Optoelektronik II: Photodioden, Phototransistoren,
Photoleiter und Bildsensoren*   Berlin: Springer 1986

Sachverzeichnis

Absorption 78
    durch freie Ladungsträger 84, 128
    mit Phononenbeteiligung 81
    Einfluß der Dotierung 83
    fundamentale (Band-Band) 80, 195
Absorptionskante 80, 195
Absorptionskonstante 80, 82
Absorptionsrate 118
Absorptionszone, separate 244
Abstrahlcharakteristik
    der LED 109
    des Lasers 171
aktive Zone eines Lasers 116
Akzeptor 34
Amplitudengang
    der LED 113
    des Lasers 175
    der Photodiode 207, 237
Amplitudenbedingung 136, 139
Anschwingbedingung für die Selbst-
    Erregung) 136, 140
Auger-Rekombination 68, 95, 221
Avalanche-Photodiode (APD) 226

background limited infrared photo-
    detector (BLIP) 265, 268
Band, parabolisches 19
Bandabstand (Bandlücke) 17
Band-Band-Übergang 63
Bandbreite, 3dB-
    elektrische 207, 217, 236
    optische 207
Banddiskontinuität 59
Bandenform der LED-Strahlung 108
band gap engineering 57, 184
Bandstrukturdiagramm 16
Band-Term-Übergang 64
Bandverbiegung 43, 46
Bändermodell 22
Bauformen
    der LED 103

    des Lasers
    der Photodiode 220, 248
Beer'sches Gesetz 78, 125
Besetzungswahrscheinlichkeit 26
Beweglichkeit der Ladungsträger 45
Bilanzgleichungen
    Generations-Rekombinations- 63
    der LED 112
    beim Laserverstärker 130
    beim Laseroszillator 146/147
BLIP 265, 268
BH-Laser 163
Boltzmann-Näherung 29
Bragg-Bedingung 181
Bragg-Reflektor 181

Confinement
    electrical 135, 152, 185
    optical 157, 186

Dämpfung 78
    negative 125
Dämpfungskonstante 79
DBR-Laser 181
Demodulationsbandbreite 207, 212
detectivity 206, 268
DFB-Laser 181
DH-Laser 154
Diffusionsgebiet 48
Diffusionskapazität 54
Diffusionslänge 47
Diffusionsspannung 42, 196
Diffusionsstrom 4
Diffusionsphotostrom 200
Diffusionsschwanz 215
Diodenlaser 134
Donator 34
Doppelheterostruktur (DH) 58
Dotierung 34
    entartete 38, 123, 133, 151
    n-, p- leitend 34

Driftbewegung und Influenzstrom 192
Driftgeschwindigkeit 192, 213, 225
   Sättigung der - 213, 226
Driftstrom 42
Driftphotostrom 200
Dunkelstrom 195
Durchlaßstrom 46
Durchbruch, elektrischer 229, 246
Durchbruchsspannung 229

Eigenleitungsdichte 31, 33
Eigendämpfung 99, 103
Einfachheterostruktur (SH) 58
Einstein-Koeffizient 119
Eindringtiefe 83, 212
Einfangzeit 75
Einmoden-Bilanzgleichungen 146/147
Einschaltverzögerung des Lasers 177
Einschlußvermögen 62, 135, 152, 185
Einstrahlkoeffizient 145
ELED 104
Elektron, frei bewegliches 23
Elektronenfehlstelle 23
Elektronenlebensdauer 77
Elektronenbilanz 144
Emission von Strahlung 85
   spontane 91, 92, 115
   stimulierte (induzierte) 91, 115
Emissionsrate 118
Emissionsspektrum
   der LED 108
   des Lasers 150, 169
Empfänger, optischer 260
Empfindlichkeit, spektrale 197, 201, 227
Energieband 17
Energieband-Ortsdiagramm 22
Energieflußdichte 10
Entartung 29, 123
Ersatzschaltbild
   der Strom/Licht-Wandlung eines
   Lasers 177
   einer realen pn-Diode 53
   einer Photodiode 198
   einer Rauschquelle 251

eines optischen Empfängers 260
dynamisches 54, 216
Erwärmung 111
Erwartungswert 12
Exziton 89, 94, 97

Fabry-Perot-Bedingung 140
Fabry-Perot-Resonator 137
Fensterwirkung 219
Fermi-Niveau (-Energie) 32
Fermi-Dirac-Verteilung 26
Fermi-Integralfunktion 29
Filmwellenleiter 156
Flächenemitter 104
Flußspannung 53, 115
Fourier-Transformierte 250
FP-Laser 137
Füllfaktor, optischer 157, 186
Fundamentalabsorption 79, 116

Generationsrate 64
Geschwindigkeit, thermische 20
Gewinn, optischer 125
Gitterkonstante 15, 57
Gitteranpassung 57
Gleichgewicht, thermodynamisches 31
   detailliertes 65
Grenzfrequenz
   elektrische 207
   optische 113, 207
   einer LED 113
   eines Lasers 176
   einer Photodiode 207, 217, 236
Grenzwellenlänge 79
Grenzwinkel der Totalreflexion 106
GRINSCH-Struktur 186
Grundmode des Filmwellenleiters 157
Gruppenbrechungsindex 9
Gruppengeschwindigkeit 9, 121
Gütekriterien für Photodioden 206

Halbleiter
   direkter, indirekter 18
   dotierter, undotierter 22ff

intrinsischer 31, 211
kompensierter 38
Halbleiterlaser 115ff
Heisenberg-Unschärfe 35, 119
Hetero-Übergang 57
diodenbildender 58
isotyper 58
Einfach-, Doppel- 58
Heterostruktur-Laser 152ff
Heterostruktur-Photodioden 217ff
Hintergrundstrahlung 256
Hochfeldzone 225
Homostruktur-Laser 151
Homo-Übergang 57

Impulserhaltung 66, 82
Indexführung 163
Influenzstrom 191
Injektion von Minoritäten 47, 93, 131
Injektionseffizienz 51, 62, 93, 133, 152
Injektionsstrom 51, 129
Injektionsverhältnis 51, 61
Intensität 10
Intensitätsprofil einer Filmwelle 157
Intensitätsrauschen 254
Interferenzspiegel 188
Intrabandrelaxation 119
intrinsische Zone (i-Zone) 211
Inversion 116
Inversionsbedingung 122, 123
Inversionszone 116
Ionisierungsenergie 35
Ionisationskoeffizient 224
Ionisationsverhältnis 229
IRED (infrared emitting diode) 93

Kantenemitter 104
Kennlinie
elektrooptische der LED 111
elektrische der LED 114
elektrooptische des Lasers 168
elektrische des Lasers 179
optoelektrische der Photodiode 199
elektrische der Photodiode 198

k-Erhaltung 21, 66, 80
Kernschicht eines Wellenleiters 156
Kleinsignalaussteuerung 54
Kleinsignalnäherung der Laser-
Bilanzgleichungen 175
Kramers'sches Theorem 15
Kompensationsnetzwerk 177
Kontinuitätsgleichung 50
Kohärenz und spektrale Linienbreite 170
Kohärenzlänge, -zeit 170
Kristallimpuls eines Elektrons 21

Ladungsträger, frei beweglicher 23
Ladungsträgereinschluß 135, 152, 185
Ladungsträgerinjektion 47, 93, 131
Ladungsträgervervielfachung 223
Lambertstrahler 110
LASER (Namensgebung) 116
Laserdioden 151ff
Homostruktur 151
BH 163
DH 154
SH 153
DBR 181
DFB 181
MQW 184
GRINSCH 186
SCH 186
gewinngeführt 163
indexgeführt 163
Bleisalz- 165
Laserbedingung: erste 122
zweite 141
Lawineneffekt 223
Lawinen-Photodiode (APD) 226
Lawinenansprechzeit 236
Lebensdauer 87, 94
stahlend, nichtstrahlend 106, 114
Photonen- 146, 152
Minoritätsträger- 47, 77
bei Band-Band-Übergängen 73
bei Band-Term-Übergängen 74
LED 93
Leistung, minimal detektierbare 263

Leistungswirkungsgrad (Solarzelle) 209
Leitfähigkeit, elektrische 45
Leitungsband 17
Leuchtzone 93
Licht 5
Linienabstand, spektraler 170
Lichtbeugung 171
lichtemittierende Diode (LED)
Lichtwellenleiter 156
Lichtführung in der aktiven Zone 155
    Gewinnführung (aktive Führung) 163
    Indexführung (passive Führung) 163
lo-hi-lo-Struktur 243
Loch 23
Löcherlebensdauer 47, 77
Lorentzprofil 120

Majoritätsladungsträger 34
Mantel eines Wellenleiters 156
Masse eines Ladungsträgers
    effektive 19
    Zustandsdichte- 25
Mehrfach-Quantentopf (MQW) 183
Mehrmoden-Bilanzgleichungen 149
Mehrmodenspektrum (Laser) 150, 169
Mesa-Aufbau 220, 248
Minibänder 184
Minoritätsladungsträger 34
Minoritätsträgerlebensdauer 77
Mischungshalbleiter 57
Moden
    Frequenzmode 141
    Raummode 157
Modenspringen (mode hopping) 174
Modulationsgrad 262
Modulationsübertragungskennlinie
    der LED 111, 113
    des Lasers 175
MQW-Struktur 183
Multimodenspektrum (Laser) 150, 169
Multiplikationsfaktor einer APD 226
Multiplikationszone 225

Nachweisvermög. (detectivity) 206, 268

noise equivalent power (NEP) 206, 267

Oberflächenemittierender Laser 188
Ohren in der Abstrahlcharakteristik 172
Oszillator 136

Paar-Generation 69
Paar-Rekombination 70
Phasenbedingung 136, 140
Phasengeschwindigkeit 6
Phonon 67
photoconductive mode 197
Photodiode190, 196
    Prinzipaufbau 197
Photodiodenbetrieb 197
Photoelementbetrieb 209
Photon 6
Photonenbilanz 146
Photonenlebensdauer 146, 152
Photospannung 196
Photostrom 195
Photodiode 197ff
photovoltaic mode 209
pin-Photodiode 210
Planar-Aufbau 220, 248
pn-Photodiode 197
pn-Übergang 40
Polarisation des Laserlichtes 172
poröses Silizium 103
Potentialmulde (-topf) 62, 183
Profilfunktion 120
Pumpstrom 129, 133

Quantenausbeute 200
Quantenwirkungsgrad 106
Quantenrauschen 254
Quantentopf (QW) 183
Quantentopflaser 184
Quasi-Fermi-Niveau (Energie) 27

RAPD 242
Rate 64
Ratengleichungen 63, 112, 130, 146
Raumladungszone 42

Rauschen
    Intensitäts- 254
    Schmalband- 252
    Schrot- 253
    thermisches (Widerstands-) 255
    Quanten- 254
    Verstärker- 261
    weißes 252
    Zusatz- einer APD 231, 258
    in optischen Empfängern 260
Rauschersatzschaltbild 251, 255, 259
Rauschleistungsdichte, spektrale 251
Rauschäquivalente optische Leistung
    (NEP) 206, 267
Rauschstromdichte, spektrale 251
Rauschtemperatur 261
Rauschzahl 261
RC-Einfluß 54, 114, 177, 216, 239, 266
Re-Absorption 103, 162
reach-through-Spannung 241
Read-Struktur (APD) 243
Rekombination
    Band-Band- 63
    Band-Term- 64
    direkte, indirekte 69
    strahlende, nichtstrahlende 69
Rekombinationsrate 64
Rekombinationszentrum, tiefes 74, 94
Resonatorverlust 138/139
Resonanzüberhöhung 176
responsivity 197, 201
Rückkoppelung 136

Sättigungsdriftgeschwindigkeit 213, 226
SAM-APD, SAGM-APD 244, 245
Sammelwirkungsgrad 205
SCH-Aufbau 186
Schmalbandrauschen 252
Schrotrauschen 253
Schutzring 248
Schwellenbedingung
    für den Laser als Oszillator 139, 141
    für den Laser als Verstärker 128
Schwellenstromdichte 131, 142, 148

Schwellenträgerdichte 129, 141
Schwellenverstärkung 128, 139, 141
Selbstabsorption(Re-Absorpt.) 103, 162
Selbsterregung 136, 140
SH-Laser 153
Shockley'sche Diodengleichung 52
Shockley-Read-Hall-Modell 74
Signal-Rauschverhältnis 206, 262, 265
S/N 206, 261, 264
Solarzelle 209
Sperrschichtkapazität 54
Störstelle
    isoelektronische 88, 94, 97
    tiefe 34, 64
Störstellenband 36
Stoßionisation 221
Stromanregung 129, 133
Stromrauschen 249
Stromwirkungsgrad 105
Stromverstärkung (APD) 226
Streifenlaser 163
Substratmaterial 57
Super-LED 104

Temperaturabhängigkeit 111, 173, 247
Temperatur, charakteristische 173
Temperaturspannung 42
Term 64
Totalreflexion 106, 156
Transitzeit durch die Hochfeldzone 234
Transparenzdichte 127
Tunneln von Ladungsträgern 184, 243

Übergangstypen (Nomenklatur) 69
Übergangswahrscheinlichkeit 72, 75
Überschußladungsträger 47
Überschußgeneration 70
Überschußrekombination 47, 74

Valenzband 17
van Roosbroek-Shockley-Rekombinations-
    wahrscheinlichkeit 72, 87, 108
VCSEL 188
Verarmungszone (Raumladungszone) 44

Verstärkung, optische (Laser) 125
    differentielle 127
Verstärkung, Strom- (APD) 226
    kritische 229, 236
Verluste
    Auskoppel- 166
    intrinsische 128
    Resonator- 138/139
Verstärkungs-Bandbreite-Prod. 238, 239
Verzögerungszeit 177
Vielmodenspektrum (Laser) 150, 169

W(k)-Diagramm 16
Wellenführung im Streifenlaser
    aktiv (gewinngeführt) 165
    passiv (indexgeführt)
Wellengruppe (- paket, -puls) 8
Wellenzahl 5
Widerstand, dynamischer 54
Widerstandsrauschen 254

Wirkungsgrad
    differentieller 167
    externer (Gesamt-) 95, 200, 227
    interner 167
    Leistungs- 209
    optischer 106
    Quanten- 106
    Strom- 105

Zählpfeil 46
Zener-Effekt 242
Zone, verbotene 17
Zustandsdichte
    effektive 25
    spektrale 24
Zustandsdichtemasse 25
Zusatzgeneration 56, 202
Zusatzrauschen einer APD 231, 258
Zusatzrauschfaktor 258

Liste gebräuchlicher Abkürzungen für Strukturen und Wirkprinzipien

APD	Avalanche Photodiode	226
BH	Buried Heterostructure	163
DBR	Distributed Bragg Reflector	181
DFB	Distributed Feedback	181
DH	Double Heterostructure	58, 62
ELED	Edge Emitting LED (kantenemittierende LED)	104
FP	Fabry-Perot	137
GRINSCH	Graded Index Separate Confinement Heterostructure	186
IRED	Infrared Emitting Diode	93
MQW	Multiple Quantum Well	183
pin	Dotierfolge: p-dotiert, intrinsisch, n-dotiert	211
QW	Quantum Well	183
RAPD	APD mit "reach-through" des elektrischen Feldes	242
SCH	Separate Confinement Heterostructure	186
SAGM	Separate Absorption and Graded Multiplication	245
SAM	Separate Absorption and Multiplication	244
SQW	Single Quantum Well	185
SH	Single Heterostructure	58
VCSEL	Vertical Cavity Surface Emitting Laser	188

Errata zu: W.Bludau, *Halbleiter-Optoelektronik*

Folgende Fehler wurden leider erst nach Drucklegung des Buches entdeckt:

S.158, Abb.10:5: In der Bildunterschrift muß es heißen: ... $n^*_{M1} = n^*_{M2} = 3,4$

S.166, Gl.[11.3] muß heißen:
$$P_{opt} = -\left(\partial W_{opt}/\partial t\right)\Big|_{Auskopplung} = \alpha_R \, v_{gr} \, hf \, d \, \Delta A \, \rho_{ph}$$

S.175, Gl.[11.19] muß heißen:
$$\hat{p}_{opt}(\omega) = \frac{hf}{q} \eta_d \, \hat{i} \cdot H(\omega) = \hat{p}_{opt}(\omega = 0) \cdot H(\omega)$$
Im unmittelbar nachfolgenden Text muß es heißen:
Eine Auftragung von $\hat{p}_{opt}$ über $\hat{i}$ liefert die *Modulationsübertragungskennlinie*

S.217: Im Kommentar zu Gl.[14.6] muß es heißen:
Die Gleichungen [14.3] und [14.5] zeigen, daß der Einfluß von d_i gegenläufig ist: einerseits verkleinert eine verlängerte RLZ die Sperrschichtkapazität und vergrößert damit $\omega_{RC,3dB}$; andererseits wächst die Driftzeit mit der RLZ-Länge an und verkleinert so $\omega_{drift,3dB}$.

S.233: Im vorletzten Abschnitt muß es heißen:
Ein absorbiertes Photon erzeugt ein Trägerpaar im p-Gebiet außerhalb der HFZ

S.238, Gl.[15.21] muß lauten:
$$\omega_{3dB} \approx \begin{cases} \dfrac{1}{t_{Transit}} & \text{für} \quad M_n < M_{n,krit} \\[2ex] \dfrac{1}{t_{Transit}} \cdot \dfrac{M_{n,krit}}{M_n} & \text{für} \quad M_n > M_{n,krit} \end{cases}$$

S.240 und S.241, Abb.15-10 und Abb.15-11:
1.) Wie auch im Textteil erläutert, sollte das Licht in beiden Abbildungen nicht von der n^+-Seite, sondern von der p^+-Seite her eingestrahlt werden.
2.) In den Teilbildern d) und e) der Abb.15-11 müssen die eingefügten Schriftzüge lauten: $U=U_{rt}$ bzw. $U>U_{rt}$ (und nicht: $U=U_{br}$ bzw. $U>U_{br}$)

S.257, Gl.[16.18] muß heißen:
$$i_{schrot,eff} = \sqrt{2q\,|I|\,\Delta\nu} \cdot M \quad \Leftrightarrow \quad i^2_{schrot,eff} = 2q\,|I|\,\Delta\nu \cdot M^2$$

Bei einigen Zeichnungen sind durch einen technischen Fehler durchgezogene und gestrichelte bzw. gepunktete Linien nicht zu unterscheiden. Nachfolgend diejenigen Zeichnungen, in denen dadurch wesentliche Informationen verloren gegangen sind.

Abb.2-1:
Eine entsprechende Änderung muß auch in Abb.3-1 vorgenommen werden

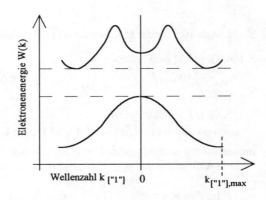

Abb.6-1, rechtes Teilbild

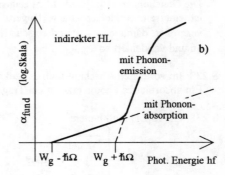

Abb.7-1:

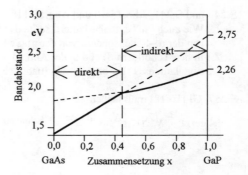

Abb.13-2a:

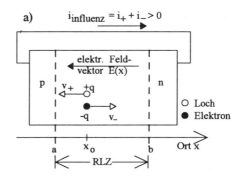

Abb.14-3:

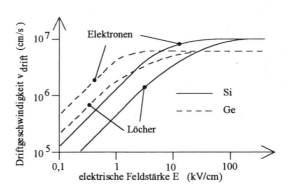

Abb.15-3:

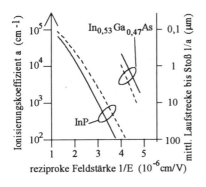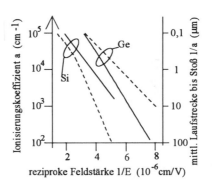

Abb.15-9a

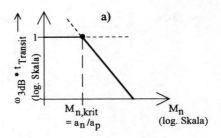

Abb.16-5:

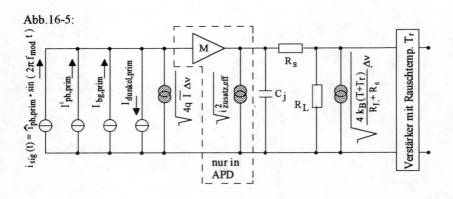

Abb. Anhang B, oberes Teilbild

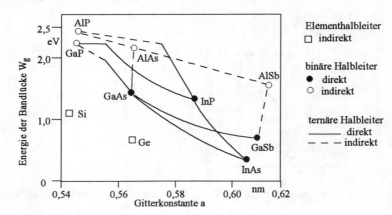